U0179900

羊城学术文库·岭南文化研究专题

粤东北客家乡土建筑研究

以广东省兴宁市上长岭村围龙屋为中心

A Study of Hakka Vernacular Architecture
in the Northeast of Guangdong Province:
With a Focus on the Walled Village of
Shangchangling in Xingning City

熊　寰　著

社会科学文献出版社
SOCIAL SCIENCES ACADEMIC PRESS (CHINA)

羊城学术文库学术委员会

羊城学术文库
总 序

  学术文化作为文化的一个门类，是其他文化的核心、灵魂和根基。纵观国际上的知名城市，大多离不开发达的学术文化的支撑——高等院校众多、科研机构林立、学术成果丰厚、学术人才济济，有的还产生了特有的学术派别，对所在城市乃至世界的发展都产生了重要的影响。学术文化的主要价值在于其社会价值、人文价值和精神价值，学术文化对于推动社会进步、提高人的素质、提升社会文明水平具有重要的意义和影响。但是，学术文化难以产生直接的经济效益，因此，发展学术文化主要靠政府的资助和社会的支持。

  广州作为岭南文化的中心地，因其得天独厚的地理环境和人文环境，其文化博采众家之长，汲中原之精粹，纳四海之新风，内涵丰富，特色鲜明，独树一帜，在中华文化之林中占有重要的地位。改革开放以来，广州成为我国改革开放的试验区和前沿地，岭南文化也以一种崭新的姿态出现在世人面前，新思想、新观念、新理论层出不穷。我国改革开放的许多理论和经验就出自岭南，特别是广州。

  在广州建设国家中心城市、培育世界文化名城的新的历史进程中，在"文化论输赢"的城市未来发展竞争中，需要学术文化发挥应有的重要作用。为推动广州的文化特别是学术文化的繁荣发展，广州市社会科学界联合会组织出版了"羊城学术文库"。

  "羊城学术文库"是资助广州地区社会科学工作者的理论性学术著作出版的一个系列出版项目，每年都将通过作者申报和专家评审程序出版若干部优秀学术著作。"羊城学术文库"的著作涵盖整个人文社会科学，将按内容分为经济与管理类，文史哲类，政治、法律、社会、教育及其他等三个系列，要求进入文库的学术著作具有较高的学术品位，以期通过我们持之以恒的组织出版，将"羊城学术文库"打造成既在学界有一定影响力的学术品牌，推动广州地区学术文化的繁荣发展，也能为广州增强文化软实力、培育世界文化名城发挥社会科学界的积极作用。

序 言

追问乡土建筑的空间文化意义

熊寰提交给日本爱知大学大学院中国研究科的博士学位论文《粤东北客家乡土建筑研究——以广东省兴宁市上长岭村围龙屋为中心》，相继于 2014 年 11 月 25 日下午、2015 年 1 月 28 日上午，顺利地通过了专家委员会组织的预审答辩和正式答辩，读者眼前的这部建筑人类学的专著，便是他在其博士学位论文的基础之上，经过多年的沉淀、深化和提高而郑重推出的。以客家人的围龙屋建筑群为研究对象，作者进行了多次较长时期的田野工作，除了本人前往，还带着学生前往实习，获得了大量第一手的实地调查资料；基于这些翔实、可靠的资料而完成的此项研究，在我看来，的确是取得了很大的成绩。这篇博士学位论文的压缩版《空间生产视域下的乡土建筑遗产研究》于 2015 年 10 月获得了中国艺术人类学会颁授的第二届"费孝通艺术人类学奖"一等奖，这可以说是颇为恰切的评价。

包括空间生产理论、族群与集体记忆理论、宗族（共同体）理论、公共性理论、乡土建筑诸理论、人与物的关系理论等在内，本书对相关的学术理论资源进行了较为系统的梳理，并基于自己从田野获得的实证资料，确立了颇为严密的方法论，亦即从乡土建筑作为文化遗产这一视角，将围龙屋乡土建筑视为客家人共同体的"文化实存"，对其历史缘起和地理分布、建筑形制与建筑技术、空间布局结构的特点、围龙屋和其他类型乡土建筑的关系、围龙屋和周边生态环境的关系、围龙屋公共空间与私密空间的关系、围龙屋公共空间的建构过程、仪式与公共空间的生产性等问题，进行了集中和全面的探讨，提出了不少独具慧识的见解。作者深入和执着地追问乡土建筑群的多重空间及其内涵的文化意义，把客家乡土建筑群的研究提高到了一个前所未有的水平，从某种意义上，本书堪称由中国学者所撰写的本土建筑人类学研究的典范新作。

在客家人创造的诸多类型的乡土建筑当中，围龙屋可以与世界文化遗产"福建土楼"以及各种形态的客家围屋媲美，但它有着更为丰富的文化内蕴。熊寰的本项研究并未止步于将围龙屋等乡土建筑视为"物"的存在，即将它作为有形文化这一层面，而是通过围龙屋这一类物质实存，对居住或曾经居住在围龙屋里的人的生活方式、其宗族组织的形态、在围龙屋的公共空间里反复上演的各种各样的仪式，以及这些仪式对于空间意义生成的影响等，也都进行了深入的探讨。换言之，本书对围龙屋这一典型的客家乡土建筑，从有形、无形两个方面均展开了系统的论述，并且还努力地将两者结合起来，从而使其对乡土建筑的研究超越了以往多是从单纯的物质层面去把握的境界。

熊寰对上长岭村实存的所有围龙屋进行了"悉数调查"，对其数量、规模、结构、居住史以及现在的利用状况等均有了全面、准确和翔实的把握。进而他又通过将其与宗族的族谱及口述史的资料等进行细密的对照，令人信服地揭示和解释了围龙屋与其他类型乡土建筑的关系、不同围龙屋之间的谱系性关系，以及围龙屋的公共空间与宗族制度之间的关系。不仅如此，本书还对围龙屋所处在的立地条件，包括围龙屋本身及其附属建筑在内的当地乡土建筑群的整体性结构特点等，进行了全局性的概观。以此为基础，熊寰对围龙屋所内涵的以风水思想为主导的中国式文化空间之建构原理，展开了非常深入的分析，尤其是还对诸如"围龙""化胎""五星石""禾坪""月池""风水林"等建筑物局部或附属设施的功能与意义进行了精彩的解说。在我看来，正是由于熊寰对围龙屋乡土建筑的整体及各个局部、附属设施所做的总体观照和细致分析，他才能够较为系统地阐明其各自内涵的象征意义，与此同时，也才能够对围龙屋乡土建筑的空间原理及其生成的逻辑与机制做出了很好的归纳。我认为这可能是本书最为精彩的部分，因为正是在这里，其对围龙屋这一类型乡土建筑的空间文化意义做出了清晰的揭示和深入的解读。

在将私密空间和公共空间予以区分的前提下，本书特别对围龙屋公共空间的生成和再生产的机制展开了颇为到位的描述和分析。除了通过建筑手法和建筑仪式对于空间的人为建构之外，作者对于公共空间之属性的分类——宗教空间（祖先空间、神灵空间、生殖空间）、公益空间等，也很值得我们关注。所有这些不同属性的公共空间，其实是分别对应于其中反复演出的具有不同属性的仪式或祭典——祖先祭祀、上坟和葬送礼仪、在地的龙神信仰和三山大王信仰、上灯仪式以及诸多公益性的礼仪活动，等等；这些至今仍时不时地得以展演的仪式或祭典，对于它们所得以展演的空间属性的确认，具有非常重要的意义。通过对所有这些仪式、祭典和礼仪活动的记录和解说，就可以颇为明晰地揭示围龙屋乡土建筑群之公共空间的属性、价值与意义，进一步还可以解释公共空间的生产性、公共空间的配置原理以及潜在的各种权力关系，当然，还有围龙屋公共空间的不同属性与层面之间混在的实际情形以及它们相互之间多有重叠的关系的全部复杂性。

熊寰在本书中还对围龙屋乡土建筑作为"文化遗产"的特征、价值、意义等问题进行了有价值的探索，针对当地围龙屋乡土建筑日甚一日地面临着空壳化、废墟化的严峻现实，作者努力尝试去揭示导致此种深刻局面的原因。熊寰不无尖锐地指出，由于围龙屋乡土建筑的所有者、继承者或传承人，正在脱离甚或失去他们曾经得以依托终生的宗族制度；也由于和围龙屋乡土建筑相互匹配的宗族组织已经出现了不可逆转的衰弱化的发展趋向，所以，围龙屋乡土建筑也就相应地出现了迅速地被"文化遗产化"的动向。在这个问题上，我也比较赞同本书作者的意见，亦即围龙屋乡土建筑的变迁大势是不可逆地持续走向衰微，而不是表面上看起来的那种"复兴"状况，即便其在物质层面的"重建"或修缮、维护等不无可能，但基于居住其中的人的不断出走，以及拟在其中展演的仪式或祭典的式微，现存围龙屋的空间文化意义自然也难免衰减，或亟须对其进行全新的阐释性建构。我认为，鉴于本书建立在扎实和绵密的实地调查的基础之上，所以，作者的这些见解，对于眼下正在由地方政府主导、正在如火如荼地展开的将围龙屋乡土建筑群重塑为伟大的文化遗产的各种活动，倒不如说是一种建设性的警示，很值得我们大家一起深思。

熊寰受惠于中国南开大学和日本爱知大学的"双博士学位计

划",他在日本爱知大学留学期间,我作为他博士课程的指导教授,也因为自己曾经学习过一点考古学,所以,和矢志于文博学术研究的熊寰之间有很多交流与切磋的机会。现在,熊寰的博士学位论文得以出版,我由衷地为他感到高兴,向他表示祝贺。在这里,我以当年答辩委员会对其论文的评价为基础,写出这篇小序,既作为对广大读者的推荐,也由此寄托对熊寰今后的学术人生更上一层楼的期待。

周 星

日本爱知大学国际中国学研究中心所长、教授

2019 年 12 月 5 日

爱知大学名古屋校舍

目 录
CONTENTS

绪　论

　　客家研究近年来逐渐受到关注，既因其特色，又因其争论。自罗香林于 20 世纪初构建"客家"概念以来，① 客家人一直以其为中原后裔并传承了古代中原正统文化而傲。这构成了关于客家源流的主流观点，本书也称之为"传统观点"。

　　传统观点认为，客家是中国汉族的一支特殊民系，谓其特殊，是因为它是在唐宋之后历经不断移民而逐渐形成并兴起的聚居群体。客家，顾名思义，即"客而家焉"之意，② 客家人，就是指当地的外来移民。不过，这种"客"是具有指向性的，它专指历史上北方南迁的移民，最后主要聚居在赣粤闽一带。③ 简言之，当今客家人及其文化均源自古代中原地区。

　　需要说明的是，传统观点认为客家并非是一个种族或民族概念，故此"客"也脱离了"客人"之"客"的层次，已升华到文化认同之"客"，所以，客家人在长期的封闭式聚居中，亦包括在与当地人的交往和融合中，重新形成了基于古代中原文化传统的具有地方特色的融合文化，即现在所谓的客家文化。

　　经过长期的繁衍，如今客家人口众多，遍布世界各地，客家文化也因此具有很强的影响力，受到国内外学者的重视。据统计，全世界至少有 5507 万客家人，是在汉族南方诸民系中，人口数量仅

---

① 　罗香林：《客家研究导论》（据希山书藏 1933 年版影印），上海：上海文艺出版社，1992；罗香林：《客家源流考》，北京：中国华侨出版社，1989。

② 　罗香林：《客家研究导论》（据希山书藏 1933 年版影印），上海：上海文艺出版社，1992，第 1 页。

③ 　综合近年来各项研究资料，客家居民占居民总数 95% 以上的纯客住县市都集中在赣、闽、粤三省（谢重光：《客家形成发展史纲》，广州：华南理工大学出版社，2001，第 18 页）。此外在四川、湖南、广西、香港、台湾等地也有不少。

次于吴方言的第二大民系。^① 其中，在国外至少有 700 万人，^② 正所谓"海水所到之处，就有华侨，有华侨就有客家人"。在英语中也有称呼客家和客家人的专门词语——"hakka"（客家）和"the hakkas"（客家人）。^③

不过，近年来传统观点在学界受到了很大的质疑，这会在后文中详细探讨。这些质疑在学术上非常重要，因为它们涉及对当下客家文化源流及其相关事物的重新建构和阐释。但正如上文提及，客家人以其源于中原的传统观点为傲，随着客家人口的迅速增多，该观点具有越来越大的影响力，族群认同已然形成，以至于在 20 世纪 90 年代国内有学者提出客家人应为原住民的不同观点后，^④ 被视为僭越之举。^⑤ 这种现象是有代表性的，从而引起了笔者对于客家研究的关注。

应该说，无论客家文化来源于何处，以及如何定性，至少目前所谓的客家文化，即使是放眼整个中国，也是充满特色的。它们由当地语言、民俗、建筑等多方面构建形成，其中，客家建筑，特别是客家中心地区广东梅州地区的代表性民居——围龙屋，尤为有特色，也是中国的代表性民居之一。

围龙屋之特色在于，首先，形制上与众不同，它不是以居住舒适为核心，而是服务于崇祖敬宗和凝聚宗族，根本上还是为了发展壮大宗族。围龙屋的空间可分为私有空间和共有空间两部分，前者是住民的居住空间，后者是住民的公共活动空间。尤其是共有空间中的祭祖空间可谓是围龙屋的核心，它把人围拢起来，增强宗族的

---

① 杜若甫、袁义达：《中国姓氏的进化及不同方言区的姓氏频率》，《中国社会科学》1993 年第 4 期，第 187 页。该资料较旧，是据 1982 年大陆人口抽样数据和 1956 年台湾人口普查资料所得，但关于客家人口数量的统计至今仍缺乏准确和权威的资料，故仍使用这个较为可信的由统计得出的较为陈旧的资料。另，据世界客属总会统计，目前全世界客家人数大约有 8000 万，甚至还有约 1 亿及 1.2 亿的说法。（见世界客属总会官方网站：http://www.worldhakka.com/news_info.asp? newsId =283）

② 陆元鼎：《客家民居研究概况与建议》，《国际学术动态》2001 年第 3 期，第 11 页。

③ 这来源于梅县方言，当地将"客"念成"哈"音。

④ 房学嘉：《客家源流探奥》，广州：广东高等教育出版社，1994。

⑤ 丘菊贤、刘南彪：《客家问题研究要尊重历史事实——驳房学嘉〈客家源流探奥〉及有关文章的言论》，《河南大学学报》（社会科学版）1997 年第 5 期。

凝聚力，在某种意义上它是一个祠堂，但又远不止祠堂能概括，它虽是私有空间的让渡，但本质意义又是为了保护个人，即求祖先和神灵庇护现世和后人，在看似矛盾中形成统一。在中国其他地区建筑类型中，虽也有不少类似的情况，但像围龙屋作为一个建筑，却孕育的内涵如此典型，实属罕见。其次，围龙屋几乎每一个部分都有寓于人的意义，无论是从建构主义角度还是功能主义角度考察，围龙屋都有其典型体现，它各个空间的形成无不印证着相关的记忆理论。

如今，它们依然处于闭塞山区中，虽然大部分古民居历经时间久远，早已破败不堪，但许多建筑在整体结构上仍相对保存完好，功能上也较好地承载了客家传统文化，可谓是重要的文化遗产，当地政府也曾打算将其申报世界遗产。①

从文化遗产角度考察，乡土建筑是很好的研究对象。笔者认为，文化遗产研究的要义在于研究遗产的文化而非文化的遗产，即研究重点在于"物"所蕴藏的文化，而不能等同于文博领域所称的文物研究。因此，选择一个有代表性的乡土地区，以其极具特色的"物"为基点，来研究物、人及其生活和文化之间的关系，并试图探讨在这一类乡土建筑中有关文化遗产的传承、复兴等问题，对可视作文物的"物"进行文化研究，是文化遗产研究的学术价值

---

① 早在1999年，国家文物局主管"申遗"工作的郭旃（世界古文物遗址保护委员会委员，"世遗委"评委之一）曾专程到梅州考察客家围龙屋，并多次在福建"申遗"工作会议上谈及客家围龙屋的"申遗"问题。他认为，客家民系是世界公认的，客家围龙屋是独一无二的，是客家民系所独具的，没有"申遗"实在可惜，围龙屋申世遗是向世界展示客家文化的名片，也是对客家文化的延伸发展和积极推广［《兴宁市政府办公室（2010）4号件》］。但之后十年地方政府并无实质行动，待2008年福建土楼申请世界遗产成功后，当地政府压力骤然增大，发文要求"各级、各有关部门要咬定目标、全力以赴，通过'申遗'工作，把梅州客家建筑文化的主要代表——客家围龙屋，打造成世界级的文化品牌"（《梅州日报》2009年4月13日）。事实上，"申遗"成功的可能性会非常大，因为联合国专家组在评价福建土楼时，还附带评价了围龙屋的申遗可能性："中国江西、广东在未来有增补若干其他类型土楼系列的建筑代表作的可能性和潜力，但从研究勘察的充分度、当地公众的要求和保护管理状况等方面，还不具备福建土楼已经具备的成熟条件。"（《福建土楼》编委会编《福建土楼》，北京：中国大百科全书出版社，2007，第80页）不过，出于各种考虑，当地政府似乎再一次放弃了"申遗"工作。

所在。

考虑到之前客家研究虽然不少，但有关该角度的系统性研究还付之阙如，而围龙屋既具有建筑特色，又富有文化内涵，是一个很好的研究案例。于是笔者试图以客家围龙屋为切入点，通过对物的考察，较为完整地反映和体现人的生活与群体文化，进而探讨文化遗产在当代中国所面临的传承、复兴等重要问题，实现一个较为深层次的文化遗产研究。

关于具体个案的选择，笔者也进行了长时间的详细筛选。在选择田野调查点时既未完全听取当地人的建议，也未挑选已被旅游开发或当作"示范"的村落，而是在大范围长时间的仔细调研中，按照论文主题构想，选择了一个各方面都具有一定代表性的原生态普通村落，村民生活既以传统围龙屋为中心，又受到了社会演变的影响，甚至存在矛盾的暗流，这种选择保证了本个案具有较强的代表性和学术价值。

据此思路，首先在 2010 年，笔者对粤东北、赣南和闽西这些客家核心区进行了考察，对象是当地具有代表性的民居，如围龙屋、围屋和土楼。这次考察的成果是对客家地区民居的整体情况做了了解，并将围龙屋与其他类型民居进行了分析和比较。而后于 2011 年 7 ~ 9 月对客家核心地区——被称为"客都"的梅州地区——进行了详细考察，对当地重要的围龙屋均进行了调查和梳理，并注意调查与围龙屋相关的客家习俗与文化。这次调查对梅州地区的围龙屋有了较为详尽的掌握，对与围龙屋相关的一般性习俗有了一定的了解，并在此基础上圈定了田野调查点——广东省梅州市兴宁市新陂镇上长岭村。选择该村的理由一是古旧民居数量多，有 30 余座，在新陂一带规模最大；二是类型丰富，以围龙屋为主，也包括一些相关类型民居，总体保存良好；三是该村民居有代表性，虽无特别精美的围龙屋，但也有五栋楼这样极为罕见的"五进"古民居以及可明确为早在康熙年间就已建成的老屋，更重要的是，该村内许多古民居间存在明确的传承关系，而这种关系是建立在客家历代人口繁衍的基础之上，从而构成了整个村落宗族的世代谱系；最后，也是最重要的，在调查之初，整个村的生态环境未受到明显破坏，体现了原生态，能够通过围龙屋反映客家的生活和文化。虽然在 2012 年该村被评为第三批"广东省古村落"

后，地方政府就立即着手对村里一座老屋进行旅游开发，但还未对整个村的生态环境构成明显影响。

于是，在 2012 年 6 ~ 9 月，笔者进驻了上长岭村，在该村生活了数月之久，进行了详细的考察，对该村情况有了较为深入的了解。其后，为了解该村春节期间的活动情况，又于 2013 年 1 月初至 3 月初返回该村进行了近两个月的考察。当年 4 月，为了解该村清明节活动情况，再度返回该村调查。随着论文撰写工作的展开，在对调查资料进行整理和分析之后，带着问题又于 2013 年暑假和 2014 年寒假分别返回该村进行了进一步调查。论文完成后，针对老师们提出的一些问题和意见，又于 2015 年寒假再次回到客家补充材料，对论文做了最后的修改。综上，整个调查过程跨度约五年。

关于进入该村的方式，在 2011 年选择个案点的时候，笔者曾只身一人来过该村考察古民居。当时驾着广州牌照的轿车入村后，围坐在附近的一些村民立即对广州陌生人的到访充满了好奇。待我下车说明来意后，村民们比较热情，其中一位叫刘源和（化名）的村民尤为热情，立即叫上一位村干部带笔者一起去参观古民居。原来是该村民及村干部所属的老屋五栋楼在前一年评选上了"兴宁古民居"，是村里唯有的一座，该屋后人很骄傲，也充满了企盼，希望该屋未来能为提高村民收入发挥作用，所以特别希望能有外面的人过来宣传。

与刘源和建立联系后，恰好随后笔者确定将上长岭村作为个案点，于是在第二年来之前提前联系了他。这次考察正好获得了学校的资助，作为项目要求，我带了六名硕士研究生一起赴上长岭村考察，为了方便起见，就折算费用一起吃住在刘源和家里。在村里考察时，我们会对受访对象主动说明来意，客家人本来就热情，得知我们是来调研客家文化和民居后，他们同样将我们的行为视作宣传客家，很多人就会更加热情，愿意提供各种信息和帮助。为了尽快熟悉村落，我们会参与他们的一些活动，与一些重要人物建立起较为密切的关系。当然，我们也会注意保持一定距离，不想与访谈对象们关系过于密切，以免影响调研的客观性，也为了避免可能产生的不利影响。

进村后，我们也通过镇政府联系到了村委会，想获取一些本村的基本资料，虽然得到了配合，但村委会领导对我们搜集村委会的资料态度比较谨慎，也未对我们的调研提供任何帮助。当然，我们也不希望由村干部领着我们去访谈对象，这样会使事情变性，影响访谈效果。

在访谈中，我们有时也会碰到一些困难，比如语言问题。我们刚进村时，几乎听不懂客家话，即使对方往往会努力夹杂些普通话，但我们还是需请村里年轻人或学生做翻译，影响了访谈效果。好在客家话不是特别难懂，经过一段时间的练习，我们已能基本听懂对方的客家式普通话，为接下来的调研奠定了基础。

又如在资料搜集上也曾遇到困难。该村最有威望且曾参加过新四军的李艾老人，90多岁高龄，掌握了很多本村公益方面的资料和一些历史资料，虽然态度很友好，但在资料上并不配合，可能是因为其中一些资料，如来往的书信等涉及了一些不愿意透露的个人情况。通过两次访谈，刚获得老人一定程度的信任，结果第二天老人的老伴托人带信一封，说明李艾老人年事已高，精力不济，我们到访两次已经严重影响了他的休息，他也为此做了不少准备工作，耗费太多精力，因此客气地希望我们不要再去上门打扰，于是我们不得不暂时中断了这条线索。第二年春节期间我们再次拜访老人，老人依旧是态度热情但资料上不够配合，我们随即向他讲述我们调研的意义，并举了附近村大刘屋一位老人的例子：我们在上一年曾拜访他，获得了很大的帮助，他也提供了大量资料，然而这一年春节再去回访答谢时，老人已经去世，如果他之前没有提供资料给我们，那这些资料便永远地消失了，因为他的子女及其他同屋后人并不重视这些资料，往往会作为他的物品一起烧掉，那样对大刘屋宗族而言是个巨大的损失。通过这些交流，我们果真获得了良好的效果，历史的责任感让李艾老人同意给我们提供全部的资料。遗憾的是，次年老人便因病去世，令我们唏嘘不已！

此外，在村内调研时，我们特别注意与村民间的关系，我们感觉住在该村的某一位村民家里对调研并不利，因为该村民所属老屋与其他老屋关系未必全部和谐，该村民与本老屋内部的其他后人间也未必关系全部很融洽。因此，笔者于2013年初再次带四位女生回访上长岭村时，选择住在邻村麻岭村一位老人家中，对上长岭村的访谈自然也比较顺利。不过，在住期间，我们也给所住的屋主带来了困扰，因为根据当地风俗，过年期间不能让外面的女孩子住在家中，我们之前并不知道这个情况，而老人也未明言。老人子女过年回家后，虽有怨言，也不好发作，只能埋怨老人，好在子女们住的时间都很短。其实老人挺愿意我们住在家里，平时家里也没人，有人气、有人聊聊天他也挺开心的，所以我们也很自觉地在年三十那天没有住回去，给老人减轻压力。

在调查方法上，本书主要采用了参与观察法。正如乔金森（Danny L. Jorgensen）所言，参与观察法"特别适合于探索性研究、描述性研究和旨在进行理论阐释的研究"①。对于文化遗产研究，这也是取得第一手资料并进而深入研究的必要手段和方法。据此，笔者对于该村的调查，首先界定研究问题，调查内容既包括"物"——围龙屋，也包括与之相关的人的生活和客家文化等，希望从中发现它们之间的联系和明晰物的文化价值和意义。然后针对性地选择并进入了主要现场——上长岭村，虽然在当地政府方面我们已得到支持承诺，但笔者为避免村民心理上受到政治性影响未主动联系该村的村委会，而是通过之前与该村访谈对象建立起的友谊，以常态化方式公开进入。

之后，笔者着意参与该村日常生活，以局外人的角色，熟悉该村建物、村民及其生活方式，并进行了许多深度访谈。对于一些比较重要的交流，笔者不当场做笔记，也不录音，待离开现场后立即依靠记忆补上，这样可以保证深度访谈不受干扰，访谈质量不受影响。而且在这种压力和情境下，笔者也很快能够听懂客家普通话及一般性的客家话，这样就不用翻译沟通，收到了更好的交流效果。

考虑到平时的访谈难免会给部分访谈对象带来强迫性交往的困扰，笔者试图随着时间的推移尽量向局内人角色转换，有意地当然也出于兴趣参与了村里的一些仪式和公共活动，获得了成员体验，也与许多人熟络起来，有效减少了人际交流方面的障碍。同时，在调查时笔者也注意建立和维持实地关系，特别是和村里几位重要人物建立起信任和合作关系。最后，笔者通过长时间的系统整理资料，包括分类、筛选、分析和归纳后，建构了本书的理论框架，进

---

① 〔美〕丹尼·L. 乔金森：《参与观察法》，龙筱红、张小山译，重庆：重庆大学出版社，2012，第3页。

行了理论化的提升。具体研究路径如下。

一是从哲学层面对乡土建筑的分析。在文化遗产研究和乡土建筑研究中,哲学理论是较少涉及的视野,其实适合的哲学理论十分有助于这类研究的展开。正如哈贝马斯所说,"哲学的特殊长处是比如说对那种直觉的或实践的或常识性知识的概念分析和理性重构",如果只局限于经验研究方法,这类研究就会常常"因模糊的概念框架和缺乏正确的理论问题和方法论而受损。"①

二是从历史学角度展开传统宗族制度对围龙屋社会性影响的分析。以往的乡土建筑往往见物不见人,而历史学研究又总是脱离了物质和空间,本书将这两方面结合起来,进行探索性研究,重点反映和揭示了传统宗族制度与围龙屋空间的关系。

三是从建筑人类学角度展开对乡土建筑的研究。正如有学者指出,"中国建筑历史研究至今仍存在着不少的空白点,其中有些不仅仅是欠缺历史资料,而且是与观察角度和研究领域的局限有关"。② 对于乡土建筑研究而言,笔者认为建筑人类学是一个较好的研究视角,因为传统的乡土建筑能够最直接地表现价值、意向、观念和生活方式及其变动。毕竟,相较官式建筑对于建筑学的意义来说,其实乡土建筑更重要的是社会文化层面的意义,即使是物质性的传承,其实本质上也是文化的传承。

简而言之,本书是从文化遗产视角,以乡土建筑为研究对象,将围龙屋作为切入点,选择上长岭村作为个案和作业点,进行综合性的田野调查与分析研究。

① 〔德〕尤根·哈贝马斯:《关于公共领域问题的答问》,梁光严译,《社会学研究》1999 年 3 期。
② 常青:《从文化的交流机制看中国建筑的演变》,见王伯扬编《建筑师(37)》,北京:中国建筑工业出版社,1990,第 30~34 页。

第一章
理论架构

首先，正如绪论所提及，围龙屋的空间几乎处处具有文化内涵，人们的生活与之息息相关，不仅是日常生活，也包括各种宗教和节庆仪式等。根据笔者长期调研观察，形成这种状况的原因是围龙屋其实是一个宗族共同体的共有空间，它虽是民宅，却并不凸显居住性，因为它不仅是生活载体，更重要的意义在于它联系和延续发展了宗族内部的社会关系，因此，空间生产理论成为本书的理论根基，尤其是它的共有空间也成为笔者切入围龙屋的角度。

其次，从历史文献角度考察，可以发现客家族群的形成存在明显的建构，由此衍生出围绕围龙屋的各种集体记忆和仪式，它们成了凝聚整个宗族的力量，而这都是在共有空间内行动的，同时又是围龙屋共有空间的重要组成部分。因此本书将从族群和记忆理论角度，挖掘出客家族群的传承与宗族记忆方面的关系，呈现客家"身份"的根基性和功能性，并将其穿插在本书框架之中。

最后，围龙屋本身就是文化遗产，乡土建筑是落脚点，因而本书也是从文化遗产视域出发，首先视其为一类乡土建筑，该领域的理论应用也是本书研究的基础，从文化和传承意义上对"物"的研究与重视也算是本书关于文化遗产研究方面的一个特色。

第一节　空间生产

20 世纪 70～80 年代，当代西方马克思主义的代表人物之一列斐伏尔在现代哲学所关注的社会性与历史性维度之外，提出了第三种维度即"空间性"。列斐伏尔认为之前关于空间的认识是被割裂的，空间仅具有场所的意义，如亚里士多德认为"空间是像容器之类的东西"，① 因此他呼吁："我们再也不能把空间构想成某种消极被动的东西或空洞无物了，也不能把它构想成类似'产品'那样的现有之物……空间这个概念不能被孤立起来或处于静止状态。"② 那么，空间应该被怎样认识呢？列斐伏尔认为"空间从来都不是空洞的，它通常蕴含着某种意义"，③ 空间不仅仅是指事物所处的场所，它隐喻为社会秩序的空间化，也即空间是社会性的，是被历史地建构的。继而列氏提出了"空间生产"理论，他认为空间本身就是主角，是社会关系的产物，而生产则是将特定时间和特定空间中的要素、秩序、结构、关系等施加于某一生产对象，也即"生产的社会关系是一种社会存在，某种程度上是一种空间存在；它们将自身投射到空间里，被烙印在其中，同时在这个过程中它们本身又生产着空间"④。因此，空间成为生产关系和生产力的一个组成部分，以及成为经济和社会关系的支撑物。

进一步，列斐伏尔又将"空间生产"分为几个相互联系的层次。一是空间实践（spatial practice），是指空间的生产与再生产以及每一种社会形态的具体场所和空间特性。二是空间的表征（representations of space），是指"构想的空间"，列氏认为"这是科学家、规划者、城市学家、技术专家和社会工程师的空间，是某种有着科学爱好的艺术家们的空间——他们都把现实的和感知的空间当作是构想的"⑤。也即，这是一个以人们现实的生活体验为基础的真实空间，通过知识、文本、符号等控制空间的生产。三是表征的空间（spaces of representation），是通过相关想象和象征而被直接使用或生活的空间，它处于被动体验的地位，充满了象征，具有一定

① 〔古希腊〕亚里士多德：《物理学》，张竹明译，北京：商务印书馆，1982，第 96 页。
② 〔法〕亨利·列斐伏尔：《〈空间的生产〉新版序言（1986）》，刘怀玉译，见张一兵主编《社会批判理论纪事》第 1 辑，北京：中央编译出版社，2006，第 180 页。
③ Henri Lefebvre, *The Production of Space*, Translated by Donald Nicholson-Smith, Oxford：Blackwell, 1991, p. 154.
④ Henri Lefebvre, *The Production of Space*, Translated by Donald Nicholson-Smith, Oxford：Blackwell, 1991, p. 129.
⑤ Henri Lefebvre, *The Production of Space*, Translated by Donald Nicholson-Smith, Oxford：Blackwell, 1991, p. 38.

的抽象性，是使用者与环境之间的社会关系。表征的空间存在于客观物质空间及主观精神空间中，但又能包容和超越这两者，因此它既是环境性空间，又是关系性空间。四是空间具有历史性，亦即每一个特定社会或生产模式都会生产出自己特殊的空间，那么对于这个生产过程的考察，就有了历史性。列氏对此指出："我们可以肯定生产的力量（自然；劳工及其组织；技术和知识）和生产关系会自然地在空间生产过程中成为重要一部分。"①

其后，一些学者在此基础上，从不同角度进一步阐述了自己对于空间的认识，这里与本书联系较为密切的是布尔迪厄。布氏在对阿尔及利亚的研究中发现阿尔及利亚人的家庭具有独特的空间性，空间的组织将人们限定在不同的地方，从而有助于建构社会秩序并形构阶层、性别和分工。进一步，他在"社会空间"概念下将其理论升华，认为空间是一个关系的体系，社会空间可以比拟为区域在其中划分的地理空间，但空间的建构则由位居此空间的行为者、群体或制度所决定，越接近的人同质性越多，即空间的距离与社会的距离相符。但这种建构不会是一个纯粹意义上的主观建构，毕竟任何一个社会空间都具有一定的地理学基础，因此它是基于其所处的地理空间而进行的一项集体建构。② 可以说，布尔迪厄的学说基于空间生产理论，从"社会空间"角度，有力地阐述了地理空间与社会空间之间的关联，并注意到了空间与阶层之间的复杂关系，这无疑对于乡土建筑研究具有指导意义。

从空间生产角度看围龙屋的共有空间，它是一种产物，也是一种社会关系，关联于形塑这块土地的生产力，它"不仅被社会关系支持，也生产社会关系和被社会关系所生产"③。生产这种社会关系的目的也并不限于将其作为交往场所，而且从根本上将其作为联系个人与群体的纽带。通过他人的见证，以及他人对这种见证的相信，这种社会关系以共同体内部世界不朽的形式实现。

因此，围龙屋（共有）空间承载着宗族共同体内的各种社会关

① Henri Lefebvre, *The Production of Space*, Translated by Donald Nicholson-Smith, Oxford: Blackwell, 1991, p. 46.
② 何雪松：《社会理论的空间转向》，《社会》2006年第2期。
③ 〔法〕亨利·列斐伏尔：《空间：社会产物与使用价值》，王志弘译，见包亚明主编《现代性与空间的生产》，上海：上海教育出版社，2003，第48页。

系，同时成为其一部分。当然，围龙屋的共有空间并不局限于单个围龙屋，也包括一个聚落中各个老屋共有空间的集合体。也即，一个聚落中各个围龙屋及其衍生形态的老屋本身就是社会关系的产物，在集体记忆中构成了网络关系，各个共有空间联系起来，同时又是一个大型宗族的整体共有空间。

简言之，由于空间生产理论的深刻性及广泛应用性，本书选择以此视角作为研究以围龙屋为代表的乡土建筑的理论基点。

第二节　族群与记忆

一　民族与族群

自 20 世纪 80 年代以来，民族、民族主义方面的研究越来越流行，这显然与社会政治时局发展有关，相关的族群研究也变得广泛，尤其是族群理论，对本书中有关"客家"的理解有重要帮助。

当然，由于这些概念存在争议，因此有些学者甚至都不做定义，如霍布斯邦（Eric J. Hobsbawm）认为，关于"民族"的定义，无论是主观的还是客观的，都是不尽如人意的，而且还会误导人们对此的认识。基于此，霍布斯邦为了开展最初的研究，做了一个这样的假设定义，即只要有一群足够数量个体组成的群体认为其属于一个民族，那么就视其为一个民族。[1]

但在研究中该定义显然不够严肃，反倒成为霍氏自己批评的对象："'民族'这个词在今天被使用地如此广泛和模糊，以至于民族主义方面的词汇在使用上基本失去了意义。"[2] 因此，这里首先需要讨论"民族"（nation）与"族群"（ethnic groups）的概念，我们才能在下文研究中明晰所指。

对"民族"概念的定义可分为强调"客观"因素的，如语言、宗教和习惯、领土、制度等，以及强调"主观"因素的，如行为、感受和感情等两大类。前者如约瑟夫·斯大林（Joseph Stalin）认

---

① Eric J. Hobsbawm, *Nations and Nationalism since 1780: Programme Myth Reality*, Cambridge University Press, 2000, p. 8.

② Eric J. Hobsbawm, *Nations and Nationalism since 1780: Programme Myth Reality*, Cambridge University Press, 2000, p. 9.

为，"民族是人民在历史上形成的一个有共同语言、共同地域、共同经济生活以及表现于共同文化上的共同心理素质的稳定的共同体"①。

后者如想象论的代表人物本尼迪克特·安德森（Benedict Anderson）认为，"民族"是"想象的政治共同体——并且，它是被想象为本质上有限的，同时也享有主权的共同体"②。这个主观性定义回避了一些所谓"客观特征"的寻找，如共同体质、语言、文化和生活习惯，等等，强调了社会心理学上的"社会事实"。安德森的这个概念突出了政治性，并明确提到了主权。也因此，近年来台湾将"nation"多译为"国族"。③

安东尼·史密斯（Antony D. Smith）对此做了分析，认为两者都有缺陷，如"客观"的定义在一定程度上总将某些被广泛接受的民族所固有的特征排除出去，如马克斯·韦伯（Max Weber）所指出的民族的纯粹"客观"标准——语言、宗教、领土等——总是无法包含某些民族。相反，"主观"的定义总体上又太宽泛，认为将情感、意志、想象和感受作为民族和民族属性的标准，则很难将民族与其他集团如区域、部落、城邦国家和帝国等区分开来。因此，他提出："'民族'是'具有名称，在感知到的祖地（homeland）上居住，拥有共同的神话、共享的历史和与众不同的公共文化，所有成员拥有共同的法律与习惯的人类共同体'。"④

可以看出，安东尼·史密斯的定义首先吸取了"主观"与"客观"的有益养分，但有意将"民族"与"国家"区分开来，弱化其政治性，这与许多民族主义者认为两者互相限定、密不可分的观点有显著不同，⑤ 因为按学界一般观点，"民族"显然不是"国

① 《斯大林全集》第11卷，北京：人民出版社，1955，第286页。
② 〔美〕本尼迪克特·安德森：《想象的共同体：民族主义的起源和散布》（增订版），吴叡人译，上海：上海世纪出版集团，2012，第6页。
③ 吴叡人认为"'nation'是（理想化的）人民群体，而'国家'是这个人民群体自我实现的目标或工具。如果译为'国族'将丧失这个概念中的核心内涵，也就是尊崇'人民'的意识形态"〔本尼迪克特·安德森：《想象的共同体：民族主义的起源和散布》（增订版），吴叡人译，上海：上海世纪出版集团，2012，第16页〕，加之国内亦已多译为"民族"，本文采纳"民族"译法。
④ 〔英〕安东尼·史密斯：《民族主义：理论、意识形态、历史》（第二版），叶江译，上海：上海世纪出版集团，2011，第13页。
⑤ Ernest Gellner, *Nations and Nationalism*, Basil Blackwell Publisher, 1983, p. 6.

家", 因为 "国家的概念可以被定义为一套与其他制度不同的自治制度, 拥有在给定的疆界内对强制性和家世的合法垄断"。① 当然, 这里并不是否认民族与国家间的密切关系, 事实上, "任何国家政治体系的发育与存续, 都必须以既定的民族、民族社会或多民族社会政治生活的存在为背景。"② 因此, "民族" 可以弱化政治性, 但不能否认政治性。

与此不同的是 "族群", 虽然两者都是 "共同体", ③ 有着集体文化的认同。在弗雷德雷克·巴斯 (Fredric Barth) 为其所编著的《族群与边界》所撰写的导论中, 将 "族群" 这个术语定义为: 1) 生理上具有很强的自我传续性; 2) 分享基本文化价值, 实现文化形式上的公开同一; 3) 形成交流和互动的领域; 4) 具有一个自我认同和他人认同的身份, 以形成一个有别于其他具有相同秩序共同体的共同体。④ 该定义强调了 "族群" 的文化性, 未涉及政治性。

其后, 安东尼·史密斯从象征主义出发对 "族群" 又做了较为重要的区别性定义——"与领土有关, 拥有名称的人类共同体, 拥有共同的神话和祖先, 共享记忆并有某种或更多的共享文化, 且至少在精英中有某种程度的团结", 并制作了一张表格来明晰两者的不同 (见表 1 - 1)。⑤

表 1 - 1　族群与民族的特征

族　群	民　族
适当的名称	适当的名称
共同的神话和祖先等	共同的神话
共享的记忆	共享的历史

① 〔英〕安东尼·史密斯:《民族主义: 理论、意识形态、历史》(第二版), 叶江译, 上海: 上海世纪出版集团, 2011, 第 12 页。
② 周星:《民族政治学》, 北京: 中国社会科学出版社, 1993, 第 88 页。
③ 所谓 "共同体", 是指 "组成共同体的成员之间在某一或某些特征方面具有一定的同质性" (周星:《民族政治学》, 第 17 页)。
④ Fredric Barth, *Ethnic Groups and Boundaries: The Social Organization of Culture Difference*, Little, Boston: Brown and Company, 1969, pp. 10 - 11.
⑤ 〔英〕安东尼·史密斯:《民族主义: 理论、意识形态、历史》(第二版), 叶江译, 上海: 上海世纪出版集团, 2011, 第 12 ~ 13 页。

族　群	民　族
不同的文化	与众不同的共同的公共文化
与祖地相联系	在感知到的祖地上居住
某些（精英的）团结	共同的法律与习惯

在这张表里，我们可以看到，"族群"与"民族"相比，没有政治目标，如族群往往没有疆域空间，而民族必须要在相当长时期内在其所谓的祖国中定居，以将自己建构成民族；族群没有公共文化，只需拥有某些共同的文化因素（语言、宗教等），而民族则需要发展个性的公共文化，以及追求相当程度的民族自决；族群拥有各种历史记忆，而民族则拥有成文且标准的民族历史。[①]

因此，结合上述的阐释和分析，"民族"和"族群"虽然有共性，而且在民族的发展变迁上，族群也可能重新建构自身的历史记忆而形成新的民族，但两者的差异性还是占主导的，前者侧重政治性，后者侧重文化性。若忽略其差异性，就会如戴维·米勒（David Miller）所言："民族和族群的界限相互渗透不是说两种现象应该合并在一起，忽略两者的差异使得许多关于民族性的讨论一开始就错了。"[②]

也有学者把这种差别认为是层级上的差别，即"'族群'是指一个族群体系中所有层次的族群单位（如汉族、客家人、华裔美国人），而'民族'则指族群体系中主要的或是最大范畴的单位，特别指近代国族主义下透过学术分类、界定与政治认可的'民族'（如中华民族、汉族、蒙古族与羌族等）"。[③]

应该说，鉴于"民族"和"族群"概念的复杂性，无论是特性上的区分，还是层级上的划分，无论是想象论还是象征主义或是其他理论，它们都不能完全单独反映两者的概貌，但是在相互依托

---

① 〔英〕安东尼·史密斯：《民族主义：理论、意识形态、历史》（第二版），叶江译，上海：上海世纪出版集团，2011，第12~14页。

② 〔英〕戴维·米勒：《论民族性》，刘曙辉译，南京：译林出版社，2010，第21页。

③ 王明珂：《华夏边缘：历史记忆与族群认同》，杭州：浙江人民出版社，2013，第6页。

和补充中从不同角度明晰了"民族"与"族群"的区别。虽然两者没有绝对的界限，但其本质内涵的确定，十分有助于我们接下来对"客家"的探讨。

二 集体记忆与社会记忆

论及记忆，不可绕开的必然是集体记忆理论。哈布瓦赫被认为是该理论的开创者，早在 1925 年就提出了集体记忆概念，他扬弃了之前处于主流的从生物学角度把集体记忆理解为可以遗传的或"种族的记忆"，转而从社会心理学角度，提出记忆是一个文化建构的概念，它"依附"于一个虚构的社会框架，立足于现在的集体观念而对过去进行重构。用哈氏的话说，就是"当我们重新激活一件在我们群体生活中占有特定地位的事情，并且不论在事发的当时还是此刻回忆的时候，都以这个群体的立场去看待此事，我们便可以说——即使他人在物质形态上并不在场——这是集体记忆"[1]。这给后世学界带来了深远影响。

哈氏在其集体记忆理论中并不否认个人记忆的存在。对于两者的关系，他认为一方面集体记忆包含了个体记忆，但不会与之融合，也不是个人记忆的简单叠加，虽然有时也吸收一些特定的个人记忆；另一方面，个人记忆也并非作为个人的生物性回忆而独立存在，事实上，个体是通过把自己置于群体的位置来进行回忆，作为各种不同社会记忆的交叉点，在特定的时间以某个群体成员的身份出现，协助唤醒和维持非个体的回忆，[2] 它产生于集体又缔造了集体。同时，这种个体记忆也并非是一直固定不变的，它会随着个体在集体中位置的变化而变化，因此，"即使是最私人的回忆，也只能通过我们和不同集体环境之间的关系变化加以解释"[3]。

---

① 〔法〕莫里斯·哈布瓦赫：《集体记忆与个体记忆》，见冯亚琳、阿斯特莉特·埃尔主编《文化记忆理论读本》，余传玲等译，北京：北京大学出版社，2012，第 55 页。

② 〔法〕莫里斯·哈布瓦赫：《集体记忆与历史记忆》，见冯亚琳、阿斯特莉特·埃尔主编《文化记忆理论读本》，余传玲等译，北京：北京大学出版社，2012，第 67 页。

③ 〔法〕莫里斯·哈布瓦赫：《集体记忆与个体记忆》，见冯亚琳、阿斯特莉特·埃尔主编《文化记忆理论读本》，余传玲等译，北京：北京大学出版社，2012，第 66 页。

在厘清了哈布瓦赫所界定的上述一系列概念后，根据哈氏对集体记忆的建构主义论述，我们可以提炼出关于集体记忆的几个重要特征。

1. 社会性

集体记忆具有社会性，"是在社会的压力下重建了头脑的记忆"。[①] 这种重建有赖于我们其他的回忆以及他人已勾勒好轨迹的回忆。新的图像与那些同样真实的图像相连接，没有后者，别人的回忆就会一直模糊不清且无法解释。[②] 也即，记忆亦需要借助他人的回忆，如一个人回忆自己的童年，是处于家庭的记忆框架下，回忆自己的邻居则必定与当时所处的社区联系起来，等等。总之，"每一个集体记忆，都需要处于一定时空内群体的支持"，[③] 不具有社会性的记忆是不存在的。

2. 选择性

集体记忆也具有选择性。哈布瓦赫认为集体记忆本质上是"现在中心观"——在现在的基础上对过去重新建构，即按照一种符合人们当下观念的次序，在记忆库存中拣选，清除其中一些，并对其余的加以整理，结果造成了许多改变，甚至歪曲了过去。[④] 简言之，人们在每个历史时期体现出来的对过去的各种看法，都是由当时的信仰、兴趣和愿望塑造的。[⑤] 同时，这种选择性又是与社会性紧密相连的，虽然集体记忆可以依靠选择性重建过去的形象，但在每一个重要时代，这个形象都是与当时的社会主导思想一致的。[⑥]

3. 系统性

集体记忆还具有系统性。事实上，记忆是以系统的形式出现

---

① Maurice Halbwachs, *On Collective Memory*, Chicago and London: The University of Chicago Press, 1992, p. 51.

② 〔法〕莫里斯·哈布瓦赫：《集体记忆与历史记忆》，见冯亚琳、阿斯特莉特·埃尔主编《文化记忆理论读本》，余传玲等译，北京：北京大学出版社，2012，第 85 页。

③ Maurice Halbwachs, *On Collective Memory*, Chicago and London: The University of Chicago Press, 1992, p. 22.

④ Maurice Halbwachs, *On Collective Memory*, Chicago and London: The University of Chicago Press, 1992, p. 183.

⑤ Maurice Halbwachs, *On Collective Memory*, Chicago and London: The University of Chicago Press, 1992, p. 25.

⑥ Maurice Halbwachs, *On Collective Memory*, Chicago and London: The University of Chicago Press, 1992, p. 40.

的，因为记忆是相联系的，一些记忆能让另一些记忆得以重建。然而，系统性同样是与社会性紧密相连的，因为这些记忆能够相连，是源于人们的相连，如果这种相连出现了中断，那就意味着保存在回忆中的一部分群体消失了，也即"遗忘"。简言之，只有把记忆定位在相应的群体思想中时，我们才能理解发生在个体思想中的每一段记忆。①

上述集体记忆的这几个特征是如何得到体现的呢？哈布瓦赫认为其实现途径是通过记忆的社会框架，也即集体框架。这个集体框架是一些工具，我们的个体思想将自身置于这些框架内，参与能够进行回忆的记忆，用于集体记忆重建关于过去的形象，②在集体框架中给它们重新定位。如果没有这些框架，集体记忆将不能存在。当然，这个集体框架也并不是基于个体记忆的简单叠加，它是受社会主导思想和意识形态约束，个人置身于其中、受其影响并将回忆唤回脑海中，反过来这种个人记忆也正是集体记忆的表达，因而各类群体每时每刻都能重构其过去。

这样的一种记忆社会框架，它的重要特点之一是具有稳定性和普遍性，从功能主义角度出发，也可认为该记忆框架是其功能体现。哈氏这样论述道："记忆框架既存在于时间篇章中，又置身其外。当处于后者时，记忆框架把自身的一些稳定性和普遍性传送给了构成记忆框架的形象和具体回忆。"③因而集体记忆一个重要功能就是维持群体的稳定和完整，由此，便与群体认同联系起来，诸如民族认同、族群认同、国家认同、市民认同，等等。客家族群认同的建构正是如此，后文会详述。

总体来看，哈布瓦赫开创的集体记忆理论，影响很大，确实能较准确阐释群体记忆的形成问题，但也不能将该理论绝对化，因为一些被记忆事件其本身是存在的，而非完全由建构形成，如果否认这点，就走向了历史虚无主义。正如巴里·施瓦茨所指出的，如果

① Maurice Halbwachs, *On Collective Memory*, Chicago and London: The University of Chicago Press, 1992, p. 53.

② Maurice Halbwachs, *On Collective Memory*, Chicago and London: The University of Chicago Press, 1992, pp. 38 – 40.

③ Maurice Halbwachs, *On Collective Memory*, Chicago and London: The University of Chicago Press, 1992, p. 182.

把集体记忆认为完全是当下建构产物的话，会使人感到它们在历史中没有连续性，而集体记忆事实上还具有确保文化连续性的功能。因此，集体记忆具有双重性质，"既可被视作对过去的一种累积性建构，又可被视作是对过去的一种情景式建构"。[①]

那么，集体记忆如何实现文化连续性功能呢？由于哈布瓦赫强调了集体记忆"现在中心观"的建构主义表述后，却并未清晰表明或回避在集体记忆维持阶段其是如何传承的，对此，詹姆斯·芬特里斯（James Fentress）和克里斯·维克汉姆（Chris Wickham）提出用"社会记忆"代替"集体记忆"概念来进行解释。他们认为由于大量记忆与具有集体认同的社会群体中的成员相联系，因此哈布瓦赫将所有的记忆都作为集体认同下的重构，这过于强调社会观念的集体本质，相对忽视了个人观念如何联系那些由他们自身构成的集体性的问题。作为结果，一个关于集体观念的概念就奇怪地脱离了任何特定个人的实际思想过程，他们因此提出质问：如何详尽阐述一种记忆概念——这种概念不会使个人成为那种被动服从内化的集体意愿的机械人？显然，集体记忆概念不能实现这个内涵。[②]

在这种从功能主义角度出发的社会记忆理论中，保罗·康纳顿较有代表性地论述了其实现路径，他在《社会如何记忆》一书中，专门探讨了一个群体内的社会记忆作为整体是如何代代相传的。康纳顿强调："研究社会记忆的构成，就是研究使共同记忆成为可能的传授行为。"[③] 而纪念仪式和身体实践就属于至关重要的传授行为，尤其是前者，是社会记忆传承最突出的例子——纪念仪式"通过描绘和展现过去的事件来使人记忆过去。它们重演过去，以具象的外观，常常包括重新体验和模拟当时的情景或境遇，重演过去之回归"[④]。进一步，仪式的传达是需要人的操演来实现的，因此必

① Barry Schwartz, "The Reconstruction of Abraham Lincoln", in David Middleton and Derek Edwards, *Collective Remembering Inquiries in Social Construction*, Sage, 1990, p. 104.
② James Fentress, Chris Wickham, *Social Memory*, Oxford: Blackwell, 1992, "Forward".
③〔美〕保罗·康纳顿：《社会如何记忆》，纳日碧力戈译，上海：上海人民出版社，2000，第40页。
④〔美〕保罗·康纳顿：《社会如何记忆》，纳日碧力戈译，上海：上海人民出版社，2000，第90页。

须依靠人的身体完成，也即通过身体实践来进行。通过这种身体的社会回忆，康纳顿又阐述了记忆形态如何实现个体向群体转换的重要问题。

由上可知，哈布瓦赫提出了集体记忆是当下文化建构的产物，后来者在继承其理论的基础上，又提出了社会记忆学说以从传承角度对其阐释进行补充。结合客家族群，应该说这种关于通过仪式和身体实践来实现群体记忆的传承，并最终以统一个人记忆与社会记忆的方式，在客家族群身上得到了很好的展现。

三　历史记忆

历史记忆也是目前使用较多的一个词语，不过含义上似乎仍较模糊，未形成共识。许多学者在使用上将其等同为集体记忆，但哈布瓦赫在书中已针对集体记忆与历史的关系做了厘清。他认为集体记忆不能与历史相混淆，故选择"历史记忆"这样的表述并不是恰到好处，因为历史与记忆间存在不少矛盾之处和区别。

第一，集体记忆是一种非人为的连续性思潮，因为它从过去那里只保留了存在于集体意识中且对它而言活跃并能够存续的东西，而历史通常始于传统中止的那一刻，也即社会记忆淡化或消失时，作为文本传承的历史其意义才会凸显，而这时阅读历史文本的见证者和当时参与者之间的连贯性已经不存在了。也正因为如此，集体记忆不像历史那样界限分明，它只有不规则和不确定的边界。由于作为载体的人的生命流逝，社会记忆会慢慢消解，记忆也相应地不停调整边界，因而这种边界是因变化而导致模糊的。

第二，集体记忆实际上有很多种，但历史是不可分割的，只存在一个历史。集体记忆是具有多样性的，作为承载它的载体——群体，在生活中是可以根据不同范畴划分或细分的，从而形成多样性多层次的集体记忆。正如莱布尼茨所说，多数群体即便它们眼下尚未分离，但其各种无尽的线条已经表现出了可分的社会本质。反之，对历史而言，一切都是相互联系的，一个个细节构成了整体，这个整体又和其他整体结合形成一幅统一完整的景象，从而形成了一个所谓"客观"的历史。

第三，集体记忆反映的是传统之所在，历史反映的是事件之印象。集体记忆从群体内部进行观察，因为只着眼于本群体，故呈现出一幅相似性景象，即群体过去是这样，现在也是这样，而变化，或消融在相似性中，或归咎于这个群体与其他群体之间关系的改变。这种稳定性恰是延续传统所需要的土壤。然而，就历史来说，它是从群体外部观察，涵盖了长时间的跨度，是一系列社会变化的图像，每个事件同它之前或者之后发生的事件在时间上都是分开的，因此，历史呈现的是一个个事件的印象，由此形成一个简略的概貌。①

不过，仔细研究哈氏观点，他论证的是历史与集体记忆间的矛盾与区别，而不是历史记忆与集体记忆间的矛盾与区别，因此，这留给了后人进一步建构的空间。

中国台湾学者王明珂在集体记忆和社会记忆学说的基础上，将记忆分成了三类：社会记忆、集体记忆和历史记忆。他认为社会记忆是指"所有在一个社会中藉各种媒介保存、流传的'记忆'"。集体记忆则"范围较小，是指在前者中有一部分的'记忆'经常在此社会中被集体回忆，而成为社会成员间或某次群体成员间分享之共同记忆，如一个著名的社会刑案，一个球赛记录，过去重要的政治事件，等等。如此，尘封在阁楼中的一本书之文字记载，是该社会之'社会记忆'的一部分，但不能算是此社会'集体记忆'的一部分"。历史记忆范围则更小，"是指在一社会的'集体记忆'中，有一部分以该社会所认定的'历史'形态呈现与流传。人们藉此追溯社会群体的共同起源（起源记忆）及其历史流变，以诠释当前该社会人群各层次的认同与区分……如此，前述社会'集体记忆'中的一项重大社会刑案或一个球赛记录，固然也可作为社会群体的'集体记忆'，但它们不是支持或合理化当前族群认同与区分的'历史记忆'。此种历史记忆常以'历史'的形式出现在一社会中。与一般历史学者所研究的'历史'有别之处为，此种历史常强调一民族、族群或社会群体的根基性情感联系（primordial attachments）"。②

对于这种观点，笔者认为既有可商榷之处，也有可取之处。可

① 〔法〕莫里斯·哈布瓦赫：《集体记忆与历史记忆》，见冯亚琳、阿斯特莉特·埃尔主编《文化记忆理论读本》，余传玲等译，北京：北京大学出版社，2012，第86~92页。

② 王明珂：《历史事实、历史记忆与历史心性》，《历史研究》2001年第5期。

商榷之处在于集体记忆与社会记忆的关系，因为把尘封在阁楼中的一本书之文字记载当作是社会记忆的一部分而不算是集体记忆一部分的话，那么就将集体记忆只限于口头表达等非文字性形式，若该文字记载的恰是一个集体记忆事件的话，就会出现口头表达该事件便是集体记忆，而书面表达该事件便是社会记忆的悖论。此外，对于许多重要事件，如一个重要的政治事件，对群体回忆来说，"集体"可能意味着整个"社会"，此时两者概念便完全重叠了，也就意味着其中一个概念没有存在的必要。况且前述学者们提出的社会记忆理论，并非是指与集体记忆存在形式不同或在范围大小等方面有区别，而是着重集体记忆的传承延续，因此若援引该词却含义不同，则似乎还需更详尽论证。但是，对于论者的"历史记忆"之说，笔者认为颇为可取。无论是群体对球赛的记忆还是对本族群起源历史的记忆，虽都属于集体记忆，只是范围有大小之分，但实际上两者的性质和意义都是不同的，后者是一个群体的根基性"历史"，显然更会起凝聚人心、建构和维系族群的作用，将其专门辟出来作为历史记忆的范畴，是可行又合理的，不会与其他记忆概念混淆，这在客家概念的构建上特别明显。

当然，同样需要说明的是，历史记忆也并不等同于历史重构，如同集体记忆不可与历史混淆一样。历史学家可以通过研究包括文献在内的一切遗存来推论历史，因而它并不依赖于社会记忆，甚至塑造社会记忆。所以说，"即便是在社会记忆对一个事件保持直接见证的情况下，历史重构仍是必需的。"[1]

第三节　乡土建筑

一　乡土建筑理论

根据《辞海》释义，"乡"为"城市以外的地区"，[2]"土"为"泥土、土壤"，[3] 又，乡土的英文为 vernacular，源自拉丁语 vernacu-

① 〔美〕保罗·康纳顿：《社会如何记忆》，纳日碧力戈译，上海：上海人民出版社，2000，第 10 页。

② 《辞海》，上海：上海辞书出版社，1985，第 96 页。

③ 《辞海》，上海：上海辞书出版社，1985，第 510 页。

lus，为土生土长之意，因此，乡土建筑（vernacular architecture）主要是指农村环境中土生土长的所有建筑。保罗·奥利弗（Paul Oliver）在著名的《世界乡土建筑百科全书》一书中对乡土建筑进行了定义："乡土建筑包括人们的住屋和其他全部建筑，通常是由屋主或共同体利用传统技术建造，目的是满足特定需要，并将乡土建筑源文化的价值观念、经济性与生活方式融合。"[①] 1999 年，联合国教科文组织在墨西哥又颁布了《乡土建筑遗产宪章》，其中明确指出，乡土建筑"是社区文化最重要的体现，是社区文化与其所处地域关系的基本体现，同时也是世界文化多样性的体现"[②]。这些概念都清晰地说明了乡土建筑的文化性。

在谈论乡土建筑概念时，许多学者还习惯用传统民居（folk dwelling）的表达方式。早期民居一般被理解为民间住宅，但随着研究的深入，其内涵还包括其他各类民间建筑，所以在这个意义上，民居和乡土建筑在国内的含义是大致相同的。但本文考虑到"乡土"一词更贴切内涵，以及民居与涵盖其内的民间寺庙等建筑在字面理解上存在一定距离，所以标题选择使用"乡土建筑"一词。

关于乡土建筑的理论，其主要焦点是乡土建筑的构造形式是由何决定的。对此，拉普普在《住屋形式与文化》一书中介绍并批判了几种不同的观点。[③]

一是气候决定论。气候决定住屋形式，这一观点曾在建筑学和人文地理学方面形成共识，该理论认为"原始人类基本的关切在于庇荫"，因为"庇荫对人类极为重要"，能使人们"在极端气候中保护自己"，故"气候的条件决定了形式"。[④] 的确，气候对建筑的构造和形式会起到至关重要的作用。众所周知，热带与寒带的建筑构造与形式就显著不同，但这种观点存在一个明显无法解释的问题是：为什么在同一气候区，即使是小气候区域，仍会有不同类型的

---

① Paul Oliver, *Encyclopedia of Vernacular Architecture of the World*, Cambridge University Press, 1997.

② 国际古迹遗址理事会官方网站：http://www.icomos.org/charters/vernacular_e.pdf，下载时间：2016 年 5 月 10 日。

③ 〔美〕拉普普：《住屋形式与文化》，张玫玫译，台北：境与象出版社，1988。

④ 〔美〕拉普普：《住屋形式与文化》，张玫玫译，台北：境与象出版社，1988。

乡土建筑形式？比如徽派民居与江南民居，粤东北围龙屋与闽西土楼，地域都是相接的，气候亦是相同的，但建筑形式迥异。

二是材料决定论。材料决定建筑技术，当然也会对建筑形式产生重要影响，正如阿兰·德波顿所说："种种限制孕育了强烈的建筑地域特征。在特定的范围内，房子千篇一律全由某种特定的本地材料筑成，如此一来，只要隔一条河或是一座山，房子可能就会大不相同。"① 但同样的问题是，若改变建筑材料，也未必一定会改变建筑形式，如清中期之前的围龙屋金柱多用木料，之后的围龙屋金柱（则）多用石柱，但建筑形式并未改变。

三是经济决定论。经济显然会对乡土建筑形式产生重要作用，当温饱问题不能解决时，住屋的形式必然基于其最低成本，从而在同类建筑形式上产生相似性。但同样可以找到许多反例，如游牧民族即使富裕了，依旧是住帐篷，只是更加豪华的帐篷而已，而并不会建造更适合人类居住的住房；在中华人民共和国成立前围龙屋盛行时，建屋者如果经济条件足够好，只会体现在围龙屋内部装饰的豪华，而不会去改动整体建筑形式以更适合人们居住，所以经济方面显然不能起决定作用。

四是宗教决定论。这种观点涉及非物质决定论层面，认为乡土建筑不只是"维持新陈代谢"的工具，其形式由宗教决定，具有象征意义。从这个层面看，该观点已较前述有进步，确实在大量民居中，如围龙屋空间中体现了一些民俗宗教的内容，但是在同一种民俗宗教下，乡土建筑形式可能是多样化的，如同一个文化区内具有类似或相同民俗宗教的客家民居就不止围龙屋一种建筑形式。

所以，拉普普指出上述理论都存在简单化的问题，即"想把复杂的'果'归结到单纯的'因'上"。他认为民居的形式并不是"实质的力量或任何一个因素的单纯结果，而是最广义的社会文化因子系列的共同结果。而形式渐次为气候条件（实质环境能阻止一些事，鼓励另一些事），构筑方法，可用材料和技术（求得合宜环境之工具）所修改"。因此，"在一定的气候条件、材料和限制，及某一定的技术水准之下，最后决定住宅的形式，塑造空间，并赋

---

① 〔英〕阿兰·德波顿：《幸福的建筑》，冯涛译，上海：上海译文出版社，2007，第29页。

予它们相互关系的是这一族类对理想生活的憧憬，他们造出来的环境反映了许多社会文化力量：宗教信仰、家族组织、何以维生及人与人之间的社会性关系"。①也即拉氏认为乡土建筑的形式是由社会文化决定的，其他条件都是次要的及具有可修改性的，只是提供了建筑形式的可能性。

关于这种社会文化对乡土建筑起决定作用的观点，得到了许多学者的追随。如诺伯格－舒尔茨认为乡土建筑"呈现了场所的艺术的存在"；特里尔"将乡土建筑的源头归于他定义的'需求与活动'"，即所有的行为都必不可少地是由"天空、大地、人与神"组成的世界。这种统一性特别表现在建造上，因此成为"建筑传统"的基础。②

进一步，拉普普又提出了建成环境的概念，这可视为是对社会文化和建筑形式相互关系的更广范围和更深层次的探讨，其基本论点："这种总体上的感情上的反应是基于环境及其特定的方面所给予人们的意义（虽然很明显，这种意义，部分是人们与环境相互作用的结果）。"③ 具体而言，他认为建成环境是社会文化的实质表现，人们通过建成环境释出的线索，建立恰当的情境和脉络以引发恰当的情感、解释、行为以及措施，是影响人们行为的社会场合，触发习惯的形成；同时，社会文化反过来又会影响建成环境的具体形式，成为文化濡染（Enculturation）的一部分。

需要指出的是，拉氏的建成环境理论与乡土建筑概念外延中的聚落（settlement）概念有异曲同工之妙，可以互为补充结合。"聚落"一词原意为"人们聚居的地方"，④ 多指村落，也包括城镇，《汉书·沟洫志》谓："或久无害，稍筑室宅，遂成聚落。"当它与乡土建筑范畴联系起来时，是指在一定地域内发生的社会活动和社会关系、特定的生活方式，并且有共同成员的人群所组成的相对独

---

① 〔美〕拉普普：《住屋形式与文化》，张玫玫译，台北：境与象出版社，1988，第50~58页。
② 〔挪〕克里斯蒂安·诺伯格－舒尔茨：《建筑——存在、语言和场所》，刘念雄、吴梦姗译，北京：中国建筑工业出版社，2013，第231页。
③ 〔美〕阿莫斯·拉普卜特：《建成环境的意义——非言语表达方法》，黄兰谷等译，张良皋校，北京：中国建筑工业出版社，1992，第4页。
④ 《辞海》，上海：上海辞书出版社，1985，第1820页。

立的地域社会。它既是一种空间系统，也是一种复杂的经济、文化现象和发展过程，是在特定的地理环境和社会经济背景中，人类活动与自然相互作用的综合结果。①

英国地理学者琼斯认为聚落研究应分为三个方面：聚落址、组合形态和分布，② 将其适用于乡土建筑研究，可视为单个乡土建筑和内部构造研究、乡土建筑分布及其间关系研究以及乡土建筑形态演变研究三方面，而后两者正构成了乡土建筑的聚落。因此，乡土建筑的视野不能从聚落中脱离开来，它与住屋、生活方式、聚落甚至地域的整个社会及空间系统都密切相关，"人们使用这个聚落的方式影响着民居形式"，③ 这可以认为是建成环境与社会文化的另一种映照。

通过上述对比分析，笔者认为"文化决定论"更深入地阐述了乡土建筑的本质，能够解释为什么其建筑形式与官式建筑相比甚为简陋却能有旺盛的生命力，这背后体现了社会文化的生命力。进一步，如果该类乡土建筑所承载的社会文化濒临消亡，那该类建筑也将濒临消亡。一个重要的原因是"失去了共有的价值观和世界观，因之共有的阶级组织崩颓了；设计者和民众共持的目标也就失去了目标"。④简言之，乡土建筑往往不是孤立的建筑，一定范围内的众多乡土建筑便构成了聚落，它背后反映的是人，以及以此形成的社会活动和社会关系及特定的生活方式。

二　文化遗产视域下乡土建筑研究的方法论

如上文所述，当乡土建筑涉及文化层面时，其内涵和外延已绝非建筑学所能涵盖，它涉及多学科内涵，包括人文地理学、历史学、民族学、民俗学、建筑学、生态学、社会学、人类学、哲学、艺术学、传播学、博物馆学，等等，纷繁复杂。也正因为这样，乡

① 余英、陆元鼎：《东南传统聚落研究人类聚落学的架构》，《华中建筑》1996 年第 4 期。
② 严文明：《近年聚落考古的进展》，《考古与文物》1997 年第 2 期。
③ 〔美〕拉普普：《住屋形式与文化》，张玫玫译，台北：境与象出版社，1988，第 83 页。
④ 〔美〕拉普普：《住屋形式与文化》，张玫玫译，台北：境与象出版社，1988，第 12 页。

土建筑的交叉学科研究特征明显。鉴于此，西方对乡土建筑研究的方法论主要可体现在文化人类学、历史学、社会学和现象学四个方面。

文化人类学与历史学在乡土建筑研究中经常被运用到，各有特色。文化人类学是通过参与观察、交流等田野调查方式做阐释；历史学通过搜集史料（包括文献资料和口述资料）"重构历史"和"解释历史"。这两者并不重合，正如前文所述，历史通常始于传统中止的那一刻，也即社会记忆淡化或消失时，作为文本传承的历史其意义才会凸显，所以它们实际上是互为补充的。

社会学由法国实证主义哲学家孔德在 19 世纪 30 年代建立，它是一门从变动着的整体社会系统出发，通过人们的社会关系和社会行为来研究社会的结构、功能、发生发展规律的综合性学科。运用到乡土建筑研究上，它可以通过社会调查处理大量数据，并对数据进行定性和定量分析，从而分析复杂现象如空间怎样体现人的社会角色，人的流动性与生命周期、建筑形态的关系等，并对理论假设进行检验与修正。这有助于我们发现乡土建筑环境中的"人—建筑"关系，还能显示历史变迁的规律和人的主观愿望。

现象学是哲学领域中的一个流派，以胡塞尔为代表，20 世纪 70 年代后期被引入环境行为研究，其应用已被一些专家所总结。如克罗塞－萨法提（Korusec-Serfaty）指出现象学方法应用最广的三个方面是：1. 对现象的描述，是为了认识在观察者感觉中显现的事实；2. 寻找关系的方法，是为发现现象的关键元素，进而发现现象间的关系；3. 阐释的方法，是为发现现象背后的意义，对现象进行阐释。西亚门则提出五种技巧：反映现象、对主题的深入定性描述、阐释文献、对人群的调查，以及对场所和环境的仔细观察。进而，他指出了传统实证主义方法与现象学方法的区别：在基本哲学立场上，前者是经验的，后者是极端经验的；在理论推证过程中，前者是先设理论，然后进行演绎、推理，后者是理论上开放的、全面的，不用先入为主的理论来限制对现象的认识；从目的上说，前者旨在解释现象，后者旨在了解现象；等等。具体而言，现象学在乡土建筑的研究中，可用于记录建筑环境，记录居住者与观察者的主观体验，进而找出该建筑环境的场所精神，从而达到以基础研究的成果指导进一步的建筑实践之功效。①

　　从上述四个方面的学科视野研究乡土建筑，其实也同样可运用在广义的文化遗产研究上，因为涉及遗产承载的文化，其包容性是很广的。但若就文化遗产的特性而言，从文化遗产角度研究乡土建筑，笔者认为主要可聚焦以下四个方面的视野。

　　一是建筑人类学视野。建筑人类学是将文化人类学的理论与方法应用于建筑学领域，不仅研究建筑自身，还要研究建筑的社会文化背景。埃莫林克（Mari-Jose Amerlinck）在《建筑人类学的内涵与外延》一文中对建筑人类学进行了定义："建筑人类学是以人类学为导向的关于建造人类据点、房屋与其他建筑物，以及建成环境的活动和过程的共时性与历时性研究。"②

　　研究建筑自身对文化遗产研究非常重要，因为文化遗产的重要特性之一便是注重对传统的传承，甚至"首先应从'传承'视角去理解文化遗产"③。文化遗产既包括物质文化遗产也包括非物质文化遗产，所以这种传承既有建筑形式的传承，也有承载于其中的制作技艺方面的传承。那么如何研究这类"传承"呢？柳田国男认为其核心就是"观察有识阶级之外的或者那些以有识阶级自许的人的生活中，以文字以外的方式保存下来的过去的生活方式、生产方式、思考方式。把这些当作学习、了解人生的手段加以广泛地观察"④。这就要求我们在研究乡土建筑时，不仅要了解清楚它的建筑结构，更要了解它的制作工艺，应包括大量的、细致的建筑物质形态记载内容。由于乡土建筑非官式建筑，历史文献上少有记载，需走访大批民间老艺人获得相关知识，而某类乡土建筑一旦因其特色和濒危性成为文化遗产，再获得相关知识难度陡增。因此在相当意义上，对"物"的全方位研究非常重要，它是文化遗产视域下乡土建筑研究的基础，也为建筑实践提供基础知识，这种重要性和特

① 罗琳：《西方乡土建筑研究的方法论》，《建筑学报》1998 年第 11 期。

② Mari-Jose Amerlinck, "The Meaning and Scope of Architectural Anthropology", Mari-Jose Amerlinck ed. , *Architectural Anthropology*, Westport: Bergin and Garvey, 2001, p. 3.

③ 周星：《从"传承"角度理解文化遗产》，载周星主编《民俗学的历史、理论与方法》（上册），北京：商务印书馆，2008，第 129 页。

④ 〔日〕柳田国男：《民间传承论与乡土生活研究》，王晓葵、王京、何彬译，北京：学苑出版社，2010，第 13 页。

色是其与一般性乡土建筑研究的主要区别所在。

建筑人类学还注重研究建筑的社会文化背景。既然以人类学为导向，那么乡土建筑与社会文化的关系就是研究中的重中之重了。需要强调的是，这种文化主要是与乡土建筑及其所处的物质环境密切相关的，如建筑活动、建造过程、材料来源以及由乡土建筑所形塑的文化等，它不能脱离建筑本身进行研究，因为"建筑人类学不是和人类行为的空间维度研究同义的"①。

埃根特在《建筑人类学》一书中，通过提出质疑再次强调了需重视社会性的文化研究：要么只是对建筑历史的顺序阐述，轻易陷入欧洲理论或古希腊中心论，忽视对其他历史时期和其他社会的建筑研究；要么把建筑史等同于艺术史，忽略其他方面的研究。为此他提出宏观理论框架和微观理论内容的划分，建筑历史只是宏观理论框架中微观理论内容。而现实世界中人类及其生活的全部方面（包括行为、艺术、社会结构、宗教信仰等）构成了这一框架的研究基础。要建构宏观理论构架，则应当从文化人类学角度出发，运用实地考察和归纳分析的方法，对这一基础深入研究，首先达成对人类自身的理解，从而更好地研究建筑历史及理论。②

当然，乡土建筑涉及文化层面时，其内涵和外延已绝非建筑学所能涵盖，它涉及多学科内涵，交叉学科研究特征明显。拉普普（Amos Rapoport）为了强调这点，甚至认为创立建筑人类学没有必要，可能还会起反作用，应该称其为环境行为研究，而人类学应该成为其中不可或缺的重要部分，与其他学科一起为环境行为关系理论的发展做出贡献。③ 笔者认为，拉普普的提法可能较为激进，因为建筑人类学并不被他批判的双学科概念所概括，但他对物质环境重要性及建筑研究多学科性的强调，是值得思考的。也正因为此，笔者认为就乡土建筑而言，从文化遗产研究角度出发，运用空间生

① Mari-Jose Amerlinck, "The Meaning and Scope of Architectural Anthropology", Mari-Jose Amerlinck ed. , *Architectural Anthropology*, Westport: Bergin and Garvey, 2001, p. 2.

② 张晓春：《建筑人类学研究框架初探》，《新建筑》1999 年第 6 期。

③ Amos Rapoport, "Architectural Anthropology or Environment-Behavior Studies", Mari-Jose Amerlinck ed. , *Architectural Anthropology*, Westport: Bergin and Garvey, 2001, pp. 27 – 41.

产理论能进行更深度的阐释。

二是哲学视野。哲学理论众多，关注于人类社会的深刻本质，普适性强，对人文和社会科学具有指导意义，也为其提供有益养分。前述的现象学就是哲学的一个流派，说明乡土建筑研究正日渐受到哲学领域的重视。本书择取的空间生产理论也同样是哲学的重要理论，在一些人文社科研究领域已开始受到重视，但在文化遗产和乡土建筑研究中仍少见，这也是本书的方法论意义所在。

三是历史学视野。笔者认为相比前述一般乡土建筑范畴下对历史学的要求而言，历史学视野在文化遗产研究中更为重要。因为文化遗产的重要特性之一"传承"，更需用历史文献的方式证明其根基历史和传统的真实性，以起到凝聚群体和延续传统之目的。另外，文化遗产的"传承"往往存在后人建构的成分甚至完全是后人建构的产物，如罗香林通过族谱建构出客家这个族群，然而，通过历史学研究可发现，就华南地区而言，族谱中明以前的记载几不可信，正如道光《建阳县志》所言："吾邑诸姓家谱多不可凭，大多好名贪多，务为牵扯……即世之相去数百年，地之相去数千百里，皆可强为父子兄弟。虽在著族望族，亦蹈此弊。"① 这凸显了文化遗产研究中历史学视野的重要性。

四是民俗学视野。民俗学"是一门研究传统民俗文化与当代民众生活方式及生活文化的学科"，它以"造福民众为学科基本宗旨，致力于调查、研究、描述和记录不同地方或族群人们的生活文化及其诸多形态，进而分析其机制和原理"②。它的主要研究对象——遗留，即"现代人民生活中仍然保留着的那些在过去时代中所产生的现象"，③ 其实也可纳入文化遗产研究的内涵，正如周星先生所指出的："非物质文化遗产的定义与范畴，实际和民俗学的研究对象亦即'民间传承'或'民俗'几近吻合。"④

---

① 道光十二年《投状》《建阳县志》卷一，"凡例"，转引自郑振满《清代福建合同式宗族的发展》，《中国社会经济史研究》1991 年第 4 期。

② 周星主编《国家与民俗》，北京：中国社会科学出版社，2011，第 1 页。

③ 钟敬文主编《民俗学概论》，上海：上海文艺出版社，2009，第 443 页。

④ 周星：《从"传承"角度理解文化遗产》，载周星主编《民俗学的历史、理论与方法》（上册），北京：商务印书馆，2008，第 131 页。

此外，正所谓"'采访收集'是民间传承之根本"，[①] 民俗学的这种调查方法实质上与文化人类学田野调查法是一致的，同时在研究对象上又与其存在一定程度的交集，故两者在方法论上容易被混淆，但实际上是有明显不同的。"文化人类学原本是以'异域'为原点，发现不同于本文化的各种'异议'；民俗学是以'故乡'为基点，经常需要面对文化的地方性或地域性特点"，因此，"文化人类学较为注重对成为其对象的异域社会或族群他者的日常生活方式进行尽可能细致的观察，它所理解的'文化'，在相当程度上也就是当地民众的日常生活方式"，而"民俗学更是把'生活文化'（民俗）的整体作为其最基本的课题，两者之间的研究路径及方法等固然是各有千秋，但它们对于生活方式及生活文化的把握及理解却有许多彼此相通之处，可以说在很多方面都是值得相互参鉴、相得益彰的"[②]。

本书选择的围龙屋属于乡土建筑范畴，是中国一类有鲜明特色的乡土建筑，因此也将融合上述四个方面的研究视野，但如前文所述，会以哲学视野为主线，其他三个方面的视野穿插文中。

综上，以"物"为研究对象，重要的是发现和阐释文化与遗产的关系，遗产反映的是社会文化，社会文化又以其为存在根基，作为记忆延续的物质图像，其意义实在如王夫之所言："天下惟器而已。道者器之道，器者不可谓道之器也。"[③]

① 〔日〕柳田国男：《民间传承论与乡土生活研究方法》，王晓葵、王京、何彬译，北京：学苑出版社，2010，第 51 页。
② 周星：《乡土生活的逻辑》，北京：北京大学出版社，2011，第 2 页。
③ 王夫之：《周易外传》，见《船山全书》（第一册），长沙：岳麓书社，1996，第 1027 页。

第二章
客家共同体：想象与实存

第一节 想象的共同体：客家历史记忆的建构

一 "客家"称谓

何谓客家？客家研究的奠基人罗香林在其影响深远的《客家研究导论》中如是界定：

> 南部中国，有一种富有新兴气象，特殊精神，极其活跃有为的民系，一般人称他为"客家"（Hakka），他们自己也称为"客家"。他们是汉族里头一个系统分明的支派，也是中西诸社会学家、人类学家、文化学家，极为注意的一个汉族里的支派。①

对于这个称呼的具体含义，成文于清嘉庆时的《丰湖杂记》有更详尽的解释：

> 粤之土人，称该地之人为客，该地之人亦自称为客人……彼土人以吾之风俗语言，未能与彼同也，故乃称吾为客人，吾客人亦以彼之风俗语言，未能与吾同也，故乃自称为客人。客者对土而言，土与客之风俗语言不能同，则土自土，客自客，土其所土，客吾所客，恐再阅数百年，亦犹诸今日也。②

---

① 罗香林：《客家研究导论》（据希山书藏 1933 年版影印），上海：上海文艺出版社，1992，第 1 页。
② 徐旭曾：《和平徐氏族谱》，载罗香林编《客家史料汇编》，香港：中国书社，1979，第 298 页。

由上可知，客家的内涵包括三部分：一是属于汉族；二是汉族中的一个民系；三是广东原住民称当地外来移民为"客"，而这些外来移民也自称为"客人"。这也可以解释，为什么同样是客家人，在其他地方就并未被当地人称为"客家人"，比如在四川，从广东迁移过去的客家人就自称为"广东人"，而四川人则称他们为"土广东"或"土广广"①。

那么，"客家"这个称谓形成于何时呢？罗香林所持"给客制度与客户"之说一度是主流观点："至于客家名称的由来，则在五胡乱华，中原人民辗转南徙的时候，已有'给客制度'。《南齐书·州郡制》：'南兖州，镇广陵。时为百姓遭难，流移此境，流民多庇大姓以为客。元帝大兴四年，诏以流民失籍，使条名上有司，为给客制度。'可知'客家'的'客'，是沿袭晋元帝诏书所定的。其后到了唐宋，政府簿籍，乃有'客户'的专称。而客家一词，则为民间的通称。"② 有学者依据此释义，通过文献考证，即：据撰于宋太宗太平兴国年间（976～983年）的《太平寰宇记》记录："梅州户，主一千二百一，客三百六十七"；又据成书于元丰三年（1080年）的《元丰九域志》记录："梅州户，主五千八百二十四，客六千五百四十八"③，得出百年间梅州客家人口由只有原住民的不到三分之一，上升到超过原住民人数一成以上，以此说明客家在此时期的形成。

不过，对此目前已有不少文章指出，这种给客制度，类似更早期孙吴的"复客"与西晋的"荫客"制度，这些"客"就是地主豪强的佃户，是私属，不向政府纳税服役，其地位也是比较低微的，显然，此"客"非彼"客"。而至于客户，唐宋时确有主户、客户之分别，但分布于全国。自唐中叶以后，两者区别的重点已非身份，而是土地。主户占有土地，客户则是没有自己土地的佃农。所以，上述之"客"与我们所谓的"客家"显然不同。何况罗先生从"'客户'专称"推至"客家一词则为民间的通称"并无任何

---

① 黄友良：《四川客家人的来源、移入及分布》，《四川师范大学学报》1992年第1期，第84页。

② 罗香林：《客家源流考》，北京：中国华侨出版社，1989，第41～42页。

③ 阮元：《广东通志》卷九十一《舆地略九》，见广东省地方史志办公室编《广东历代方志集成》，广州：岭南美术出版社，2006，第1553页。

论据。①

目前看来，"客家"名称形成时间较晚。康熙二十六年版《永安县志》是最早提及"客家"名称的文献，据其记载：

> 士务敦朴，急公好义，有自江、闽、潮、惠，迁至者，名曰"客家"。②

又据《赤溪县志》记载：

> 边界虽复，而各县被迁内徙之民能回乡居者已不得一二。沿海地多宽旷，粤吏遂奏请移民垦辟以实之。于是惠、潮、嘉及闽赣人民，挈家赴垦于广州府属之新宁，肇庆府属之鹤山、高明、开平、恩平、阳春、阳江等州县，多与土著杂居，以其来自异乡，声音一致，俱与土音不同，故概以客民视之，遂谓为"客家"云。③

上述文献说明至迟于康熙中期就有了"客家"这个称呼，并可能是康熙时"迁海复界"所引发的垦民潮所致。

二 客家源流

传统主流观点认为客家是汉族的一个支派，来源于中原，又称为河洛郎，因逃避战乱、饥荒或受朝廷奖掖等，向南方迁移。在与当地原住民的交往中，难免存在融合，故认为客家先民是以中原汉族为主，兼融当地人而形成。

---

① 刘佐泉先生也持有类似的"佃客说"，其承郭沫若先生之说"在封建时代弄到不能离开故乡，当然是赤贫的人"推至"'客家'称谓来由，皆因客家先民大多数曾为'佃客'、'佣夫'之故"（见刘佐泉《客家研究"三疑"试释》，谢剑、郑赤琰主编《国际客家学研讨会论文集》，香港：香港中文大学、香港亚太研究所海外华人研究社，1994，第895~906页）。

② 阮元：《广东通志》卷九十三《舆地略十一》，见广东省地方史志办公室编《广东历代方志集成·省部》，广州：岭南美术出版社，2006，第1570页。

③ 王大鲁修、赖际熙纂《广东省赤溪县志》卷八《赤溪开县事纪》，《中国方志丛书》第56号，据民国九年《赤溪县志》影印，台北：成文出版社，1967，第165页。

最早在著名的客家文献《丰湖杂记》中有所论及：

今日之客人，其先乃宋之中原衣冠旧族，忠义之后也。自宋徽、钦北狩，高宗南渡，故家世胄先后由中州山左，越淮渡江从之。寄居苏、浙各地，迨元兵大举南下，宋帝辗转播迁，南来岭表，不但故家世胄，即百姓亦多举族相随。有由赣而闽、沿海至粤者；有由湘、赣逾岭至粤者。①

其后罗香林通过大量族谱记载，提出客家是"自北南迁的民系"，但也存在与当地畲民的混化。② 如《粤东荥阳谱记》："我太高祖仕美公，其先世发籍福建，移居广东，继又流寓于湖广郴州府桂阳县，而公即于是生焉，后复归粤，家于韶州府乳源县"；③ 《同人系谱》："而南方薛族，则由唐末黄巢之乱，其族有避乱而南徙于福建宁化县石乡者，及元代薛信由宁化转徙粤之平远"；《刘氏族谱》："一百二十一世祖讳祥公，妣张氏。唐末僖宗乾符间，黄巢作乱，携子及孙，避居福建汀州府宁化县石壁洞……祥公原籍，自永公家居洛阳，后徙江南，兄弟三人，唯祥公避居宁化县，其二人不能悉记。"④

此外，还有不少著名学者都持此观点。如黄遵宪亦认为客家人为中原遗民，他在《送女弟》中写道："中原有旧族，迁徙名客人。过江入八闽，展转来海滨。俭啬唐魏风，盖犹三代民。就中妇女劳，尤见风俗纯。"⑤ 章太炎从方言角度认为："广东称客籍者，以嘉应诸县为宗，家率有谱，大抵本之河南，其声音亦与岭北相似。"⑥

---

① 徐旭曾：《和平徐氏族谱》，见罗香林《客家史料汇编》，香港：中国书社，1979，第297页。

② 罗香林：《客家研究导论》（据希山书藏1933年版影印），上海：上海文艺出版社，1992，第74页。

③ 崔荣昌：《四川方言的形成》，《方言》1985年第1期，第11页。

④ 罗香林：《客家研究导论》（据希山书藏1933年版影印），上海：上海文艺出版社，1992，第47-48页。

⑤ 黄遵宪：《人境庐诗草笺注》上册，钱仲联笺注，上海：上海古籍出版社，1981，第27页。

⑥ 黄遵宪：《人境庐诗草笺注》中册，钱仲联笺注，上海：上海古籍出版社，1981，第810页。

第二种观点是客家为多民族的融合体。该观点认为："汉族本身就是由多种民族融合而成的。客家源于汉族，当然也源于上述的各族，都是融合而成的'炎黄子孙'。但是在汉族由北南下，辗转迁入闽粤赣边区时，在中途和到来之后，又与当地的原住民族融合，从而融合成现在的汉族客家民系。"① 其重要依据是，《大埔县文物志（初稿）》中说："据《族谱》调查，现有的大埔客家人，大部分是宋末元初才由闽西迁来的，没有发现有晋隋后裔。"② 也有学者讲述得更具体，认为客家"混合形成，即由原来居住在黄河、淮河和长江流域汉族人，原居湘鄂西部边界的武陵蛮，这两部分人迁徙到赣闽粤边界与当地的原住民交流融合，形成了客家民系"③。

第三种观点是认为客家先民是以南方原住民为主，融合中原南迁的汉人而形成。"客家人并不是中原移民，他既不完全是蛮，也不完全是汉，而是由古越族残存者后裔与秦统一中国以来来自中国北部及中部的中原流人，互相混化而形成的人们共同体"，"客家文化的源头是地方文化，而非中原发生形成"。④ 该观点甚至也得到了遗传科学研究的支持，据对广东梅州地区客家人群体遗传学的研究，广东客家人"与布依族、佤族距离最近，表明广东地区的客家人在 9 项遗传指标特征方面具有南方族群特征"⑤。这种观点与传统的主流观点完全相反，在学界引起了很大的争议。⑥

---

① 吴炳奎：《客家源流新探》，《中南民族学院学报》（哲学社会科学版）1992 年第 3 期，第 71 页。
② 吴炳奎：《客家源流新探》，《中南民族学院学报》（哲学社会科学版）1992 年第 3 期，第 75 页。
③ 谢重光：《客家形成发展史纲》，广州：华南理工大学出版社，2001，第 1 页。
④ 房学嘉：《客家源流探奥》，广州：广东高等教育出版社，1994，第 2 页。
⑤ 王杨等：《广东梅州地区客家人 9 项人类群体遗传学指标的研究》，《华中师范大学学报》（自然科学版）第 46 卷第 1 期。
⑥ 质疑者认为该观点属于"主观臆断，缺乏严密论证"，比如书中"强调'南朝末期，生活在客地的先民，已具有共同的思想意识、共同的语言、共同的风俗习惯'"，但"并没有指出道德观的具体内容，对于共同的精神则完全没作说明"，即便"就算这些特征都成立，也无法把它们当作客家共同体初步形成的标志"［赵剑：《客家妇女与"二婚亲"——兼与房学嘉先生商榷》，《中华女子学院学报》2001 年第 2 期，第 36~37 页；丘菊贤、刘彪：《客家问题研究要尊重历史事实——驳房学嘉《客家源流探奥》及有关文章的言论》，《河南大学学报》（社会科学版）1997 年第 5 期］。

三 客家共同体的建构

1. 客家历史记忆的建构

根据目前所见的文献记载，客家成为一个群体，至迟在 17 世纪前期。其时在粤东揭阳县发生了"九军之乱"冲突，也即"土人"福佬人与客家人的一次大规模冲突：

> "猺"贼暴横欲杀尽平洋人，憎其语音不类也。平洋各乡虑其无援，乃联络近地互相救应，远地亦出堵截。[1]

此处的"平洋"即潮州话的平原之意，文献明确描述了居于平原的"土人"福佬人与以居于山区为特色的客家人之间的矛盾，并将客家人蔑称为"猺"贼，而冲突的直接原因为"语音不类"，即双方语言不同。这显然不是根本原因，但语言确实对一个群体来说是具有高辨识度的标志，从而将各自的利益表征在对语言的仇视上。

但此时的客家群体尚无明确的族群意识，只是出于共同利益而有别于其他群体，甚至因此产生冲突。直至晚清，在长期越来越严重的土客矛盾下，嘉庆年间徐旭曾所作的《丰湖杂记》结合了先辈记忆，开始对客家群体的族群性进行了建构，它也被视为客家宣言：

> 博罗、东莞某乡，近因小故，激成土客斗案，经两县会营弹压，由绅耆调解，始息。院内诸生询余何谓土与客？答以客者对土而言，寄居该地之谓也。吾祖宗以来，世居数百年，何以仍称为客？余口述，博罗韩生以笔记之。（五月念日）
>
> 今日之客人，其先乃宋之中原衣冠旧族，忠义之后也。自宋徽、钦北狩，高宗南渡，故家世胄先后由中州山左，越淮渡江从之。寄居苏、浙各地，迨元兵大举南下，宋帝辗转播迁，南来岭表，不但故家世胄，即百姓亦多举族相随。有由赣而闽、沿海至粤者；有由湘、赣逾岭至粤者，沿途据险与元兵

---

[1] 雍正《揭阳县志》卷三"兵事"，北京：书目文献出版社，1991，第 311 页。

战，或徒手与元兵搏，全家覆灭，全族覆灭者，殆如恒河沙数。天不祚宋，崖门蹈海，国运遂终，其随帝南来历万死而一生之遗民，固犹到处皆是也；虽痛国亡家破，然不甘为田横岛五百人之自杀，犹存生聚教训复仇雪耻之心，一因风俗语言之不同，而烟瘴潮湿，又多生疾病，雅不欲与土人混处，欲择距内省稍近之地而居之，一因同属患难余生，不应东离西散，应同居一地，声气既无间隔，休戚始可相关，其忠义之心，可谓不因地而殊，不因时而异矣。

当时元兵残暴，所过成墟，粤之土人，亦争向海滨各县逃避，其闽、赣、湘、粤边境，毗邻千数百里之地，常有数十里无人烟者，于是遂相率迁居该地焉。西起大庾，东至闽汀，纵横蜿蜒，山之南，山之北，皆属之。即今之福建汀州各属，江西之南安、赣州、宁都各属，广东之南雄、韶州、连州、惠州、嘉应各属，及潮州之大埔、丰顺，广州之龙门各属，是也。

所居既定，各就其地，各治其事，披荆斩棘，筑室垦田，种之植之，耕之获之，兴利除害，休养生息，曾几何时，随成一种风气矣。粤之土人，称该地之人为客；该地之人，也自称为客人。终元之世，客人未有出而作官者，非忠义之后，其孰能之！？

客人以耕读为本，家虽贫亦必令其子弟读书，鲜有不识字、不知稼穑者。日出而作，日入而息，即古人"负耒横经"之教也。客人多精技击，传自少林真派。每至冬月农暇，相率练习拳脚、刀剑、矛挺之术，即古人"农隙讲武"之意也。

客人妇女，其先亦缠足者。自经国变，艰苦备尝，始知缠足之害，厥后，生女不论贫富，皆以缠足为戒。自幼至长，教以立身持家之道。其于归夫家，凡耕种、樵牧、井臼、炊爨、纺织、缝纫之事，皆一身而兼之；事翁姑，教儿女，经理家政，井井有条，其聪明才力，真胜于男子矣，夫岂他处之妇女所可及哉！又客人之妇女，未有为娼妓者，虽曰礼教自持，亦由其勤俭足以自立也。

要之，客人之风俗俭勤朴厚，故其人崇礼让，重廉耻，习劳耐苦，质而有文。余昔在户部供职，奉派视察河工，稽查漕

运艇务，屡至汴、济、淮、徐各地，见其乡村市集间，冠婚丧
祭，年节往来之习俗，多有与客人相同者，益信客人之先本自
中原之说，为不诬也。客人语言，虽与内地各行省小有不同，
而其读书之音则甚正。故初离乡井，行经内地，随处都可相
通。惟与土人风俗语言，至今仍未能强而同之。彼土人，以吾
之风俗语言未能与同也，故仍称吾为客人；吾客人，亦因彼之
风俗语言未能与吾同也，故仍自称为客人。客者对土而言。土
与客之风俗语言不能同，则土自土，客自客，土其所土，客吾
所客，恐再阅数百年，亦犹诸今日也。

嘉应宋芷湾检讨，曲江周慎轩学博，尝为余书：嘉应、汀
州、韶州之客人，尚有自东晋后迁来者，但为数不多也。①

该文对客家群体的历史和特征做了简明扼要的阐释。首先，明
确了客家来自中原，且早在东晋，但大规模南迁乃宋元更替时，重
点强调了是中原衣冠旧族、忠义之后，追随宋帝南逃，不屈于暴元
的统治，为客家群体规定了正统性。其次，阐述了客家居地的来源
和范围："一因风俗语言之不同……雅不欲与土人混处"，"一因同
属患难余生，不应东离西散，应同居一地"，遂择闽、赣、湘、粤
边境的无人烟处，"相率迁居该地"。再次，描述了客家人的优良品
质，如俭勤朴厚、崇礼重教，尤其是客家妇女勤苦自持等。最后，
界定了客家的概念，因"土与客之风俗语言不能同"，所以"粤之
土人，称该地之人为客；该地之人，也自称为客人"。

此外，该文还证实了客家"中原说"在撰文之前便存在于客家
人的集体记忆中："余昔在户部供职，奉派视察河工，稽查漕运艇
务，屡至汴、济、淮、徐各地，见其乡村市集间，冠婚丧祭，年节
往来之习俗，多有与客人相同者，益信客人之先本自中原之说，为
不诬也。"也即至迟在清中期，客家人在与其他群体主要是福佬
"土人"的斗争中，已自称为中原后裔，在经济和生存环境均不如
福佬"土人"的情况下，他们在面临竞争和冲突时客观上获得了心
理优势和群体认同。

不过，《丰湖杂记》虽然早在嘉庆年间便问世，但因一直保存于

---

① 罗香林：《客家史料汇编》，香港：中国书社，1979，第297～299页。

和平《徐氏族谱》中，并未得到广泛流传，所以也未对客家族群的建构产生重要影响。真正产生实质影响的是 1933 年罗香林《客家研究导论》一书的出版，该书通过搜集大量族谱并结合历史文献，提出了客家人"五次大迁移"说。由于主要证据均来源于族谱，于常人增添了可信度，遂被视为重要研究成果。甚至罗氏依据该学说的理论和方法所撰写的《国父家世源流考》（内容主要是考证孙中山为客家人——笔者注）一文还获得了蒋介石以及孙中山之子孙科的题字、作序。因此，罗香林"五次迁移说"对客家人族群观念的形成和强化可谓产生了深远影响，在客家历史建构上占据特殊地位。

罗香林 1906 年生于广东兴宁，为"纯客县"①，是客家人，曾"先后受国立中山大学、中央大学、暨南大学聘任秘书及讲师与教授等职……（民国）二十五年返任广州市立中山图书馆馆长……旋余改任中山大学教授"。② 罗香林对客家研究产生兴趣后，通过广告征集并悉心搜集了大量客家族谱文献，以此为据指出客家先民东晋以前的居地：

> 实北起并州上党，西届司州弘农，东达扬州淮南，中至豫州新蔡、安丰，换言之，即汝水以东，颍水以西，淮水以北，北达黄河以至上党。

其后，罗香林描述了客家先民因战乱等原因开始的五次大规模南迁。第一次大规模南迁时期是东晋至隋唐：

> 远者自今日山西长治起程，渡黄河，依颍水，顺流南下，经汝颍平原，达长江南北岸；或者由今日河南灵宝等地，依洛水、逾少室山，至临汝，亦经汝颍平原，达长江南北岸……这是可从该地自然地理推证出来的。

---

① 对于纯客县和非纯客县的定义，至今尚无通行衡量标准，一般认为绝大多数为客家人的即为纯客县，有人认为是 95% 以上为客家人的为纯客县。罗香林先生认为"全数为客"即为纯客县［罗香林：《客家研究导论》（据希山书藏 1933 年版影印），上海：上海文艺出版社，1992，第 94 页］。

② 罗香林：《客家史料汇编》，香港：中国书社，1979，第 4 页。

第二次大规模南迁时期是唐末五代：

> 远者多由今日河南光山、潢川、固始，安徽寿县、阜阳等地，渡江入赣，更徙闽南，其近者则迳自赣北或赣中，徙于赣南或闽南，或粤北边地。

第三次大规模南迁时期是北宋末到元初：

> 多自赣南、闽南徙于粤东、粤北。

第四次大规模南迁时期是康熙中叶至乾嘉之际：

> 多自粤东、粤北而徙于粤省中部，及四川东部中部，以及广西苍梧、柳江所属各县，台湾彰化、诸罗、凤山诸县；或自赣南、闽南而徙于赣西。

第五次大规模南迁时期是同治六年后：

> 多自粤省中部、东部，徙于高、雷、钦、廉各地，或更渡海至海南岛。①

由上可知，客家先民东晋以前居中原，经过五次大规模南迁，最终形成客家民系并发展壮大。其中前三次南迁的主要原因均是战争因素，如第一次的"五胡乱华"，第二次的黄巢起义，第三次的宋金元战争。第四次大规模迁徙主要是两方面原因：一是社会原因，即由于"内部人口的膨胀"②；二是战争原因——康熙为与据

---

① 罗香林：《客家研究导论》（据希山书藏 1933 年版影印），上海：上海文艺出版社，1992，第 45~64 页。
② 罗香林：《客家研究导论》（据希山书藏 1933 年版影印），上海：上海文艺出版社，1992，第 59 页。

台的郑氏势力作战，实施了"迁界令"①："令将山东、江、浙、闽、广海滨居民，尽迁于内地，设界防守，片板不许下水，粒货不许越疆"，② 设置的隔离带距海"五十里"③，待康熙二十三年清廷大定后开放海禁，鼓励因迁界而移居的百姓"复界"，以及在战争受破坏的地区垦荒。正如罗香林所言：

> 而客家先民之迁居沿海省份，亦即因迁界后之复界与招垦官荒而引起。④

第五次则是土客矛盾尖锐化的影响，尤其是咸同年间的土客大械斗最终导致客家人进一步迁移，这一点下文会具体分析。

在不断的迁移中，南迁人口形成聚居，"按照其操同一客语而与其邻居不能相混者，则以福建西南部、江西东南部、广东东北部为基本住地"。具体到客家民系形成的时间，罗香林认为是"当以赵宋一代为起点"⑤，即至宋朝初年开始成为一个民系。⑥

值得一提的是，在客家历史记忆的建构过程中，有一个叫石壁的地方意义重大，被认为是历史上南迁入粤赣闽交界地区的客家人的中转站和黄金要道，甚至其祭祖习俗进入第三批国家级非物质文化遗产名录。石壁是福建省三明市宁化县禾口乡的一个村落，位于赣南和闽西交汇处，是一处群山环抱的约 200 平方公里的开阔盆地，所在的宁化地区也是闽江、赣江和韩江的源头，水路交通便利。古之"石壁"正是以现今石壁村为中心的这一片被称为"石

---

① 关于迁界令，史学界已经研究得较多，详见朱德兰《清初迁界令时中国船海上贸易之研究》，"中研院"三民主义研究所编《中国海洋发展史论文集（二）》，台北："中研院"三民主义研究所，1986。

② （清）夏琳：《闽海纪要》，雅堂丛刊之四，台湾诗荟发行，1925，第 32 页。

③ （清）屈大均：《广东新语》上册卷 2《迁海》，北京：中华书局，1985，第57 页。

④ 罗香林：《客家史料汇编》，香港：中国书社，1979，第 7 页。

⑤ 罗香林：《客家源流考》，北京：中国华侨出版社，1989，第 42 页。

⑥ 近来也有学者通过统计，"闽粤赣边界九州，唐宋间由 3 万户净增 113 万户，达30 倍"（许怀林：《关于客家源流的再认识》，黄钰钊主编《客从何来》，广州：广东经济出版社，1998，第 70 页），以支持至宋初客家形成的观点。不过这个观点忽视了战争年代的流民问题，并不能直接论证客家的中原移民问题。

壁盆地"地区，当地流传歌谣："禾口府，陂下县，石壁是个金銮殿"，充分说明了其地理位置的优越。

因此，"广东各姓谱乘，多载其上世以避黄巢之乱，曾寄居宁化石壁村葛藤坑，因而转徙各地"。[①] 如上文所引《同人系谱》："而南方薛族，则由唐末黄巢之乱，其族有避乱而南徙于福建宁化县石乡者，及元代薛信由宁化转徙粤之平远"；又如《邱氏族谱》记载其祖先流经石壁时的情景："宋太平兴国至景德年间，三郎从河南固始迁居宁化石壁，是为广东客族发祥之始祖。"[②] 当然，其中也有不少南迁移民就留在了当地，这在族谱中也有不少记载，如前揭"祥公原籍，自永公家居洛阳，后徙江南，兄弟三人，唯祥公避居宁化县，其二人不能悉记"。总之，由于石壁在大量客家族谱记载中作为客家人南迁的一个主要中转站，于是客家人就把曾居住在宁化石壁的祖先尊为新的始祖，作为新世系的发端，所以宁化石壁不仅被称为"客家民系形成的中心地域"，而且也被称为"客家文化、语言的摇篮"。

除了上述对客家根基历史记忆的建构之外，后人还在此基础上添砖加瓦式地归纳了客家文化的特征和成就。

文化方面，客家人自认为客家文化是一种非常独特的民系文化，既属于汉文化的一部分，保留了汉文化的共同特点，同时又具有自身鲜明的特色。

客家民系一方面重视儒家文化，这也是汉文化的共同特点。它首先体现为尊崇祖先，虽说汉文化其他族群也崇祖敬宗，但在程度上，客家确实非常突出，并非一般性尊崇。在几乎任何一个客家古民居内，居住的宗族无论大小，都会有一个祠堂，又称为"祖堂"，用于安置祖先的牌位，俗称"祖公牌""神主牌"，有的民居还会挂祖宗像，尤其是围龙屋，把祖堂与住宅置为一体，足见对祖宗的崇敬。其次是重视教育，在田野调查中，客家人多次强调教育的重要性，声称之所以客家妇女不裹脚，成为大脚妇女，完全是为了包揽所有家务活，以便让丈夫全身心地读书考功名。在客家中也流传

---

① 罗香林：《宁化石壁村考》，见罗香林《客家史料汇编》，香港：中国书社，1979，第377页。

② 肖平：《客家人：一个东方族群的隐秘历史》，成都：成都地图出版社，2002，第59页。

着这样的童谣："蟾蜍罗,哥哥哥,唔（不）读书,无（没）老婆""生子不读书,不如养大猪"等。① 而且,客家人还非常重视兴办学校进行教育。法国神父赖里查斯在《客法词典》中描写道:在嘉应州,"我们可以看到随处都是学校。一个不到三万人的城市,便有十余间中学和数十间小学,学校人数几乎超过城内居民的一半。在乡下每一个村落,尽管那里只有三、五百人,至多也不过三、五千人,便有一个以上的学校,因为客家人每一个村落都有祠堂,而那个祠堂也就是学校。全境有六、七百个村落,都有祠堂,也就是六、七百个学校,这真是一个骇人听闻的事实"②。不仅是在公共建筑,甚至有的客家民居在老屋里面就建有学校,如兴宁坭陂镇的王侍卫屋,里面不仅建有规模不小的学校,还有学生习武健身的操场。正因为客家人如此重视教育,他们才能虽处在交通闭塞的山区,却能人才辈出,取得很大的成就。

另一方面,客家民系自身的特色文化还体现在移民文化上,这与被客家人普遍认同的从中原多次南迁的移民运动有关。客家移民文化的重要特征之一就是中原情结,这至少反映在以下三点。

一是反映在文学上。如黄遵宪《己亥杂诗》有云:"筚路桃弧辗转迁,南来远过一千年,方言足证中原韵,礼俗犹留三代前",③叙述了客家人的来历。客家歌谣也有相关内容:要问客家哪里来?客家来自黄河边。要问客家哪里住?逢山有客客住山。男子出门闯天下,女子持家又耕田。山里山外一条心,共建美好新家园。

二是反映在客家人的堂号上。堂号是一个家族源流世系、区分族属的标记,如"江夏堂""彭城堂""豫章堂""荥阳堂"等,以此表示他们的来源地,相应分别是"湖北武昌""江苏徐州""江西南昌""河南荥阳"等。这些堂号不仅会标示在祖堂上,也往往会显眼地出现在大门上方,显然,这是屋的主人向外人强调本家族来自中原,反映了客家人以出自中原为荣、奉中原为正统的观

① 林晓平:《客家文化特质探析》,《西南民族大学学报》(人文社科版)2005 年第 12 期,第 73 页。

② 《外国人对客家人的评价》,《客家研究》(第一集),上海:同济大学出版社,1989,第 178 页。

③ 黄遵宪:《人境庐诗草笺注》中册,钱仲联笺注,上海:上海古籍出版社,1981,第 810 页。

念。而且由于一个家族会分出多支脉系，一个地方也会有多个认为自己是南迁而来的家族，所以像"彭城堂""江夏堂""豫章堂"等堂号随处可见（见图 2 - 1 - 1）。

图 2 - 1 - 1　上长岭村"彭城堂"（四角楼）

另外，还有"少数堂号用的不是本族的郡望，而是历史上名声显赫的祖先的典故，如谢姓的东山堂、郭姓的汾阳堂，分别用了谢安东山再起和郭子仪被封为汾阳王的典故，不但间接地道出了谢家郡望为陈郡，郭家郡望为太原，还很自豪地夸耀了本族的显赫祖先"。[①]

三是反映在客家语言上。客家人坚持说客家话，以免失去文化的根基。移民随着时间的推移，往往会被同化，重要标志之一就是失去自己的语言。客家人在长期南迁和聚居的过程中，逐渐形成了自己的语言，即客家话，所以客家人为了避免被同化，非常重视日常生活中使用客家话。客家祖训有言："宁卖祖宗田，不卖祖宗言"，可见客家人把不讲客家话看成是忘本叛祖的行为，这使得客家人后裔能顽强地保留客家话而使其世代相传，这应该也是客家人散布如此之广却能够凝聚人心的重要原因之一。

客家族群取得的成就方面，最典型的也是最容易让人记住的便是客家人物的功绩了。所谓"有阳光的地方就有华人，有华人的地

---

① 谢重光：《客家由来与客家文化的基本特点》，《寻根》2010 年第 2 期，第 6 页。

方就有客家人"，这句话充分说明客家人敢闯的精神。客家人世代居住在交通极为不便的山区，人多地少，若要改变命运改变生活必须继承和发扬这种敢闯的精神。也正因为如此，客家人遍布海内外，尤其是"往外洋者为数颇多，无论在任何地区，均有客家人的踪迹，其人数仅次于广州人耳。在荷属东印度暹罗、缅甸等处，客家人特别众多"①。

当需要凝聚一个族群的认同感时，名人效应不可忽视，因此，客家人在宣传时常常突出各方面的名人，如孙中山、李光耀、朱德、叶剑英、叶挺、田家炳、欧阳修、宋应星、黄遵宪、郭沫若、陈寅恪、林风眠、文天祥等。② 但是，存在一个比较明显的问题是，在筛选人物时不够严谨、客观，力图攀附更多名人的渴望十分明显，可能造成明显的失实，这容易给族群外的人带来不良感观，也影响自身形象。比如上述人物中就有一些存在争议或失实，最典型的是孙中山。罗香林曾经专文考证孙中山为客家人，在其《国父家世源流考》③ 及《国父家世源流再证》④ 两书中提出孙中山为客家人，"国父上世源出于广东紫金县忠坝公馆背"，"家族迁居香山县仅数代耳"，并为孙中山确立了谱系："唐代孙利开始的河南陈留——江西宁都——福建长汀——广东紫金——广东增城——广东香山"，该谱系影响甚大，以致孙中山的儿子孙科也认同此说，该说遂成定论。但这个考证最初也是最基本的理由其实来源于一个误会：罗香林依据美国人林百克著《孙逸仙传记》中译本的一处误译判断孙中山源出紫金县。事实上，"孙中山讲本地白话而不是客家话；孙中山居住在讲白话的翠亨村而不住在附近的客家村，孙氏上世住过的涌口村也不是客家村；孙家连续几代与本地讲白话的人通婚而不与附近的客家人通婚；孙家的风俗习惯与一般客家人不同"。这些考证已足以证明孙中山不是客家人，而罗香林的考证是主观先

① 〔英〕肯贝尔：《客家源流与迁徙》，见谭元亨编《客家经典读本》，广州：华南理工大学出版社，2010，第375页。
② 谭元亨、黎娟等编《客家之子》，广州：华南理工大学出版社，2006。
③ 罗香林：《国父家世源流考》，北京：商务印书馆，1942。
④ 罗香林：《客家史料汇编》，香港：中国书社，1979，第388~396页。

行、缺乏严密论证和不可靠的。①

　　由于孙中山是"国父"，地位特殊，才会存在学术意义的考证文章，而一般名人因无人翔实考证，仅由客家人推断归属到客家族群，非常容易失实。当然，反过来，这也可以看成是客家群体进行自我建构和建立族群认同的一个重要部分。

　　2. 客家族群形成：想象的共同体

　　经上文论述，可知客家群体的形成至迟在 16 世纪，族群意识的形成则在民国初年。发展到如今，客家群体言必称中原正统，有学者做的阐述颇有代表性："客家人是汉族里头一个系统分明的、富有忠义思想和民族意识的民系，客家先民是因受到了中国边疆少数民族侵扰的影响，才逐渐从中原辗转迁徙到南方来的。而且自认为是中原最纯正的正统汉人的后裔。"② 这几乎都要归功于以罗香林为首的客家精英们对客家族群的重新建构。

　　但如果仔细分析建构的基石——罗香林的"五次南迁"说，我们便会发现不少问题。首先，关于早期迁移的论述推断痕迹明显，甚至罗氏在论证第一次大迁移时也承认"这是可从该地自然地理推证出来的"。在材料不足的情况下，此论述逻辑缺乏学术严谨性和可信度。

　　其次，关于迁移的观点主要是依据族谱，其实广东族谱并不可靠。如前述道光《建阳县志》称："吾邑诸姓家谱多不可凭，大多好名贪多，务为牵扯……即世之相去数百年，地之相去数千百里，皆可强为父子兄弟。虽在著族望族，亦蹈此弊。"刘志伟先生对此有很好的论述："近世族谱的规范形成于宋明之间，但在广东地区，族谱的编撰，基本上是明以后的发展。广东地区许多家族的祖先，都声称宋元间迁徙入粤，但定居下来一般都在明代以后。这之间的世系，正是族谱出现之前几代的祖先。这几代祖先，在成文族谱出现之前，是可以通过口头流传下来的。编修族谱，不但是把原来口传的谱系用文本记录下来，更是根据理学家的宗法理论建立礼治秩序

---

① 邱捷、李伯新：《关于孙中山的祖籍问题——罗香林教授〈国父家世源流考〉错误》，《中山大学学报》1986 年第 4 期；邱捷：《再谈关于孙中山的祖籍问题——兼答〈孙中山是客家人，祖籍在紫金〉一文》，《中山大学学报》（哲学社会科学版）1990 年第 3 期。

② 陈运栋：《台湾的客家人》，台北：台原出版社，1990，第 38 页。

的过程……明清时期，要确立正统化的身份认同，最重要的是要和瑶、蛋、畲人划清界限，和'无籍之徒'划清界限，证明自己出生于来自中原的世家，定居时合法地获得户籍，把自己家族的来历究明，通过家谱来建立起家族的历史，是一种基本的途径。"① 因此，这就可以解释为什么客家族谱基本上都会声称其祖先是经由宁化石壁迁徙而来，如此不符合自然规律，恰恰说明客家族谱的早期历史都是经过后人重新建构的。另外，由于嘉靖年间发生了"大礼议"事件，激发了民间修谱的热情，因此可以说在嘉靖之前，广东族谱所记录的迁徙历史是不能成为信史的。

再次，成为主流的以罗香林为代表的"客家中原说"，实质是"血统论"，然而在历史的长河中，这是最不可靠的依据。"五次迁移说"的一个隐含前提就是参与大迁徙的南迁者在长达一千多年的时间里都是同一批人或同一批血脉，尤其是前三次大迁移，经过一次次迁移的筛选，最后到达粤东北的中原旧族才是客家人。如罗香林描述道："自东晋至隋唐，可说是客家先民自北向南的第一次迁徙。然而，不久这种比较安适的局面，又给天灾人祸破灭尽了，客家先民，只好又从事第二次的迁移运动了。这次迁移的动机可说是由于唐末黄巢的造反。"② 这就是说，罗香林认为每次碰到大的灾难，都是同一批南迁中原旧族在继续南迁，而当地"土人"似乎不会参与南迁，以及南迁到当地的中原旧族始终能保持和被认知"中原身份"，不考虑与当地的通婚情况，也不考虑很可能存在的"客家人与非客家人的反复交错迁移"③ 的问题等。此外，按该逻辑，对那些上一次南迁而来却未参与下一次南迁的定居者，于当地人来说是否也是"客家人"？如此的话，客家人可谓散落在全国，语言习俗显然早已无法与闽粤赣边境的"纯粹客家"地区一致，那如何辨识身份？可见罗氏的论据和论点都太过臆断，不存在真正的学术性意义。

最为吊诡的是，由于一个族群的存在一定是以其他不同族群的

① 刘志伟：《族谱与文化认同——广东族谱中的口述传统》，《中华谱牒研究》，上海：上海科学技术文献出版社，2000。
② 罗香林：《客家研究导论》（据希山书藏 1933 年版影印），上海：上海文艺出版社，1992，第 45 页。
③ 陈支平：《客家源流新论》，南宁：广西教育出版社，1997，第 98 页。

存在为前提的，所以罗香林为了确定客家族群的存在，在广东地区又一并建构了"广府"（以珠三角为中心包括粤西的讲"白话"的地区）族群和"福佬"（以潮汕平原为中心的讲闽南话的地区）族群，而这些族群此前是不存在的，只是作为一个文化群体存在。也就是说，罗香林为了建构客家族群，不得不同时建构了三个族群，而且有意思的是，这三个族群至今都已在广东地区深入人心，受到了各群体的广泛认同，今天看来颇值得玩味。

事实上，考虑到中华民族历史上一直存在的民族融合，罗香林自己也承认："所谓华人，根本上就没有'纯粹'的血统可言"，因而客家人"就想不与当地的畲族混化，亦事势所不许"。[①] 当然，罗氏认为的混化，主要是以客家人同化当地人为主，因为来自中原的客家文化比当地少数民族文化要先进。比如在语言方面，"浙江括苍一带的畲民，据说是从广东福建搬了去的，他们的语言，几乎十之七八皆与客语相同，这可知他们所受客家民系的影响了"。[②] 又如，"在宁化石壁客家公祠供奉的一百余姓客家祖先中，就有蓝、雷、钟三姓客家人，据有关族谱介绍，他们广泛分布于闽粤赣各地，与现已恢复畲族成分的上杭蓝、雷、钟三姓客家人有相同的来源；现居武平北部、长汀南部的蓝姓客家人，则与上杭蓝姓畲族同宗同族同祖坟。显然，这部分蓝、雷、钟姓客家人，历史上本是畲族，后来被客家同化，但仍保存若干畲族文化特点"[③]。可见，"血统论"深究之下不足以令人信服。

因此，对于罗香林建构的客家历史，不少学者进行了质疑。较有代表性的是两位学者。一位是梁肇庭先生，他率先指出了客家族群性的建构问题，可称之为"客家建构说"。梁氏"推断在16世纪的某一时期，这些汉人移民已经形成了自己独特的文化标识，包括独立的方言，以及脱胎于非汉人族群环境中的强烈的中原汉人后裔意识。当他们中的一些人迁移到其他地区，与当地其他汉人群体接

①　罗香林：《客家研究导论》（据希山书藏1933年版影印），上海：上海文艺出版社，1992，第73～74页。

②　罗香林：《客家研究导论》（据希山书藏1933年版影印），上海：上海文艺出版社，1992，第76页。

③　谢重光：《南方少数民族汉化的典型模式——"石壁现象"和"固始现象"透视》，《中共福建省委党校学报》2000年第9期，第48页。

触并产生冲突后，这些人才逐渐变成了'客家人'"。① 这里指出了客家人群体形成的关键动因是与其他群体的冲突，在冲突中他们确定了"身份"。又经过长时间与其他群体的冲突和矛盾，至"19世纪，生活在岭南核心区的客家人面对广府人的不友好，他们的生存出现了危机，通过一次次的族群动员，客家人的族群性得以形成。20世纪，新的政治环境到来，客家人的族群性再次高涨，他们试图利用社会变革的机遇，努力提升自己的社会经济地位"②。这里梁氏明确指出了客家这个族群或民系，之前只是作为一个文化群体而存在，作为族群则是在19世纪经过与其他群体的多次冲突后才建构而成。

另一位是陈春声先生，在《地域认同与族群分类——1640-1940年韩江流域民众"客家观念"的演变》一文中，不仅说明了客家族群的建构问题，还明确了确认族群形成的关键点在于文化而非血缘，最后指出"特别是把客家作为'民系'进行研究的历史，也就是"客家人"形象被不断塑造，'客家人'的身份被不断强化，而其超越传统地缘意识的认同感被有心无意地培育起来的过程"③。

事实上，族群的重新建构并非一定不合理，因为民族概念本来就是近代的产物，但是"客家中原说"将建构的重点聚焦于"血统论"，则是不合适和缺乏说服力的。陈寅恪先生在评论中国中古史时曾说过这样一段话：

> 汉人与胡人之分别，在北朝时代，文化较血统尤为重要。凡汉化之人，即目为汉人；胡化之人，即目为胡人。其血统如何，在所不论……此为北朝汉人、胡人之分别，不论其血统，只视其所受之教化为汉抑或为胡而定之确证，诚可谓"有教无类"矣。又，此点为治吾国中古史最要关健，若不明乎此，必致无谓之纠纷。④

① 梁肇庭：《中国历史上的移民与族群性》，冷剑波、周云水译，北京：社会科学文献出版社，2013，第21页。
② 梁肇庭：《中国历史上的移民与族群性》，冷剑波、周云水译，北京：社会科学文献出版社，2013，第72页。
③ 陈春声：《地域认同与族群分类——1640-1940年韩江流域民众"客家观念"的演变》，李长莉、左玉河主编《近代中国社会与民间文化——首届中国近代社会史国际学术研讨会论文集》，北京：社会科学文献出版社，2007。
④ 陈寅恪：《唐代政治史述论稿》，上海：上海古籍出版社，1997，第16~17页。

　　这里明确指出了中国南北朝时期对汉人与胡人身份识别的关键点在于文化而非血统，如果胡人被汉化，则胡人血统者也为汉人，反之亦如此，并举例道：

　　　　（玄孙）师仕齐为尚书左外兵郎中，又摄祠部。后属孟夏，以龙见请雩。时高阿那肱为禄尚书事，谓为真龙出见，大惊喜，谓龙何在，云作何颜色。师整容云："此事龙星初见，依礼当雩祭郊坛，非谓真龙别有所降。"阿那肱忿然作色曰："汉儿多事，强知星宿。祭祀不行。"

　　陈氏对此评论道："夫源师乃鲜卑秃发氏之后裔，明是胡人无疑，而高那肱竟目之为汉儿"，可见时人亦是非按血统而是按文化来界定身份。故陈寅恪强调，如果不明白此等道理，则必会导致"无谓之纠纷"。这个道理对于客家"身份"的认定仍有现实意义。
　　即使通过罗香林的族谱研究方法和逻辑，也同样难以得出罗香林的结论。陈支平通过对大量客家及周边族群族谱的研究，指出："客家民系与南方各民系的主要源流来自北方，客家血统与闽、粤、赣等省的其他非客家汉民的血统并无明显差别，客家民系是由南方各民系相互融合而成的。"[①]
　　饶宗颐作为潮州大学者，也关注到这个问题。他通过对一些客家和福佬族谱的对比和研究，得出如下结论：

　　　　客家、福老同为中原遗族，因迁入路线不同，故成为二系。然客语、福老语中其属于通语者，则雷同极伙，虽因同来自中州，且经赣、闽，多所接触故也。福老、客家以语言、礼俗为区别。其原操福老语者，移入客区则为客家，反之，客家入居福老语地区，其受同化亦然。百堠萧氏与潮阳同祖萧沟，今则纯为客家矣。松口饶氏、大埔杨氏迁往海阳不五、六代，而子孙不复操客语，亦为福老人矣。大埔氏族中，其原为福老迁入者亦不少，如大麻何氏、古源郭氏自潮安来，三河蒲氏自潮安塘湖来，高陂谢氏自潮安隆都来，三河戴氏自归湖来，其

---

　　①　陈支平：《客家源流新论》，南宁：广西教育出版社，1997，第123页。

详见《埔志》氏族。①

　　饶氏通过族谱发现，论血缘，客家与其周边的福佬族群同为中原遗族，故血统相同，但两者又确实在民风民俗上不同，故区别的界定在于文化，"其原操福老语者，移入客区则为客家"，反之亦如此。事实上，严格来说，如按血统，广东被认为的三大族群"广府"、"客家"和"福佬"民系显然都有大量来自北方的移民，这是中国历史上不断大融合的结果，对于广东地区来说，这些移民只有先到与后到之别。甚至根据 DNA 研究，"几乎所有的遗传学证据都支持包括现代中国人在内的全世界人类均为单一起源，并来自非洲"，② 这在西方科学界已取得共识。因此，以血统论来确定和建构族群是错误的，也是难以自圆其说的，否则美国这个多民族共同构建的新国家也不存在民族性和凝聚力了。

　　其实，否定血缘并非是否定移民，只是在历史长河中，是无法准确把握一个所谓"群体"的迁移情况的，何况在现有材料下，仅依据族谱和推断，更是无法得出信史的。本书并非否定罗香林建构客家族群的意义，只是反对依据血统论的"客家中原说"。建构族群的方法和手段只有确定共同的文化，正如戴维·米勒所说："一个错误是共享特征必定基于生物性血统，同胞必定是我们的"亲戚朋友"，这一观点直接导致种族主义。对于民族性重要的是人们应该共享一种共同的公共文化。"③

　　3. 建构原因：土客矛盾

　　其实对于以"血缘"因素构建族群的缺陷，作为中山大学历史

①　饶宗颐：《潮州志》册7（影印本），潮州：潮州地方志办公室，2005，第3059页。

②　L. B. Jorde, W. S. Watkins, etc., "The Distribution of Human Genetic Diversity: A comparison of mitochondrial, autosomal, and Y-chromosome data.", *American Journal of Human Genetics*, 2000, 66 (3): 979–988;

　　R. Thomson, J. K. Pritchard, etc., "Recent Common Ancestry of Human Y-chromosomes: Evidence from DNA sequence data.", *Proceedings of the National Academy of Sciences*, 2000, 97 (13): 7360–7365.

　　转引自柯越海等《Y染色体遗传学证据支持现代中国人起源于非洲》，《科学通报》2001年第5期。

③　〔英〕戴维·米勒：《论民族性》，刘曙辉译，南京：译林出版社，2010，第25页。

学教师的罗香林未必不知，何况其客家研究的代表作《客家研究导论》是其在任职于中山大学广东通志馆时受到"吾师陈寅恪、米遏先、顾颉刚、范捷云诸先生"的启迪完成，[①] 而前述陈寅恪又是恰恰反对依靠"血统论"来界定"身份"的。对此的疑惑，若考虑到客家群体的历史背景便释然了。

客家群体主要居于闽粤赣边境山区，人多地少，资源极其有限，如号称"客都"的梅州市便被形容为"八分山一分水一分田"。那么，客家人经过不断的繁衍，土地资源只会越来越紧缺，必然被迫不断向外寻求生存空间。如民国《简阳县志》便有记载当地巨族钟氏的入川情况。当地钟氏开基祖钟成上为广东长乐客家人，"康熙庚子粤旱，成上奉母命迁蜀……渐有蓄积。雍正丙午粤饥，成上持金归省。其母谓之曰：汝弟明上，丁繁室磐，恐作饿殍。成上告母愿即引弟入简，合爨同耕，所置产业，令六子与弟平分"[②]。

但大量移民，也一定会与当地"土人"产生利益纠葛。[③] 由于客家居住中心区粤东北一带紧挨沿海的潮汕地区，即所谓的福佬族群地区，因此，客家与该地区的冲突在历史上颇为严重。早期的如

---

① 罗香林：《客家研究导论》（据希山书藏1933年版影印），上海：上海文艺出版社，1992，《自序》第4页。
② 《简阳县志》卷九《士女篇·孝友》，1917，第10-11页。
③ 当然，也有一种情况是去人烟稀少的地方。如清初由于张献忠的"屠蜀"以及清军在四川的作战，整个四川长期处于战争状态，导致四川"土满人稀"（《清圣祖实录》卷六），到康熙十年仍然是"蜀省有可耕之田，而无耕田之民"（《清圣祖实录》卷三十六），所以，在大定之后需要招民垦田，故有"湖广填四川"之说。但其实当中除了湖南、湖北人外，客家人也有不少。《新繁县乡土志》卷五记云："康熙时招徕他省民以实四川，湖广之人首先麇至，于是江西、福建、广东继之"（葛剑雄、安介生：《四海同根：移民与中国传统文化》，太原：山西人民出版社，2004，第48~49页）。嘉庆《汉州志》记载更为详细，汉州张氏"原籍关中，代有迁徙，后家粤之大埔县鹤子山……于前明永乐间迁闽之南靖县永丰乡，雍正间……入川卜筑于州"（清嘉庆《汉州志》卷三十七《艺文·溪南张氏祠序》）。又，据同治四年《粤东荥阳谱记》所记："我太高祖仕美公，其先世发籍福建，移居广东……后复归粤，家于韶州府乳源县，于康熙五十一年始迁蜀，置业于邑南水磨河"（崔荣昌：《四川方言的形成》，《方言》1985年第1期，第11页）。这里，大埔和乳源，都是纯客县，故可以确定其为客家人，说明有许多客家人移居到当时人烟稀少的四川。不过，移民去人烟稀少的地方到晚清时已非主流，经过清盛世的人口膨胀，广东适合居住却又人烟稀少的地方已基本不见。

前述 16 世纪的"九军之乱"便是一个例子。至 19 世纪，随着客家
人口迅速膨胀，客家外出移民与当地"土人"冲突日渐激烈，最具
有代表性的便是长达十数年、死伤达百万人的咸同年间"土客大械
斗"。它不同于普通的宗族械斗，实际上是一场"土人"与"客
人"之间的战争，《赤溪县志》如此评论道："五岭以南，民风强
悍，械斗之事，时有闻焉。然有此族与彼族械斗，或此乡与彼乡械
斗，杀掠相寻，为害虽烈，一经邻绅调停或由官吏制止，其事遂
寝。但未有仇杀十四年、屠戮百万众、焚毁数千村、蔓延六七邑如
清咸同间新宁、开平、恩平、鹤山、高明等县土民与客民械斗受害
之惨也。"①

咸同土客大械斗从咸丰五年（1855 年）三月起，至同治六年
（1867 年）四月，相持十余年之久，导致双方"死亡百万"，土客
间长久不能和解，不通婚姻，仇恨极深，沟壑难平。对该事件，客
家人如是记述："慨夫生民多艰，徒增琐尾之忧；聚族频迁，仅获
鹪鹩之寄。万千人而穷居异域，千余载而终为战场。问构怨之无
端，蜗蛮角胜；审纷争于胡底，鹬蚌相持。遂使黄口无辜，同遭屠
戮，白头抱憾，亦被诛夷。脂涂原野，魂飞烽火之天；血洒荒芜，
胆落刀砧之地。罹红羊之大劫，悲鸟雀之无依，疾首何言，伤心
已极。"②

而"土民"则持完全相反的看法，《鹤山麦村麦氏族谱》做了
如下记载："光武谓卧榻之下，岂容他人酣睡于其侧？窃思洪匪倡
乱，呼吸之倾，连府跨州，遍竖红旗，何其盛而速，逮客人举义，
官兵执法，曾不数月，奔窜死亡，风流云散，其奏功不可谓不捷，
当此时，使客人恪守法纪，遵守成规，生为义士，死为良民，膺封
领赏，富贵无穷，虽谓万幸不拔之基可也。无何，顿萌越志，奢侈
纵横，梦掘杀掳，无恶不作，七八年间，罪恶贯盈，天怒人怨，蝥
弧一麾，六县影从，凡属客种，歼夷殆尽。总之，修德者昌，从逆

① 王大鲁修、赖际熙纂《广东省赤溪县志》卷八《赤溪开县事纪》，《中国方志丛
书》第 56 号，据民国九年《赤溪县志》影印，台北：成文出版社，1967，第 164
页。

② 王大鲁修、赖际熙纂《广东省赤溪县志》卷七《纪述·金石》，《中国方志丛
书》第 56 号，据民国九年《赤溪县志》影印，台北：成文出版社，1967，第
160 页。

者亡，治乱无常，报应不爽。"①

　　虽然双方各执一词，但实际上土客人民都是最终的受害者。这次影响深远的土客大械斗主要在广东肇庆地区展开，直接起因是广东洪兵之乱。"土人"麦秉均曾评论道："想我都之丧乱，莫惨于客贼，而客贼之荼毒，皆由于洪匪。"② 所谓"洪匪"，跟同时期的太平军无关，而是由广东本地的三合会组织率先作乱，随后广东各地响应，所有乱军都头裹红巾，红色旗号，又称"红兵"。但"红兵"缺乏明确的政治纲领，又没有良好的组织，实为乌合之众，故很快就开始在攻占区劫掠。

　　"红兵"作乱后，一度声势浩大，由于清政府在广东已调重兵参与对太平天国的作战，平叛吃力。于是鹤山客籍武举马从龙成功"请令督叶名琛归剿余孽"，由于"客人素与土人不协，常欲借端启衅，图为不轨。及得令，益自恣睢，结寨云乡、大田，佯托官军，诬土著为匪党，肆行杀戮，各邑又潜为勾引，蔓延六县"③。当然，也并不完全是"诬土著为匪党"，因为红兵中确实"多土属人"④，但"借剿匪名，泄其积忿，肆掠土乡，占据田土"⑤ 也确是事实，所以，"土人""闻剿惧之，乃散布俚言，谓客民挟官铲土……客民起而报复，遂相寻衅，焚戮屠杀，而成械斗"⑥。因而各家记载都一致谴责马从龙是挑动土客械斗的罪魁。从上述文献可以看出，虽然咸同时土客大械斗出于偶然，却是偶然中的必然，是长期土客间"积忿"的结果。

---

①　麦秉钧：《鹤山麦村麦氏族谱》，广东省中山图书馆编《红巾军起义资料辑》（二），广州：广东省中山图书馆，1959，第483～490页。

②　麦秉钧：《鹤山麦村麦氏族谱》，广东省中山图书馆编《红巾军起义资料辑》（二），广州：广东省中山图书馆，1959，第483～490页。

③　余丕承等修、桂坫等纂《广东省恩平县志》，《中国方志丛书》第184号，据民国二十三年《恩平县志》影印，台北：成文出版社，1974，第710～711页。

④　王大鲁修、赖际熙纂《广东省赤溪县志》卷八《赤溪开县事记》，《中国方志丛书》第56号，据民国九年《赤溪县志》影印，台北：成文出版社，1967，第167页。

⑤　陈坤：《粤东剿匪纪略》，广东省中山图书馆编《红巾军起义资料辑》（二），广州：广东省中山图书馆，1959，第400页。

⑥　王大鲁修、赖际熙纂《广东省赤溪县志》卷八《赤溪开县事记》，《中国方志丛书》第56号，据民国九年《赤溪县志》影印，台北：成文出版社，1967，第167页。

土客双方斗争手段残忍，均实行"铲村"政策，即攻占对方村庄后，不论老幼，一律诛杀，焚毁房宇，一片荒凉。民国《赤溪县志》亦对此有记述：土客"互斗连年，如客民欲鹤山之双都各堡、高明之五坑各堡，及开恩二县之金鸡、赤水、东山、大田、莤底、横坡、沙田、郁水、尖石等处，共二千余村，悉被土众焚毁掳掠，无老幼皆诛夷，死亡无算。而鹤、高、开、恩等县之土属村落，亦被客民焚毁掳掠千数百区，无老幼皆诛夷，死亡也无算。据故老所传，当日土客交绥寻杀，至千百次计，两下死亡数至百万，甚至彼此坟墓亦各相掘毁，以图泄愤，其恨惨殆无人道云。适时洪杨肇事，各属土贼蜂起，省吏兼筹剿堵未遑，又以土客系属私斗而忽之，无兵到境制止，以至斗事莫解，蔓延日广"①。

在械斗初期，由于参与了平"洪匪"战事并取得了胜利，"客家势愈雄，胆愈壮"，宣称"六县同心，天下无敌"，相对于本地人占优势。咸丰八年以后，各地"土人"组织起团防局，加紧训练乡勇，双方遂呈拉锯状态。虽然其间地方政府曾出面调停劝和，但由于双方仇怨积重难返，械斗又起。咸丰十年以后，"土人"节节反攻，客民村庄田地多被占领，被迫到处流窜。同治二年后由于客勇收留了洪兵残部，清政府认为客民与洪兵合流，性质也就发生了根本改变，加上作为"土人"的广府人经济实力较强，不断向清政府申诉，于是清政府转向清剿"客匪"，客民自然不敌，最终在官军和土勇的包围夹击下失败投降，再被遣散安置，直至同治六年（1867年）才完毕。

不过，这只是基本上结束了械斗，一些余波还未完全停止。如安置在海南的客民又与当地人发生了冲突，光绪时张之洞奏称，黎民"从前出掠不过附近内山而已。近七八年来，客匪游勇散入其中，奉惠州客民陈仲明、陈仲青为总头目，合生黎、熟黎、客匪、游勇为一伙。名为黎而不尽真黎，遂敢离巢数百里，大肆劫杀。其军火盐米皆由客民接济。每牛一头，易枪一支。火器玩具，党羽日益多，得以拒敌官兵，习为战斗。岁必出巢两三次。该处官军未尝

① 王大鲁修、赖际熙纂《广东省赤溪县志》卷八《赤溪开县事记》，《中国方志丛书》第56号，据民国九年《赤溪县志》影印，台北：成文出版社，1967，第167页。

认真痛剿一次。不过零星分防，尾截零匪，幸其回巢，以为了事。大率客匪以黎峒为负隅，藉黎人为声势；黎匪以客匪为向导，藉游勇为附从。客黎纠结，全琼遂无安枕之日"①。而后，经过清军对客民的镇压，海南儋州等地的土客械斗复归平静。

历时十余年、死亡人数达百万的土客大械斗终于告一段落，这是历史上土客矛盾的高峰和缩影，双方在面对利益冲突时并未退让和解，其时办理这场祸乱的广东巡抚郭嵩焘曾遗憾地评论道：

> 总而言之，土客积怨已久，无可解释。而客民之怀毒也深，土民则营私争胜，以占据田产为利而计已疏。客民之发难也惨，土民则以百倍客民之乌合麏集，临事各不相顾，而力已苶。故残忍嗜杀者客民也，而土民又一以无道施之。臣尝以为劫运生于人心，人心知悔，劫运立消，人心交相为构则劫运滋烈。反复诫谕，终不能悟。②

此外，另一件体现土客矛盾且较有影响的事件是关于教科书问题的争论，而这件事对客家族群意识的形成起了很大的推力作用。罗香林曾有详细描述：

> 迨至光绪三十一年（西元一九〇五年），顺德人黄节，于上海国学保存会出版所著《广东乡土历史》，其第二课误据上海徐家汇教堂所编《中国舆地志》，谓"广东种族有曰客家福佬二族，非粤种，亦非汉种"。客家人士，接阅此书，大为不满，乃出而联络南、韶、连、惠、潮、嘉，各属客人，设"客家源流研究会"一团体；嘉应劝学所复发起组织"客族源流调查会"，各发传单，遍告各地客人，根据闻见，著为论说，以暴露客家的源流。当时，主持其事的有丘逢甲、黄遵宪、钟用龢等人。而汕头《岭东日报》主笔温廷敬，更能根据客家史实，与黄氏乡土史相驳诘，温所著有《客族非汉种驳辨》，及

① 《张文襄公全集》卷十七，奏议十七，"请派大员剿办琼州客黎各匪奏"，光绪二十八年八月十日。
② 郭嵩焘：《郭嵩焘奏稿》，长沙：岳麓书社，1983，第200页。

《与国学保存会论种族问题书》等文，均见光绪三十二、三年间《岭东日报》。①

这激起了客家人的愤怒，精英们更是通过各种方法驳斥和呼吁：

> 广东提学使式枚，亦于其更正乡土历史教科书牌示内，曾略论客家的源流。嘉应人杨恭桓，受温仲和、黄遵宪诸人的影响，作客话本字一书，兴宁人胡曦，作广东民族考一篇，亦颇述客家问题，大埔邹海滨先生，亦尝于是时收集与客家问题有关系的材料，与张煊合著汉族客福考一篇，丘逢甲特为作序问世……民国四年（西元一九一五）上海中华书局新编中国地理校本，误书客家为非汉族，钟氏（指钟用龢——自注）又补充旧著，成客族考源一篇，发表于汕头《公言日报》及广州《七十二行商报》。②

作为抗争的结果，据罗香林评述："一般人对于客家的真相，比较从前，明了多了。"③

通过上述对土客矛盾的论述，我们可以看到，长期的土客矛盾是构成客家历史的重要部分。客家共同体意识的形成和建构是在自然资源极度短缺的大背景下，客家移民与当地"土人"产生重大利益冲突的情况下，被迫进行的。由于客家人在经济层面远落后于"福佬"和"广府"群体，加之从"土人"角度看，其利益受到了外来客家移民的严重侵蚀，所以客家群体受尽污名化，如前所述早在16世纪便被称为"猺"（在"客"字中加反犬旁以泄愤），至19世纪，直接被广东其他文化群体视为"非汉种"，这也激起了客家

---

① 罗香林：《客家研究导论》（据希山书藏1933年版影印），上海：上海文艺出版社，1992，第5~6页。

② 罗香林：《客家研究导论》（据希山书藏1933年版影印），上海：上海文艺出版社，1992，第6~7页。

③ 罗香林：《客家研究导论》（据希山书藏1933年版影印），上海：上海文艺出版社，1992，第7页。

群体的危机意识。因此，以罗香林为代表的客家人士为了正名，以
"客家中原说"并具体到"五次迁移说"来塑造族群意识是可以理
解的，在当时也是具有社会意义的。但是，时至今日，客家主流认
识仍停留在此，偏颇地强调客家历史的正统性和特殊性，实则歪曲
历史，不免令人遗憾。

　　其实对于此，罗香林也曾警醒，他曾写道："到了现在，'客家
研究'，差不多已成为一种新兴的媾学；三年前，我在北平，遇着
一位办报的朋友，他便主张将'客家研究'这门学问，径以'客
家学'名之；但我总以为我们对于凡百学问，都须有一个适当的态
度，研究时尽宜绝对的狂热，说话时亦宜绝对的冷静；有意要为某
一问题或某一学问，东拉西扯，张大其词，到底不是学者应有的态
度，我们应得避它。"① 但似乎罗香林自己也都未完全做到这一点。

　　实际上就学术层面而言，本书也并非不认可客家族群的建构，
而是反对学术上今天仍以"客家中原说"和"五次迁移说"来表
征客家。这无论在研究方法上还是研究结果上都是错误的。王明珂
曾说，"民族溯源研究最大的障碍来自研究者自身的族群认同与认
同危机所导致的偏见"，② 笔者颇以为然。

　　不过，笔者在田野调查中，不会向受调查地民众去灌输这些认
识，而是会倾听他们的表述，了解他们的"记忆"及其与围龙屋的
关系。这里就以陈春声先生的评述作为本节的结尾："百姓的'历
史记忆'表达的常常是他们对现实生活的历史背景的解释，而非历
史事实本身。乡村社会研究者的学术责任，不在于指出传说中的
'事实'的对错，而是要通过对百姓的历史记忆的解读，了解这些
记忆所反映的现实的社会关系，是如何在很长的历史过程中积淀和
形成的。正是在这个意义上，我们相信'口述资料'和本地人的记
述，有助于我们更深刻地理解乡村历史的'事实'或内在脉络。"③

---

①　罗香林：《客家研究导论》（据希山书藏 1933 年版影印），上海：上海文艺出版
　　社，1992，第 1 页。

②　王明珂：《华夏边缘：历史记忆与族群认同》，杭州：浙江人民出版社，2013，
　　《序论一》第 4 页。

③　陈春声、陈树良：《乡村故事与社区历史的建构——以东凤村陈氏为例兼论传
　　统乡村社会的"历史记忆"》，《历史研究》2003 年第 5 期。

第二节　共同体的实存：客家民居与围龙屋

上文已论述，客家共同体是在晚晴民国时期被着力建构，并在民国初年以罗香林《客家研究导论》一书为代表而形成的。今天看来，客家族群的语言、风俗和乡土建筑文化确实具有独特的和明显的标志性。而这些独具特色的载体，恰是客家的乡土建筑。可以说，客家的乡土建筑是中国最有特色的民居之一，不仅承载着客家文化，而且它本身也是客家文化的标志物。从深层次看，客家几乎所有的重要习俗文化都与其乡土建筑密不可分，客家群体历史几乎与其乡土建筑同步，有据可查的都是从明代开始。因此，笔者认为客家的乡土建筑是客家共同体的实存。

一　客家民居概况

中国建筑体系一般是以"间"为单位构成的单座建筑，再以单座建筑组成庭院，进而以庭院为单元，组成各种形式的组群。[①] 然而客家民居不同，它是以祖堂为中心，聚族而居，兼有防盗匪（其中赣南围屋和福建土楼特别注重防盗匪）功能，因而客家民居颇为恢宏。也正因为这样，客家民居景观很有特色，多见于田野之中，分散或是数座大型民居连在一起作为一个组团。

客家建筑类型丰富，但归纳起来，代表性建筑主要有围龙屋、土楼和围屋三大类型。由于围龙屋是本书重点，将在后文专述，此处只介绍土楼和围屋。

1. 土楼

顾名思义，土楼就是以生土为主要建筑材料，采用夯土墙和木梁柱共同承重，并不同程度使用石材的巨型建筑物。它产生于宋元时期，经过明代早中期的发展，在明末以后达到成熟，一直延续至今。[②]

土楼分布在闽、粤、赣一带，中心区在闽西和闽南山区，总体

---

① 刘敦桢：《中国建筑史》，北京：中国建筑工业出版社，1980。
② 《福建土楼》编委会编《福建土楼》，北京：中国大百科全书出版社，2007，第78页。

保存较好，存世数量较多，仅福建地区就达 3000 余座，[1] 是客家建筑的主要类型之一，已于 2008 年被正式列入世界文化遗产名录。联合国专家组评选时的两段评语如下：

"福建土楼是在独特的历史文化背景下和特殊的自然地理环境下，在长期的生活实践中被创造出来的一种独特而又分布广泛、数量众多的建筑形式的杰出代表。它作为 11 世纪以来的各个时代大量实物形象和文字史料的载体，从不同侧面展示了自 11 世纪至今这种奇特的生土建筑艺术的产生、创新和发展，也为特定的历史进程、文化传统、民族民俗的发展、演变提供了丰富的实物证据，具有全球突出的历史和审美的普遍价值。"

"土木结合、外闭内敛、规模宏大、造型优美、品类多样、就地取材、构思精巧、聚族而居等是土楼建筑的主要特征。其独特的建筑形式、高超的工程技术和丰富的文化内涵、众多家庭聚族而居于一楼的均等居住形式，使之不同于世界其他任何建筑，可谓天下一绝。"[2]

按照建筑形式，客家土楼可分为三种类型：圆楼、方楼和五凤楼（又称为"府第式"），其中圆形土楼最有特色，又称"客家土圆楼"（见图 2-2-1），它数量很多，总数有 1100 多座，[3] 规模硕大，占地往往数千平方米，高达 3~5 层，直径一般在 30~50 米，有的甚至近 80 米。如福建省龙岩市永定区高头乡高北村的承启楼，由四圈同心环建筑组合而成，占地 5376.17 平方米，其中外环楼高四层，直径 73 米，共拥有 400 多间房屋，鼎盛时期楼内居住有 800 余人。[4]

整个圆楼由外环和内院两大部分组成，外环一般以 3~5 层高的夯土楼房为主体建筑，一层为厨房、餐厅，二层为仓库，俗称"禾仓间"，主要盛放粮食和家什财物，三层以上为居住空间，祖堂

---

① 《福建土楼》编委会编《福建土楼》，北京：中国大百科全书出版社，2007，第 24 页。

② 《福建土楼》编委会编《福建土楼》，北京：中国大百科全书出版社，2007，第 78~79 页。

③ 黄汉民：《福建土楼探秘》，《中国文化遗产》2005 年第 1 期，第 13 页。

④ 《福建土楼》编委会编《福建土楼》，北京：中国大百科全书出版社，2007，第 40~42 页。

图 2 - 2 - 1　土圆楼

及其两廊多兼作学堂。外环屋顶为两面坡瓦但非常平缓，板形椽，顶层不钉天花板顶棚，出檐很大，一般是八步架，即八椽进深，出檐二椽，回廊二椽，楼身四椽，中脊一椽，用九根檩条。[①]

　　如此高大的建筑要求墙体非常厚重结实，才能保证稳定性，故土楼墙基均为石头或石材，高出地面 1 ~ 2 米，以防雨水山洪的浸泡导致坍塌。同时，外墙呈下大上小形状，底部很厚，如上述承启楼外墙底层就达 1.5 米，而且底部是顶部的 1.5 ~ 2 倍，这样也有利于防御。不过，土楼虽然坚固，但前提是需要不时维护，否则还是容易坍塌，比如广东大埔县桃源镇新东村原有四座土圆楼，因年久失修，就已经倒塌了三座。

　　内院一般有 1 ~ 3 圈木结构的环形建筑，多为 1 ~ 2 层。圆楼中心位置设祖堂兼作书斋，结构上多为穿斗、抬梁混合式木构架的单层建筑。这样整个圆楼以祖祠为中心，呈外高内低之势，形制规范，显示了客家人的崇祖意识。

　　圆形土楼尤其注重防御性，这也是其被设计成目前形制的原因。造型上，圆形在防御视野上没有死角，易守难攻。墙体上，圆楼下部外墙非常厚实，一米多厚的比比皆是，而且外墙一层、二层

---

①　林嘉书、林浩：《客家土楼与客家文化》，台北：博远出版有限公司、华夏书坊，1991，第 33 ~ 34 页。

不设窗，二层以上在外墙设许多射击孔，随着楼层增加，射击孔也增大，有的土楼还在最高层外墙处设置瞭望台。结构上，只设一处大门，多用两扇十余厘米厚的杉木门板，许多还会包上铁皮，坚固厚实，门券、门框、门槛则以石料构成，门框顶部甚至设有水槽以防火攻。土圆楼还有整整一层储藏粮食的空间，内院有一两口水井，保证了被围困时食物和水的供给。

也正因为土圆楼如此重视防御性，各个居室房间在设计上都得适应圆形形制，每间居室经均分而成并朝向圆楼中心，面积一般在10平方米左右，所以它们的位置也不存在好差之分，客观上形成了不分长幼尊卑极其平等的聚居方式，这在中国传统民居中较为罕见。可以说，它为了保证建筑的防御性，牺牲了内部居室的等级秩序。

2. 围屋

围屋，顾名思义，即围起来的屋子（见图2-2-2），主要位于赣南，分布在龙南、定南、全南，以及寻乌、安远、信丰的南部一带，大致在江西南端嵌入粤东北的那片区域，总数有600座以上。① 它与粤东北围龙屋组成部分之一的"围屋"虽然同名，但实质上是完全不同的，围龙屋中的围屋是半圆形的，位于围龙屋的后部，是围龙屋建筑组成的一个重要部分；这里所说的赣南围屋是一个独立的集居式建筑，一般为方形，是客家建筑的主要代表类型之一。

围屋可分为"口"字形和"国"字形两种类型："口"字形围屋，除四周围屋外，围内别无房屋，这一类数量较少；"国"字形围屋则是在围内还建有一座主体建筑，一般沿中轴线对称布局，多为三堂屋两横屋形制，中轴线居中位置上设有祖堂。建筑材料以砖石为主，墙体表层用砖石砌，内墙体则使用土坯或夯土，也即所谓的"金包银"。

有的文章又把赣南围屋称为"围子"，其实这两者内涵是不一样的。围屋内的居民具有血缘关系，同一宗族生活在围屋内，而围子内的居民只具有地缘关系，只是为了防敌而住在一起，所以，里

---

① 韩振飞：《赣南客家围屋源流考——兼谈闽西土楼与粤东围龙屋》，《南方文物》1993年第2期。

图 2 - 2 - 2 　赣南围屋

面可能会有不同姓氏的宗族居住。这种以地缘关系为纽带的围子，不仅赣南有，在全国各地都有。不过，由于赣南大部分为客家人居住地，一片区域内往往是一姓所居住，因而在许多围子内也居住着同一姓的人，这样就和围屋造成了混淆。其实，围屋具有较固定的建筑体征，至少有如下几点。（1）占地面积大，一般不少于 500 平方米，大者可达 10000 平方米左右。平面布局以方形或矩形为主，在围屋的转角处建有向外突出的角楼。（2）整座建筑物由外墙封闭，外墙高大厚实，厚度一般在 0.5 米以上，最厚可达 1.5 米。立面不少于两层，高度在 5 米以上，最高者可达 6 层，高 17 米以上，具有极强的防御功能。（3）在中轴线上，必定建有一栋（或一间）祠堂，一般位于正中，作为祭祖或聚会的场所。（4）一座围屋内部的居民，必定是一个父系大家庭的直系血缘后代，他们之间有着十分密切的血缘关系。（5）每座围屋都有名称，如东升围、振兴围、燕翼围等。[①]

赣南围屋的防御功能是其最大的特色，比围龙屋和土楼都更为完善。除了上述的坚实外墙，围屋四角上建有向外凸出 1 米左右的

---

① 韩振飞：《赣南客家围屋源流考——兼谈闽西土楼与粤东围龙屋》，《南方文物》1993 年第 2 期。

炮楼，这样可以解决敌人逼近围屋时防御者视角受阻问题。围屋外墙立面高二至四层，四角炮楼又高出一层，外墙上不设窗，仅在顶层墙上开设一排排枪眼，有的还有炮孔。在围门的设计上，也像土楼一样重视防御功能。门框皆用整石制成，厚硬的木门面上包上铁皮，极为坚固，门顶亦设有漏水孔，以防火攻。

通过上述对土楼和围屋的分析，我们可以归纳出一些客家建筑的基本特征：一是聚居建筑，是以宗族、血缘为基础而非地缘为基础的聚居建筑群；二是注重防御功能；三是崇祖敬宗，在大屋内的中心位置一般都会有一座祖堂，空间较大，主要用于祭祖，装饰考究。

二 围龙屋典型式样

围龙屋作为客家建筑的代表类型之一，与上述特征既有共同之处，更有自身特色。围龙屋是位于广东东北部的一类乡土建筑，影响较广，存世较多，具有深厚的中国建筑文化内涵，是重要文化遗产。由于所处地区为客家聚居区，因此围龙屋又被称为客家围龙屋。

围龙屋分布较广，至少有 5000 座，[①] 时间跨度较大，有深厚的建筑文化内涵，是客家建筑的代表。分布范围以粤东梅州兴宁、梅县和蕉岭为中心，东至大埔县，北至赣南的定南县，西至龙川和平等地，南至丰顺县等，"地理空间 3.5 万 ~ 4 万平方公里"[②]。这当中，兴宁是围龙屋最集中之地，现存较好的围龙屋共有 3041 座，分布密集，"据卫星电子地图显示，在宁江平原 7 个地方合计 24.08平方公里的区域内，共有围龙屋 342 座，平均每平方公里就有14.21 座。其中福兴街道神光山前 2.53 平方公里范围内就有 52 座围龙屋、宁中镇李和美屋附近 2.53 平方公里就有 44 座围龙屋"[③]。它们一般是按姓氏宗族布局，一村一围或者三五围，各屋多数分

---

① 据宋健军等《兴宁：客家围龙屋"博物馆"》介绍，"兴宁的围龙屋有 3041 座，占梅州的 60% 以上"，由此可推算出梅州在 5000 座以上。但另据《兴宁市政府办公室（2010）4 号件》，梅州市有 2 万余座，在数据冲突的情况下，此处采用较少的数据。

② 房学嘉：《围龙屋的历史文化源流》，《文史知识》2011 年第 4 期，第 88 页。

③ 宋健军等：《兴宁：客家围龙屋"博物馆"》，《梅州日报》2010 年 6 月 13 日。

散，但也有不少邻近者，甚至有时两个围龙屋会"背靠背"（如图2-2-3）。① 总之，由于自然条件的差异，村落布局多式多样，富有特色。

图2-2-3

围龙屋实质上是合院式民居，这是汉族最常见的一种基本民居形式。所谓合院式民居是指由房屋与墙四面围合，中间形成院落或天井的民居样式。出于各地历史、文化等因素的不同，合院式民居的组合也不同，而围龙屋建筑是其中一类比较特殊的院落组合。整体上看，围龙屋前低后高，包括水塘在内，整个围龙屋呈现椭圆形布局（见图2-2-4②及图2-2-5③）。

围龙屋历史较久，据当地官方媒体数据，建筑时间在400年以上的有331座、500年以上的有89座。④ 目前被认为最早的围龙屋

① 余志主编《客都家园——中国梅州传统民居撷英》，北京：商务印书馆国际有限公司，2011。

② 余志主编《客都家园——中国梅州传统民居撷英》，北京：商务印书馆国际有限公司，2001，第21页。

③ 余志主编《客都家园——中国梅州传统民居撷英》，北京：商务印书馆国际有限公司，2001，第3页。

④ 宋健军等：《兴宁：客家围龙屋"博物馆"》，《梅州日报》2010年6月13日。

图 2 - 2 - 4　兴宁宁新罗氏九厅十八井

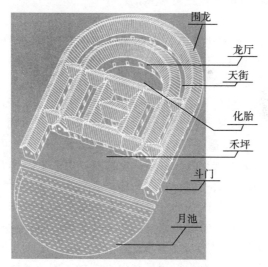

围龙
龙厅
天街
化胎
禾坪
斗门
月池

图 2 - 2 - 5

是建于南宋末年的梅县松源镇金星村蔡蒙吉故居①，以及于元代至元十六年（1279 年）建成的兴宁宁新东升围，以此说明围龙屋至迟于宋元时就存在了，但笔者不认同此观点。

首先，据明《惠州府志·天顺志惠州》记载：

（兴宁）山多而岩险，其俗则尚简，素衣不侈美食，不丰

———————

① 黄崇岳、杨耀林：《客家围屋》，广州：华南理工大学出版社，2006，第 45 页。

腴，民无机巧，居无连甍巨栋，习儒者少，务农者多……。①

这说明兴宁在明天顺时尚无连片的大型房屋，而围龙屋显然属于连片的大屋。可见，围龙屋不早于明天顺（1457～1464 年）时期。

至崇祯时，据《明清兴宁县志》记载：

> 按围寨，乡人设以避寇难也。择其地势险要，四面无可受敌者为基，闻寇则筑以土垣，护以竹栅，加之荆棘，临时集众成之。独张陂沥龙和围、冷井水龙和围、大龙田磐石围砖石砌墙，上覆以瓦，内存走马巷，俗呼为"阴城"。②

"走马巷"已是围龙屋内部的典型结构之一，说明围龙屋至迟在崇祯时开始出现。但当时这类形制建筑还较少，大部分仍是"临时集众成之"的防御性围寨。

其次，关于被认为最早的蔡蒙吉故居，《蔡氏大宗族谱——福粤公支系普》（2008 年）只提到蔡氏家族南宋时建了祠堂，并未提到大屋之类，故只能证明屋主其时建了祖屋，并不能说明是围龙屋。何况目前的蔡蒙吉故居在清代重修过，其形制与清代围龙屋一般形制完全一致，故不能以现在的故居来证实南宋的形制。

在没有任何可信资料的情况下，将围龙屋的出现归于宋元甚至更早，显然是受到客家"五次迁移"说的影响，将其生搬硬套。事实上，嘉靖十五年"诏天下臣民得祀始祖"，③ 民间才能合法设祖祠祭祖，而围龙屋的上堂祖祠是其中心结构，因此，围龙屋形制出现时间早于嘉靖十五年的可能性较小。可以这样认为，围龙屋肇始时间晚于天顺，嘉靖十五年之前应未出现围龙屋的完整形制，至迟于崇祯时开始出现少量真正意义上的围龙屋。

围龙屋在建筑结构上主要由堂屋、横屋和围龙（即围屋）三大

---

① （明）姚良弼修、杨宗甫纂《惠州府志》卷五，嘉靖刻本。

② （清）陈炳章等编纂、罗香林校《明清兴宁县志》，台北：台湾学生书局，1973，第 228 页。

③ 朱国祯：《皇明大政记》卷二十八，《皇明史概》（四），明崇祯间原刊本，台北：文海出版社，1984，第 1723 页。

部分组成，功能上，前者主要为公共活动用，后两者主要为居住用。这些构造都是可以扩展的，如有三间堂屋、四排横屋和两条围龙，则称为三堂四横两围龙。此外，围龙屋构造上还包括月池、斗门、禾坪、化胎、天街、龙厅以及围龙后的风水林等部分，这些共同构成了完整意义上的围龙屋（见图 2-2-5）。梅州市是围龙屋的主要所在地，此处简要介绍该地区两座知名的典型围龙屋。

1. 兴宁宁新九厅十八井

该屋位于梅州市兴宁宁新街道东风村，始建于南宋建炎元年（1127 年），于祥兴二年（1279 年）年建成，距今 700 多年。但目前并无确凿证据证明建屋之初便是现在的围龙屋形制。该屋多被称为"东升围"，当地一般俗称为"九厅十八井"（见图 2-2-4）。

该屋建筑占地面积 1.2 万平方米，池塘 1600 平方米，花头脑（即化胎）650 平方米,① 是兴宁境内最老的俗称"九厅十八井"的围龙屋。九厅指门楼以及下厅、中厅、上厅、楼上厅、楼下厅、左花厅、右花厅、天厅等九个正向大厅；十八井包括五进厅的五井、横屋两直各五井、楼背厅三井。九和十八，只是一个约数，表示很多的意思，并非一定就是九个厅、十八个天井，事实上很多民居都有超过九厅十八井的格局。

该围龙屋坐北朝南，为三堂六横三围的围龙屋，其主体结构呈半圆形，前有半月形池塘、禾坪和墙埂，东侧设有出入斗门，屋内有 9 个厅、18 个天井、190 多个房间，是一座十分典型的围龙屋。

关于该屋的历史，据《兴宁罗氏族谱》总谱和《小九公右八房》记载，开基祖是罗君姿祖公。罗君姿（1261~1343 年），字盛龄，宋朝举人，其父洪德公，字必元，行任郎，福建汀洲人，生南宋宁宗嘉定八年乙亥（1215 年），为南宋景定年间进士，曾任湖北咸宁县令，嗣擢抚州太守、桂林太守、朝散大夫等职，配九妻，生十八子。小九公是洪德公的第十八子，名君姿，字盛龄，派分江西宁都鸦鹊林，生于宋理宗景定辛酉年（1261 年），卒于元顺帝至正三年（1343 年），享年 82 岁。罗君姿曾任南宋广东循州学正，世称循州公，任满回福建宁化老家，途经兴宁城东，见土旷人稀，

---

① 《兴宁市志》编委会编《兴宁市志（1979~2000）》，北京：方志出版社，2011，第 908 页。

沃野平畴，遂筑室于城东，号"豫章堂"。罗君姿后又娶九妻，生十八子，分室居住，这也是"九厅十八井"名称的来源之一，堂号为"宗睦堂"。在1884年和2004年，族人对该屋进行了两次较大规模的修复，使祖屋面貌得以保留至今天。

2. 梅县丙村仁厚温公祠

该屋位于梅州市梅县丙村镇群丰村，据族谱记载始建于明弘治三年①，分数次建成，距今已有500多年的历史。它规模宏大，占地一万多平方米，有三堂八横三围，② 曾居住90多户，400多口人。不过，现今老屋已只有四户人家常住，均姓温。该屋坐西北朝东南，整体布局前低后高，以祠堂（俗称"仁厚堂"）为中心，沿中轴线两边对称建造，住宅大门即祠堂大门，故称"仁厚温公祠"（见图2-2-6）。

图2-2-6　仁厚温公祠

进温公祠的第一道门是斗门。进入斗门，在下堂之外有一个外院，这也是温公祠与其他多数围龙屋不同的地方。进入大门后为堂屋，堂屋又分上厅、中厅、下厅。上厅最高，中厅最大，横屋每横30间房，八横共有240间，围屋三围共有房102间，东西两侧还有

---

① 始建于弘治三年并不能证明其最初是围龙屋形制。如上文分析，其目前形制只能上溯到明末。

② 族人传说曾有著名地理师指点，可造九围，但实际上仅造到第四围，最后一围于20世纪50年代"大跃进"时拆毁用来作炼钢燃料。

杂屋几十间，共有房 395 间。堂屋由天井、廊道和厢房组成，下堂和中堂均置有屏风，左右两侧各有四排横屋，每排横屋分三段，每段五间，天街四条，再横置两条巷道，纵横相连。横屋之后的围屋，有三层，第一层围龙屋居中置龙厅，左右 17 间。第三层围龙屋又是龙厅居中，左右各 20 间。

除了上述房屋结构特征外，温公祠还有一点声名在外的是，在化胎上种有两墩有 400 多年历史的巨大古苏铁。苏铁是目前最古老的种子植物，也是重要的花卉植物，在学术研究上具有重要意义，被世界自然保护联盟和我国政府列入一级保护濒危植物，非常珍贵。温公祠的苏铁直径有 13 米，高近 3 米，需 30 多人联手才能围拢，每墩有 60 多条分枝，占地面积有一百多平方米，若论单棵苏铁树冠周长，则在我国是最大的。据屋内资料介绍，这两墩苏铁是温家十一世祖妣斋婆太亲手栽种的，这里还有一段神奇的传说。

据介绍，这位斋婆太原是富家之女，才貌双全，乐善好施，常年食斋，远近闻名。一伙强盗早有耳闻，其头领就把她强行劫持去做压寨夫人，并安排人严密看管。斋婆太被劫去有两三年之久，但她时刻准备逃走。一天半夜，趁看管疏松，斋婆太当即出逃，旋即被看管发现，看管紧紧追赶。斋婆太虽向前狂奔，但还是要被追上，紧急关头，她钻进路旁树丛。贼人追着追着突然不见斋婆太踪影，深感奇怪，遂持长矛向附近树丛猛刺，其中一枪刺中了斋婆太的大腿。她忍痛一声不响，在长矛拔出的时候，她顺势用衣服擦掉矛头上的血迹。贼人见无动静，只好空手而回。天亮之后，斋婆太为了感念这些救命树，特地刨了两棵回家，种在温公祠的化胎上。从此，子孙后代把这两棵苏铁视为祖先的救命树和神树，倍加爱护。由于当时并不知树名，见这树开的花像凤凰，便称其为"凤头树"。

三　围龙屋变异式样

客家围龙屋经过数百年的演变，除了上述最典型式样的围龙屋，还有不少变异形式。如何判断哪些是变异形式？这里就涉及标准的问题。目前对围龙屋类型的划分有不同的标准，如根据兴宁当地政府的划分，围龙屋至少有以下七类：1）标准的半月形横堂式围龙屋；2）棋盘式走马廊的围楼式围龙屋；3）四角带碉楼的城堡式围龙屋；4）"四点金"式围龙屋；5）枕杠式围龙屋；6）椭圆形围龙屋；7）并蒂莲式围龙屋。① 但在《客家围屋》一书中，没有"棋盘式走马廊的围楼式围龙屋"和"四角带碉楼的城堡式围龙屋"两类。②

笔者认为，不管如何分类，核心标准是明确的，就是必须具备半圆形的围龙，在这个前提下，不同于标准围龙屋的型制，可称为围龙屋的变异式样。这样，笔者将围龙屋的变异式样分为五大类型，分别是棋盘式围龙屋、枕杠式围龙屋、四角带碉楼的城堡式围龙屋、椭圆形围龙屋和并蒂莲式围龙屋。

1. 棋盘式围龙屋

棋盘式围龙屋是指围龙屋内巷巷相连，平面结构似棋盘。棋盘式围龙屋有单层和双层之分，单层棋盘式围龙屋有兴宁佛岭李和美屋，双层则是棋盘式走马廊围龙屋，这类围龙屋通常规模较大，典型代表是兴宁坭陂王侍卫屋，又称进士第。

王侍卫屋位于兴宁市坭陂镇汤一村，由王氏"三槐堂"十八世祖萍宇公于乾隆二十五年（1760 年）兴建，历时"约五十载"，③为三堂八横一围的棋盘形围龙屋，建筑面积 2.2 万平方米，总占地面积 2.5 万平方米，曾入住过 5 个生产队。在 20 世纪 70 年代，该屋能够同住 800 多人，是规模最大的围龙屋之一。④屋内为土木结构，有三层，底层住人，二层、三层放物，如遇洪水可迁至二层居住，结构上三堂八横三围和六座书舍。共 28 个天井，3 厅 6 巷，300 个房间。

该屋原名为"荣秩第"，该族第二代五子如柳公中武进士后，更名为"进士第"。清嘉庆年间，第三代王杞薰中武进士后，任嘉庆皇帝御前侍卫，一屋双进士，故名。

王侍卫屋最有特色的是在屋内设有学舍，这也是与其他围龙屋不同的地方。该屋设有栖云阁、竹香居、如柳书院、英华书屋、春

---

① 兴宁市政府办公室（2010）4 号件。

② 黄崇岳、杨耀林：《客家围屋》，广州：华南理工大学出版社，2006，第 27 ~ 112 页。

③ 兴宁王氏修谱委员会：《广东兴宁王氏族谱》第 2 分卷，1997，第 173 页。

④ 王侍卫屋曾一度被认为是面积最大的围龙屋，不过新近在梅州五华县水寨镇坝美村发现一座名为王监公祠的大型围龙屋，占地面积达 3.5 万平方米，六横六围。

亭书屋和南薰楼学堂，分属萍宇公下如斗一房、如奎二房、如翼三房、如轸四房、如柳五房、如参六房。在学舍前面有一大块空地，供学生下午习武用，这也是武进士之家的特色（见图2-2-7）。

图2-2-7 王侍卫屋学舍前习武处

关于王侍卫生平，咸丰《兴宁县志》和《广东兴宁王氏族谱》均有简略的记载。王侍卫，名杞薰，字如柳，号楚堂，坭陂汤湖上村人，系和山王氏始祖冉公19世裔孙。王侍卫生于乾隆三十九年，于乾隆五十八年入县武庠，次年中甲寅恩科第28名武举人。嘉庆六年（1801年），赴京参加恩科会试，登进士榜，同年四月殿试定为三甲第一名进士，钦点御前侍卫（三等蓝翎），时年28岁。据王氏祖辈传说，因王侍卫身材魁梧、声音洪亮，还当过宫殿传胪，贴近皇帝，深得嘉庆帝的信赖和赏识。王杞薰捐得"游击"职衔，嘉庆十八年因疾致仕还乡，时年仅40岁。据《王氏族谱》所载，王杞薰"为官十载，一介不取，接上谨慎，待下宽和，其地军民咸服"。道光十二年卒于乡，享年59岁，皇帝还特派官员前往该屋吊唁，送"御前侍卫府"匾额，侍卫大刀和铜蟾蜍。

2. 枕杠式围龙屋

枕杠式围龙屋是指在上堂和化胎之间还多了一排两层楼房，有的是独立的，有的则和堂横屋转角联在了一起。如果把上升的化胎和围屋比喻成人的大脑、堂屋比喻成人的上半身的话，那么这一排楼房就像一条枕杠横在脖子处，故名。这种围龙屋相对其他类型比较少见，其中棣华围比较知名，此处略做介绍。

棣华围位于兴宁刁坊镇周兴村，在当地常被称为"刁萃丰"。它于民国三年春动工，历经八载，耗资18万两白银建成，距今100多年。该屋坐西朝东，左右两侧均有斗门，上石刻"棣华围"，为清朝翰林刘国明所书。棣华围规模较大，三堂四横一围两层高，建筑面积12000平方米，禾坪1000平方米，池塘400平方米，化胎1000平方米。屋内有16个厅，21个天井，近300间房。

棣华围房屋精美，栋梁雕龙画凤，华丽堂皇，在当地颇有名气。以前刁坊镇流传着一个顺口溜：巢不尽罗永兴的谷，砍不尽黄花庙的竹，赞不尽刁萃丰的屋。

棣华围结构上与大部分围龙屋不同的是，它在三堂屋之后还有一栋二层的西式"走马楼"建筑（见图2-2-8），楼底皆是圆形石柱，楼上四周相通，这类建筑又被称为"枕杠"，之后再是宽阔的半月形化胎和两层半圆月形的围龙，整体构造上颇具特色，并不多见。

图2-2-8 兴宁宁新周兴棣华围 枕杠

3. 四角带碉楼的城堡式围龙屋

四角带碉楼的城堡式围龙屋是指围龙屋的四个角上带碉楼。这一类型的围龙屋相对多见，此处以较为知名的磐安围做一介绍。

磐安围位于兴宁市叶塘镇河西村，是兴宁境内目前保存最为完整的客家四角围龙屋，名称取意于"坚如磐石，安居乐业"。它之所以完好无损且周围无建筑，是因为该围龙屋的后人已经形成一种不成文的传家制度，任何人不得改变原有结构，不得在围龙屋周围建房。

磐安围始建于1895年，建成于1911年，住房百余间，大小天井21个。该屋坐西向东，三堂四横一围。在围龙屋横屋最外围的两边，还建有猪舍、杂物间、厕所等，以实现人畜分居。

堂屋内屏风与梁架装饰精美，保存良好。屋内还保存有一块清朝光绪皇帝表彰屋主刘氏教子有方，并刻有汉、满两种文字的朱砂牌匾。

在防御上，磐安围特色明显，具有代表性。屋外层设有许多枪、炮眼，屋四个角上都筑有碉楼，并设有瞭望孔，即所谓的"四角碉楼"（见图2－2－9）。

图2－2－9 兴宁叶塘镇河西村磐安围 碉楼

4. 椭圆形围龙屋

椭圆形围龙屋是指不包含水塘在内的平面布局呈椭圆形的围龙屋，而一般的围龙屋都是呈半圆形的。这类围龙屋非常罕见，此处以兴宁黄陂石氏中山公祠为例。

该屋位于兴宁黄陂镇陶古村，三堂两横一围，占地面积为6000平方米，为石氏兴宁五世祖创建。据《武威石氏族谱》记载："石碏（春秋卫国大夫）之后居金陵，唐末黄巢起义徙福建泉州，南宋初移居龙岩圆岭，南宋迁宁化石壁村，仕出惠州，明洪武年间徙居兴宁陶古村，为入兴宁石氏世祖。"五世祖名介夫，号中山，故此屋称"中山公祠"。值得一提的是，介夫是母亲刘氏18岁时的遗腹子，母亲刘氏一直守节自励，教子成才，儿子介夫也十分孝顺有出息，故曾任兴宁县令的江南四大才子之一祝枝山于明正德十四年（1519年）为此感慨而题匾"母节子孝"，乾隆四十三年重修（见图2-2-10）。

图2-2-10 兴宁黄陂镇陶古村中山公祠 牌匾

中山公祠形制特殊，整个围龙屋建成如蟹身的椭圆形（见图2-2-11），正面并非平直，而是形成一弧度，与其他类型的围龙屋正面一律平直有明显不同。加之围龙屋后部的半圆形围屋，整个围龙屋的形制遂呈椭圆形，非常少见，也是其特色所在。

当地人又称"中山公祠"为"螃蟹屋"，如果将正面大门视为螃蟹嘴，两侧门为螃蟹的眼，确实十分形象。屋前池塘除一口月池外，尚有不规则排列的五口池塘，据石氏长者称，池塘为螃蟹游弋之所。

由于围龙屋平面呈椭圆状，拱卫中间堂屋的成为外围龙，而堂屋两侧也不是通常所见纵列式的横屋。结构上为三堂二横，横屋开设房间作"背靠背"式，房间设置为通廊式单间结构，横屋之间有巷道相通。

5. 并蒂莲式围龙屋

这种类型的围龙屋并非是一座，而是两座围龙屋并列，各自成

图 2 - 2 - 11　兴宁黄陂镇陶古村中山公祠

屋，中间禾坪有墙隔离又有大门相通延伸相连，主次分明像并蒂莲一样，两屋同用一口大塘，四周围拢共同防御。此类屋一般是由大屋同姓子孙迁至隔壁相邻筑成，宛如并蒂莲各自为屋又血脉相连，典型者如永和大成村张屋。

四　围龙屋的渊源

围龙屋如此一个设计独特的建筑，对其来源的研究也受到关注，多见于建筑学界的讨论，其主流观点是包括围龙屋在内的客家民居来源于东汉魏晋南北朝时期的坞堡。

坞堡，又称坞壁，是一种民间防卫性建筑，大约形成西汉王莽末年。《说文解字》解释道："坞，小障也。一曰库城也"；《资治通鉴》胡三省注曰："城之小者曰坞。天下兵争，聚众筑坞以自守"，[1] 充分说明了它的防御性特征。当时北方社会动荡不安，富家豪族为求自保，纷纷构筑坞堡营壁，对此，史书多有记载，如"关中堡壁三千余所"[2]"冀州郡县，堡壁百余"[3] 等。东汉建立后，汉光武帝曾下令摧毁坞堡，但禁之不能绝。陈寅恪在《桃花源记旁证》写道："西晋末年戎狄盗贼并起，当时中原避难之人民……其

① 《资治通鉴》卷八十七，北京：中华书局，1956，第 2749 页。
② 《晋书》卷一百十四，《苻坚载记》(下)，北京：中华书局，1974，第 2926 页。
③ 《太平御览》卷三三五，北京：中华书局，1960。

不能远离本土迁至他乡者，则大抵纠合宗族乡党，屯聚堡坞，据险自守，以避戎狄寇盗之难。"①

由于突出防卫功能，所以此类建筑外观颇似城堡。② 根据甘肃居延考古队在额济纳河流域发掘出的东汉初年的坞堡遗址，坞堡具体的建筑形制大致如下。坞一般是用高而厚的夯土墙围起来的方形堡垒，仅开一个较狭窄的门，有的还在门中或门边设置路障，突出防卫性。坞墙顶上设有堞雉，以便向外观察和射击。坞内依墙建有许多小房间，为守塞的军士的住处。有的还在坞内另筑障城，障比坞小，但墙更高更厚，是侯官的住所。③

主流观点认为坞堡与客家建筑有着一定联系。一方面是形制，如赣南围屋，也是方形围合而成，内再筑建筑。另一方面，坞堡具有的特点客家建筑也具有，体现在以下三个方面。

一是坞堡非常坚固，这也是跟它的防卫性紧密相连的。如董卓在关中所建的郿坞，"高厚七丈，号曰'万岁坞'"。④ 另据考古发掘所见坞堡建筑形制，如嘉峪关魏晋墓出土的七幅"坞"的画像砖，"'坞'的四周都画有高墙厚壁，有的在'坞'内还有高层碉楼，有的坞壁上设有望楼或敌楼"。⑤ 不仅如此，坞堡还往往会选址在险要之地，如西晋八王之乱时，庾衮在禹山立坞，"于是峻险陋，杜蹊径，修壁坞，树藩障……缮完器备"。⑥

二是规模宏大。如前燕时，"张平跨有新兴、雁门、西河、太原、上党、上郡之地，垒壁三百余，胡晋十余万户"，⑦ 那么，每个坞堡平均 300 余户，而前燕每户平均人口数为 4.06 人，⑧ 则平均每个坞堡为 1300 余人；又后秦姚兴的将领王奚"聚羌胡三千余户

① 陈寅恪：《桃花源记旁证》，《清华大学学报》（自然科学版）1936 年第 1 期。
② 余英：《客家建筑文化研究》，《华南理工大学学报》（自然科学版）第 25 卷第 1 期，第 16 页。
③ 甘肃居延考古队：《居延汉代遗址的发掘和新出土的简册文物》，《文物》1978 年第 1 期。
④ 《后汉书》卷七十二《董卓列传第六十二》，北京：中华书局，1965，第 2329 页。
⑤ 嘉峪关市文物清理小组：《嘉峪关汉画像砖墓》，《文物》1972 年第 12 期。
⑥ 《晋书》卷八十八《孝友·庾衮》，北京：中华书局，1974，第 2283 页。
⑦ 《晋书》卷一百九十《慕容俊载记》，北京：中华书局，1974，第 2839 ~ 2840 页。
⑧ 梁方仲：《中国历代户口、田地、田赋统计》，上海：上海人民出版社，1980，第 38 页。

于敕奇堡"，① 如以同为十六国时期的前燕每户平均人口数4.06人来计算，那么，敕奇堡的人口数有12000余人；同样，西晋末郗鉴"举千余家俱避难于鲁之峄山"，后"众至数万"。② 这些数据均说明当时的坞堡人口数一般在千余至万余人之间，人数多，建筑规模也必然很大。

三是宗族聚居。坞堡内既有以宗法血缘关系为纽带实行宗族聚居的，也有以乡党关系或宗族、乡党兼而有之聚居的，但其中以宗族聚居或以宗族为基础，吸收乡党等其他人员而组成聚居的较为普遍。如许褚"汉末聚少年及宗族数千家，共坚壁以御寇"，③ 又如曹魏时杜恕"遂去京师，营宜阳一泉坞，因其垒巇之固，小大家焉"。④ 这些小家庭被组成一起时，必然需要一定的"约束"，用规则来保证坞内的和谐，所以坞内具有平等团结的互助精神，如庾衮禹山坞，庾衮被推为坞主后与坞众誓曰"无恃险，无怙乱，无暴邻，无抽屋，无樵采人所植，无谋非德，无犯非义，勠力一心，同恤危难"，然后"考功庸，计丈尺，均劳逸，通有无……而身率之"。⑤

显而易见，将客家乡土建筑与东汉魏晋南北朝时的坞堡联系起来，是受了"客家中原说"的影响。虽然这些特点在客家民居中得到一定程度的反映，如客家民居也非常坚固，许多夯土墙体千百年不倒，同时规模亦不小，如丙村仁厚温公祠共有房390间，东西两侧还有杂屋几十间，曾居住90多户，400多口人，而宗族聚居更是客家建筑的重要特点。但是，进一步仔细分析，会发现这种联系非常牵强。

首先，坞堡其实就是前文所说的"围子"，与客家乡土建筑是明显不同的。建坞堡的主要目的是在战乱年代自保，而不是宗族聚居，所以坞堡里面多为不同姓氏宗族共同居住，或者以较大宗族为主体，加上其他一些不同的小宗族，如许褚"汉末聚少年及宗族数千家，共坚壁以御寇"。当然，若一个家族足够大，自成一个坞堡也并非不存在，如前述赣南客家同姓聚居的"围子"。但无论如何，

① 《晋书》卷一百三十《赫连勃勃载记》，北京：中华书局，1974，第3204页。
② 《晋书》卷六十七《郗鉴传》，北京：中华书局，1974，第1797页。
③ 《三国志》卷十八《魏书·许褚传》，北京：中华书局，1982，第542页。
④ 《三国志》卷十六《魏书·杜恕传》，北京：中华书局，1982，第506页。
⑤ 《晋书》卷八十八《孝友·庾衮》，北京：中华书局，1974，第2283页。

其目的仍在于防匪乱而自保。

其次，东汉魏晋时的坞堡规模极大，如上文引述前燕时"张平跨有新兴、雁门、西河、太原、上党、上郡之地，垒壁三百余，胡晋十余万户"，西晋末郗鉴"举千余家俱避难于鲁之峄山"，后"众至数万"。这种"数万"至"十余万户"的规模已经是一个城镇的规模，非宗族概念能概括，而客家的大型民居一般为数百人，其相差甚远，不是同一级别。

再次，客家民居全部为一个宗族的聚居，内有祠堂，设祖宗牌位，这与坞堡多见的那种不同宗族混居的状况是不一样的。

最后，客家建筑比较注重风水设计，尤其围龙屋，处处体现建筑风水，而坞堡只是一个防御性设施，自然不会有此设计，这是其根本上的不同。

至于所谓坞堡与客家民居在形制上相似，也只是其与客家民居中的"赣南围屋"这一个类型相似，但合院式民居概念是中国传统民居的主要特征，如北方四合院，因此，若仅因方形的建制相似，那么全国多种不同类型的民居都可溯源到坞堡了。更何况，客家民居的其他两大类型围龙屋和土楼在形制上与坞堡完全不一样。

总而言之，把坞堡作为客家民居的建筑渊源，臆想成分居多，考虑到坞堡所处的时代与罗香林"五次迁移说"的第一次大迁徙时间相同，显然这是奉传统的"客家中原说"为圭臬。而前文已论证了此说是对历史事实的虚构，不足为信，因此，客家建筑的源流问题不能从这个角度来考虑。反过来也可见"客家中原说"误导性之影响巨大。

笔者认为，客家建筑还主要是当地民居自行发展的结果，这也可以解释为什么客家中心区会有三种不同类型的民居，以及围龙屋与土楼的形制在中国其他地区均不见。尤其是就围龙屋而言，如此注重拟人化的风水设计，其实与中国主流民居的风水文化不符，因此也成为其特色。当然，若有考古材料能证明其由自身演变而来，则是最为可靠的证据，但在相关材料不足时，这样的推论也是具有合理性的。

第三章
围龙屋空间的构造

第一节　上长岭村民居调查

　　上长岭村是笔者进行田野调查的中心地，位于广东省梅州市兴宁市（县）新陂镇西部，东邻华新村，南邻家庄、新元、三新村，西邻叶塘镇麻岭村，北邻新金村，距兴宁市城区约5公里。下辖长岭下片、长岭上片、侧桥三个片，25个村民小组。上长岭村是一个较大的行政村，共由四角楼、五栋楼、新华楼、侧桥岭、大茔顶、长安围、乌泥塘、洪源当、铁场社、上塅岭、丰树下、振兴店、钟排上、岭顶、凤合、秀兴店、三角楼、海瑾围等十八个自然村组成。上长岭原名四岭村，由长岭、侧桥岭、金岭、金子岭四个村组成，1951年10月并村，共有的"岭"字前冠以"新"字，命名为"新岭乡"，1958年9月又分为新岭大队、新金大队，1961年6月新岭大队又分为长岭、侧桥两个大队，1963年10月又合并为新岭大队。1968年改称为大队革命委员会，1981年地名普查后因有同名故改名为上长岭大队；1984年3月为上长岭乡，1987年4月改为"村民委员会"；1989年9月改称为管理区办事处；1999年3月起又改回为"上长岭村民委员会"至今。

　　据新陂镇政府提供的资料，截至2005年末，上长岭村总户数668户，总人口2760人，但据笔者从上长岭村委会获取的2012年资料来看，总人口数已降为2380人。村内有刘、李、熊、钟、陈、何、曹7个姓氏居住，刘姓为村里大姓，历史悠久，影响最大，其次为李姓，其他均为小姓，在村里影响不大，也缺乏根基，如陈氏是潮州人，在抗日战争时逃难到此，而何姓如今只剩下一户人家。

一 上长岭村民居概况

根据田野调查情况，上长岭村一共有古旧民居31座（包括残存），[①] 分别是四角楼、五栋楼、新华楼、侧桥岭、大莹顶、长一队、长二队、逢一队、逢二队、中新屋、乌泥塘、洪源当、铁场社、丰树下、振兴店、钟排上、岭顶、凤合、秀兴店、三角楼、上塅岭上屋、上塅岭下屋、泗盛屋、海瑾围老屋群（社领上、宝善堂老屋、继安居、宝善堂新屋、江陵堂、上社）、将军楼、私塾等，其分布见图3－1－1。这些老屋中，只有新华楼住户稍多，有20余户共50余人，可能与其建成较晚、规模较大且保存较好有关，其余老屋或已无人居住，或仅剩数人居住，如五栋楼（3户）、长二队（1人）、铁场社（1户）、侧桥岭（1人）、大莹顶（1人）、乌泥塘（1户）、社岭上（1户）等，而且他们均是老人，或带着小孩。也就是说，绝大部分原来老屋的住民已搬到屋外的村内其他地方建了新屋，变成小家庭居住的现代小洋房，这些新屋大部分会建在老屋附近。有的地方如有条件，还会将新房沿着老屋后面的半圆形围龙一座座挨着建在一起，看上去感觉像围龙屋在新时代的扩建（如温公祠）。

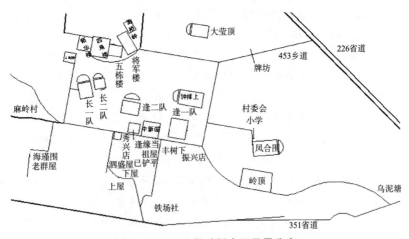

图3－1－1 上长岭村古旧民居分布

上长岭村的这些老屋，大多数为标准的围龙屋型制，其余的因

---

① 古旧民居的界定以1949年为下限。

地理条件所限基本为围龙屋的变异形式，或者可看出与围龙屋有明显联系（如将军楼等）。这里将其中保存较好的或较为重要的老屋做一介绍。

1. 四角楼、五栋楼、新华楼和私塾

四角楼、五栋楼、新华楼和"东升学堂"私塾是以一字形排列的（见图 3 – 1 – 2①），四角楼居中，五栋楼居于其东侧，新华楼居

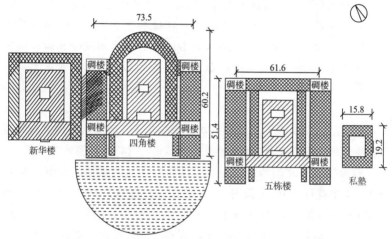

图 3 – 1 – 2　上长岭村四角楼、五栋楼、新华楼和私塾

于其西侧。四角楼是本村最重要的老屋，为刘氏在本村的开基老屋。《刘氏族谱（卷九）》记载：

> （十六世）开祥长子东升，字旭光。由新陂管岭刘屋移居上长岭创居四角楼祖屋，并创东升学堂一所，公生于康熙九年庚戌，卒于五十五年丙申，康熙年间考中辛卯科第四名举人，曾在兴宁两次赈谷千石，知县送与"义风继美高义泽人"之扁留念。葬于莲塘侧苏茅茔坤山艮向。②

---

① 余志主编《客都家园——中国梅州传统民居撷英》，北京：商务印书馆国际有限公司，2011，第30页。

② 兴宁刘氏修谱董事会、兴宁刘氏修谱编辑委员会：《刘氏族谱（卷九：巨洲房致和系仁杰支）》，1996，第660页。另：后文凡提及该谱均以《刘氏族谱（卷九）》简称。

由此可知，四角楼是刘氏十六世东升公创建，又据老人告知大屋竣工时东升公已去世，故应在康熙后期建成。文中还提到"由新陂管岭刘屋移居"而来，据《刘氏族谱（卷九）》记载：

> 刘开祥，字钦若、谥孝义。生于 1640 年，卒于 1721 年。享寿八十二岁。庠监候选州同。由麻岭学堂岭移居福庆堡官岭（今新陂管岭）创建大围屋一座。公生平好善乐施，赈饥解渴，修桥布路。康熙五十二年癸巳岁饥捐粟千石赈济。蒙惠州府尊给牌旌奖，后经邑侯施编入县志。葬于西厢光陂岭艮山坤向丁丑丁未分金……生二子：东升（移居上长岭四角楼开基立业）、东启。①

此文献明确说明了刘东升是刘钦若的长子，而刘钦若由麻岭迁徙至管岭开基立业，这说明四角楼是由新陂镇的管岭大刘屋分支而来。

四角楼坐东北朝西南，是三堂四横一围龙四碉楼的建筑，有 13 个厅，4 个花厅，10 个天井，62 个房间，建筑面积 1 万多平方米（见图 3-1-3），但现已基本无人居住。屋内上堂书有对联："仰赈金账粟之高风谷我士女万户苍黔资福泽，登杖国杖朝之上寿宜尔子孙一庭斑彩竞文章"，这应该是纪念东升公一系曾赈谷之事。中堂为木架构，有 15 条檩。化胎为单层化胎，有五行星石。横屋和围龙高二层，碉楼略高于横屋。屋前有禾坪和左右斗门，禾坪前有照墙，照墙前是半月形的月池，面宽约 70 米，进深约 60 米，且宽于老屋，面积约 5 亩（见图 3-1-2）。

月池旁禾坪还有一口水井，井水高于鱼塘水面，景观奇特。月池边现存一对楣杆夹。左侧楣杆夹刻"中举刘东升 康熙年间立 第四名举人"以彰显，右侧楣杆夹是彰显二十一世清华于清咸丰年间中举人。

老屋正门匾额书"彭城堂"，其名由来，据《刘氏族谱（卷一总谱）》解释：

---

① 兴宁刘氏修谱董事会、兴宁刘氏修谱编辑委员会：《刘氏族谱（卷九：巨洲房致和系仁杰支）》，1996，第 608 页。

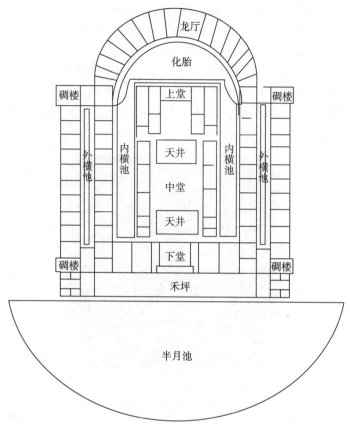

图 3 - 1 - 3　上长岭村四角楼结构

　　我姓自七十三世祖荣公即徙居沛县万乐乡，这里就是古之大彭邑。刘姓居彭城，从春秋战国末期就开始了。自邦公开基西汉以后，刘姓就成为全国的第一大姓了。当时刘姓皇族已在彭城……等地形成巨族……彭城刘氏历来就是刘姓郡王正宗，其源出于西汉皇族，支脉多，影响大，故刘姓后裔，多以彭城郡为自家正宗郡望，虽有其他二十四郡也都属于望族，但经历日久，世事变迁，刘氏后裔遂以彭城郡为主。①

---

① 　兴宁刘氏修谱董事会、兴宁刘氏修谱编辑委员会：《刘氏族谱（卷一总谱）》，
　2008，第3~4页。另：后文凡提及该谱均以《刘氏族谱（卷一总谱）》简称。

这说明题"彭城堂"是强调刘氏源自西汉皇族,据考察所见,当地大凡刘姓老屋,多题"彭城堂",已形成惯例。

非常幸运的是,通过深入调查,笔者获得了四角楼原始的建屋设计图(见图3-1-4a、图3-1-4b),刻在木板上,与现存型制完全一样。这种原始的建屋图板非常罕见,尤其是在康熙年间,具有重要的资料价值,后文在涉及布局阐述时会以此为围龙屋构造标准。

图3-1-4a　上长岭村四角楼
建屋原始设计木板图

在四角楼东侧有五栋楼,其构造特色在于有五个堂屋,而一般只有三堂左右,故其堂屋显得规模宏大,这也是其名称之由来。在惠州新发现九个堂屋之前,它被认为是目前所见堂屋最多的客家民居,在构造上有重要意义。

五栋楼建于乾隆二十一年,落成于乾隆二十五年,距今两百余年,据《刘氏族谱(卷九)》记载由刘东升的四个儿子刘嵘、刘嶂、刘峣、刘峰兄弟共建而成(见图3-1-5a、图3-1-5b)。五栋楼本是计划建两座小屋,伴四角楼两翼,最后因种种原因,合而为一。现该屋坐东北朝西南,为五堂两横的四角楼型制,两进斗门,无围龙。

整座屋平面呈棋盘形结构,共有五堂九厅百余间房,占地面积15000多平方米,建筑面积12000多平方米。主体建筑面阔约60米,进深约50米。老屋拥有5个大厅堂、4个小厅、天井18个,

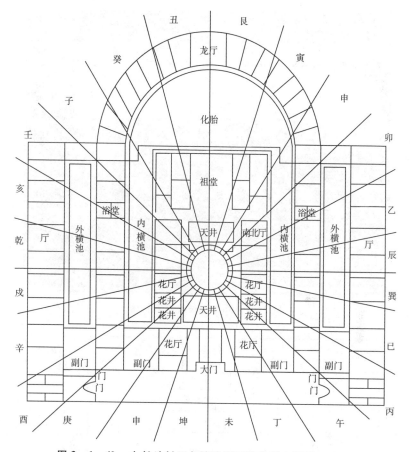

图 3 - 1 - 4b　上长岭村四角楼建屋原始设计木板图之线图

又有"九井十八厅"之称，后因后裔子孙人口众多，在四小厅及个别天井加建房间居住。五堂内均以青砖铺地，木质堂柱，屏风满挂（现保留一部分损坏屏风挂于厅内），容量较大，可放 100 张桌不出屋檐。一、二、三堂有木门及木门槛，以石作基；二、三堂有 6 根木柱，栋梁金字架为主体，厅堂面积均较大，其中第三堂面积最大，墙与檩条相接处有画花；第五堂在中华人民共和国成立后已被改为私人房间。五堂两边各有房屋 8 间，两横共 24 间房。堂及房间均有两层高，但四个角楼为三层高。巷道空气对流，身无回音，行人相通无阻，大门两侧各一个斗门，屋前有禾坪、照壁。

　　该屋堂号同样是"彭城堂"，堂联"彭城世德，福阁家声"，

图 3 - 1 - 5a 上长岭村五栋楼

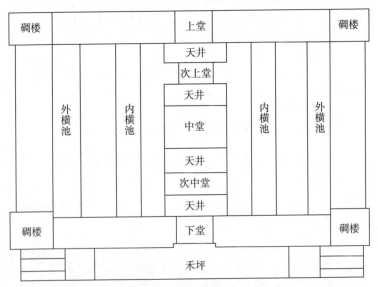

图 3 - 1 - 5b 上长岭村五栋楼结构图

屋内中堂上挂有"一门种德"的牌匾，落款时间为乾隆二十五年
（见图 3 - 1 - 6）。此外，还有刘东升中第四名举人所授匾"经魁"，

附匾"文藻院分三宴席，科名先占五经魁"曾挂于中厅，可惜均于动乱中被废。

图 3 - 1 - 6　五栋楼"乾隆二十五年"款

五栋楼极其坚固，乡亲告知，屋旁曾受日军轰炸，老屋被强烈震动后基本完好，只是房屋一角出现了大裂痕，但并未进一步恶化，可以想象建屋时刘嵘四兄弟之尽心。

由于五栋楼为刘东升四位儿子共建，完成后分成四大房、十三个孙，每房二个孙居住五栋楼。旧时为八大家人，子孙遍布士农工商，另有抗日阵亡烈士一人，远征军一人。目前老屋保存状况虽然良好，但仅有三户人居住，均为老人，其他人已搬出，在附近建新房居住。

新华楼位于四角楼西侧，始建于 1931 年，建筑面积约 3000 平方米，亦为堂横屋结构，由第二十四世刘佛应（字念隆，中华人民共和国成立前卒）所建，原名"步高楼"，以纪念其父亲刘步高，中华人民共和国成立后更名为"新华楼"。新华楼坐东北朝西南，三堂二横一枕杠（见图 3 - 1 - 7a、图 3 - 1 - 7b），分上、中、下三厅，两个花厅、六个天井，堂屋后的枕杠屋为两层罗马柱西式建筑，每层各有十三间房。左右两横屋共有二十四间屋。老屋正门门匾书"彭城堂"，屋前有禾坪，面积约 100 平方米。

该楼以前曾居住 100 余人，现剩 20 余户共 50 余人居住，七成在外务工。

在五栋楼西侧，为东升学堂私塾，又被称为"灵光斋"，为一围合状小型合院，规模很小，面阔约 16 米，进深约 20 米，结构与村内其他老屋不同。东升学堂由东升公创建，供族内子弟上学，迄今亦有 300 余年。学堂大厅悬挂的校训"诚朴公勤"四个大字由曾

粤东北客家乡土建筑研究

图 3 - 1 - 7a　上长岭村新华楼

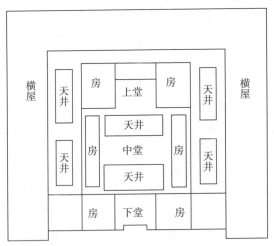

图 3 - 1 - 7b　上长岭村新华楼结构图

任东升学堂校长的清邑庠生二十一世刘南顺所题。东升学堂民国时曾改为东升小学，现已不再做学校用，正式名称为"上长岭东升文化活动中心"，但实际由村里出租作小卖部及娱乐休闲场，内仍挂有 1937 年教师刘泰孚宣传抗日漫画作品十余幅、1938 年旅穗后裔"三王宫"刺绣匾"还我河山"等。

2. 长一队、长二队

这两座为典型围龙屋，相邻而建。该地被称为长安围，中华人民共和国成立后分为长一队和长二队，故将这两座围龙屋分别冠以此二称，其中长一队在长二队的西侧，均坐东南朝西北。

据《刘氏族谱（卷九）》记载：

> （十七世）刘东升长子刘嵘，字德尚……康熙癸酉岁生，乾隆壬午岁卒，享受七十，与诸弟同建五栋楼围屋一座艮山，又建对面长安围围屋一座丙山。

> （十八世）刘德尚长子芳标……康熙五十三年生，乾隆四十九年卒，享寿七十一岁，建造长安围屋一座。

由此可知，刘东升长子刘嵘除在与诸兄弟共建五栋楼之外，还在长安围新建围龙屋一座，后其长子刘芳标又在旁边新建围龙屋一座，比邻而居。又，刘嵘卒于1762年，刘芳标生于1714年，卒于1784年，据此推测，两座围龙屋完成时间均应为乾隆年间，前者应为18世纪中期，后者应为18世纪后期。

长二队为年代更久的老屋，被认作长安围的祖祠（见图3-1-8），房屋已很残破，现只有一位87岁的老妇人居住在该屋中。该屋为两堂两横一围结构，与一般有三堂不同，为上、下两堂结构，故上堂相对较大，顶有十三檩，并有雕花装饰，屋前有水塘。左一横和右一横各有七间房；围屋至少十五间房，其中有三分之一被重建为现代房屋，右围完全残败。化胎青砖作基，但已用灰封死，青砖按照"工"字排布，拉力强、耐用、美观，五行星石尚存。

在祖祠西侧，为长一队老屋，门匾题书"传经第"，由祖祠分出，为刘芳标所建。房屋结构为三堂二横一围龙结构，上、中、下堂均有檩柱，有木门槛和木制门牌。上堂青砖铺地，上堂高于中堂，中堂高于下堂；中堂与下堂间的天井很大呈正方形；金柱均为木柱，无檐柱。屋前有禾坪、墙埂①和月池。堂屋后化胎处有五行

---

① 在禾坪与池塘连接处，用石灰、小石子砌起一堵或高或矮的墙，矮的叫"墙埂"，高的叫"照墙"。

图 3-1-8　上长岭村长安围祖祠（长二队）

星石，并用石块砌化胎。左右两横共有 20 间房，后部围屋 19 间。最外部左右两横应为生产用房。

这两座围龙屋为四角楼的分支，年代虽晚于四角楼数十年，但保存状况极差，远不如四角楼，也说明房屋质量不如四角楼。

3. 三角楼、铁场社、侧桥岭、大茔顶

这四座古民居是村里除上述老屋外剩下的全部刘姓老屋，前二者均由四角楼这一系分出，并成为各自分支的祖屋，后两者虽与四角楼谱系无关，但与它们同由该地区最老的留塘下祖屋分出，均为刘姓后裔。

三角楼，建造时间不详，《刘氏族谱（卷九）》最早提及的一条相关记录是"（二十世）欲魁三子明秀分居三角楼……（二十世）存礼之子水生分居三角楼"，据此推算，三角楼应建于晚清。又，三角楼外墙高大坚固，防御性突出，与一般围龙屋不同，据该屋后人说曾防御太平天国军，但口述人年事已高，语焉不详，不知确切情况。按史料记载，太平天国康王汪海洋曾率 10 万太平军在梅州一带与清军周旋，于 1866 年全军覆没，被史家范文澜评论为标志着太平天国彻底失败。因此，该屋后人之说亦非空穴来风，若果真如此，则该屋建成时间当在咸丰末同治初。

三角楼型制较为特殊，虽然仍呈方形堂横屋结构，但与一般围龙屋或四角楼与堂屋四个角上各建一个碉楼不同，它只建有三个碉楼，在屋正面外墙两端各一个，在后部外墙中间位置一个，故名。整座屋为两堂两横一枕杠方形结构，上、下两堂都为木柱结构，两横共22间房，天井处的枕杠屋有3间，枕杠后有一外横围与外墙一体，有9间房，均为两层结构。其中外横围有三间屋往屋外突出，墙上布满枪眼，也即此处为后部碉楼。屋后部还设有风水林，前部依旧有月池（见图3-1-9a、图3-1-9b）。

图3-1-9a　上长岭村三角楼

铁场社，是保存状况较好的一座围龙屋，三堂四横一围龙结构，屋前有禾坪和半月形池塘，两边有斗门。据《刘氏族谱（卷九）》记载：

> 东升二子刘嶂，字德达。附贡。康熙二十六年丁丑生，乾隆四十一年丙申卒，享寿八十岁……分居创建铁场社围屋一座。

可知铁场社是由刘东升二子刘嶂创建，完成时间应在18世纪中叶，距今两百余年，与长安围祖屋时间相仿。该屋分上、中、下三堂，中堂木架构（见图3-1-10），堂屋后化胎（该屋后人称之

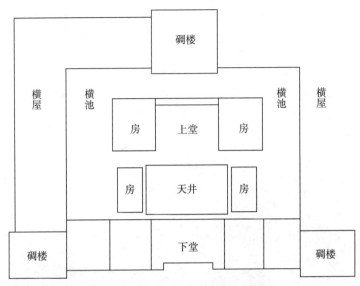

图 3-1-9b　上长岭村三角楼结构图

为"背虎岭")上铺满青砖,其后围龙间为两层,龙厅亦有二层,第二层被称为"龙神背"。目前仅有一户人家居住,奶奶带着孙子,孙子 16 岁左右。

　　侧桥岭,距今约二百年,由附近叶南镇上径村高洋寨分来,历经十几代人,为两堂四横二围龙结构。堂屋较少,为上、下堂组合,中间一天井,堂屋无木架构,上堂与中堂天井内砌水泥块。四排横屋,每排 5 间房,规模较小,目前仅有两横屋残存,左二横只残存一间房,右二横残缺。堂屋后部有双层化胎,化胎上为砖块和小石块铺面,无明显的五行星石。化胎后的第二围龙,部分被拆除盖新房,且第二围接近第二横的地方坍塌,总体保存状况极差(见图 3-1-11)。

　　屋大门微斜,北偏西 30°,房子朝向北偏西 15°,显然是暗合风水"斜门"之意。禾坪前有一半月形水塘,水塘曾被截断约 1/3,有过改动。水塘右前方有两口水井,左边为旧已有之,与屋同时修葺,右边井为后来所建,据老乡口述,是老屋后人台湾老板捐钱而建,有 20 余年历史,为灌溉之用。

　　据调查,该屋最兴盛时住过 100 多人,目前仅住了一位男性老人,为开基公之子名下七子第三房川公之后裔,刘氏二十世后代,现年 72 岁。

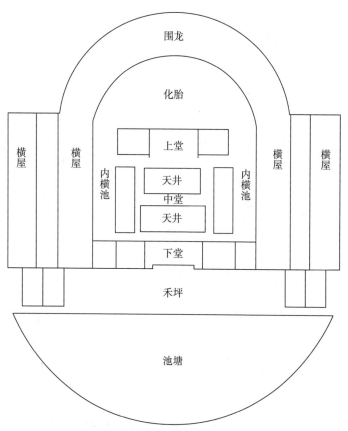

图3-1-10 上长岭村铁场社结构图

大茔顶，由附近新金村陂肚围分来，开基主为也茂公。其后人告知："当年东升公也想买这块地，我们祖宗就跟做屋的人讲好，让他跟东升公说这块地不好，我们祖宗就买了这块地，靠烧砖瓦赚钱。这里解放前叫窑下，解放后叫大茔顶。"前述东升公卒于1716年，由此可知，该屋建屋时间不晚于此，迄今已有约300年历史。

该屋为三堂四横两围结构，中堂有木架构，金柱为木制，梁柱上有雕花。中堂有高门槛，屋顶与地面有对称洞槽，推测有门板存在，现已不见（见图3-1-12）。

堂屋后部有双层化胎，胎面全是泥灰铺面，不符合化胎"透气"原理，应为后铺，化胎下层有五行星石。化胎之后有两围龙，其中第二围残缺，且第一围通向第二围的通道现今为了防盗而被阻

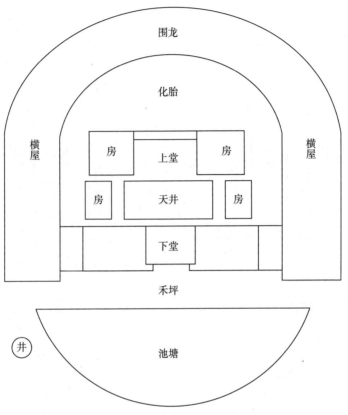

图 3 - 1 - 11　上长岭村侧桥岭结构图

断。上堂一边有 3 间屋，共 6 间房，为老人房；堂屋外部靠厅街一侧有六间房，共 12 间；另还有 4 间花厅，32 间横屋；第一条围龙有 17 间房屋，龙厅为新修，第二围残缺。后新建第三围一部分，并未持续修建，已有 20 多年历史。整座屋现仅住一位 70 多岁的男性孤寡老人。

　　4. 上墈岭下屋、秀兴店、泗盛屋、逢源当、丰树下、振兴店、凤合围

　　李氏是上长岭村第二大姓，这些老屋都属于李姓。其中上墈岭下屋年代最久，由村外庄下迁徙而来，又被称为上墈岭老屋。据《兴宁市世馨堂李氏族谱》记载由十六世周奎公迁入上墈岭，[①] 大

────────────

① 《兴宁市世馨堂李氏族谱》，1997。

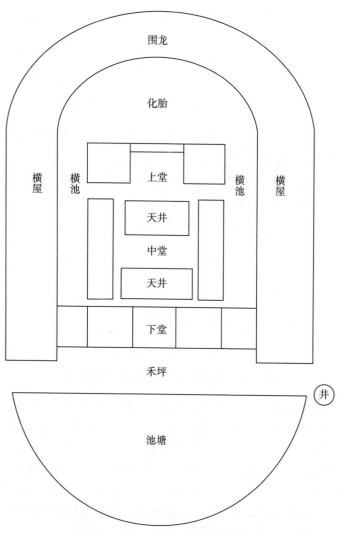

图 3 - 1 - 12　上长岭村大茔顶结构图

约有200年的历史。祖祠是两堂四横二围龙的结构（见图3 - 1 -
13）。两堂一天井，无木架构；上堂青砖铺地，有维修痕迹；下堂
有门槛，有木柱石础，两边各有一花厅（但两花厅开门不对称）。
该屋共有四排横屋，完全残败，堂屋后化胎下方有五行星石，之后
有两围龙；围龙后枕杠后有风水林；老屋正前面有禾坪和半月形
池塘。

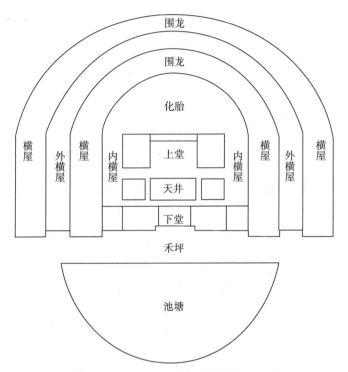

图 3 - 1 - 13　上长岭村上塅岭下屋结构图

上塅岭老屋正门口书堂名"世馨堂"，屋内上堂挂着"世馨堂"的牌匾，对联"祖德源流远，宗枝奕世长"。在调查中发现，兴宁一带李姓祖屋堂号多为"世馨堂"，据《兴宁市世馨堂李氏族谱》解释："直至七世松皋公五十三岁时，即嘉靖十五年（1536年）才开始编辑族谱，继侄澄江公为明代举人，曾任广西富川县令，晚年回乡续修族谱，人丁开始旺兴，始定名我族为世馨堂，卅八郎为新陂落居之始祖。"

秀兴店，为上塅岭老屋的分支，三堂两横建筑，围龙部分已经拆除，故呈堂横屋结构。屋前大门书写"秀兴店"，前有禾坪和池塘。中堂金柱为木柱，无木架构，顶 15 檩；下堂门牌为木柱；两排横屋共有 22 间（见图 3 - 1 - 14）。

泗盛屋，建造时间为 1941 年，已有近 80 年历史。原规划两堂，现为一堂一天井，堂较大，没有木架构。墙基一米左右，用石块做成，有夯土建筑。柱子为青砖做，承重墙柱也用青砖做，属晚

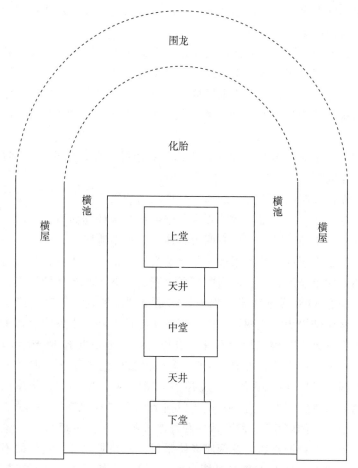

图 3 - 1 - 14　上长岭村秀兴店结构图

期围龙屋特征。

　　该屋为李氏所属，由上塅岭老屋迁来，根据李洪泗第四房孙介绍，建造者为李洪泗。该屋所在地原为农田，李洪泗早年曾"卖名"于该农田所有者，由于风水先生认定此地适宜建屋，故李洪泗在 1941 年与该田主人交换田地而获得此地，建造泗盛屋。老屋建造之年为李洪泗长子出生之年，故可准确知晓建屋时间。老屋最兴盛时有 28 人居住，在当地影响较大，1955 年李氏才分家，但围龙屋一直未真正完工。大门是临时所用，大门左侧伸出类似横屋的建筑，实属堂屋的延伸，有两间，为 20 世纪 70 年代所建。因此，这座屋实际上是未完工的围龙屋，是反映围龙屋设计与建造过程的一个有价值的案例。

逢源当实际上曾有四座老屋，其中最老的祖屋中华人民共和国成立后为建新房已被铲平，现只剩三座老屋。

逢源当一队是逢源当老屋群中历史第二久的老屋。房屋为堂横屋结构，三堂两天井，中堂木架构，檐柱为石柱，金柱为杉木柱。上堂有门槽，说明原应有屏风，屋顶瓦压檩条。中堂左上有神龛，中堂有门槛。横屋与堂屋间有天街，共两排横屋，每排有 8 间屋，无围龙间。

在逢一队的西侧有中新屋，是逢源当的第三个老屋。房屋结构为三堂两厅井，中堂已残缺不全，檐柱和外金柱均为石柱，内金柱为木柱，房顶残破。门前有两个石柱，一个小池塘。

在中新屋的西北侧不远，是逢源当二队祖屋祥凤围，作为逢源当的第四个老屋，是逢源当中年代最新的，有 100 多年的历史，建筑面积有 5000 多平方米。据说最初是由刘氏所建，后来送给了李氏。该屋结构为三堂两横一围，但围龙已被拆除。堂屋内有两个天井，中堂无木架构，均为石柱，显得较新，屋顶共有 15 檩，枋有描金。上堂后有双层化胎。1976 年在化胎后建了新房，但并未接围。两排横屋共有 26 间房，堂屋靠天街两侧有 20 间房，横屋门口有两间杂货屋，右边有一斗门。屋前大门书"祥凤围"，对联"龙门世德、凤阁家声"，前有禾坪和月池（见图 3 - 1 - 15）。

丰树下和振兴店，这两座老屋紧邻，但并非并排，其门面不在同一直线上，呈 150°角（见图 3 - 1 - 16）。丰树下，为两堂二横一围龙结构，由于大门与振兴店屋前呈钝角方位，故只有左围，但已基本残破。上堂较大，无木架构；堂屋后有一枕杠，下堂门有两个木柱作为门板的支撑；共有两排横屋，每横屋 6 间房，横屋比较破旧；堂屋后已遭到完全破坏，但仍能看出两层化胎及其后方的风水林；屋前只有禾坪，已经没有月池（见图 3 - 1 - 17）。现有一户人家在该围龙屋的围龙后盖了一间房子居住，并使用了围龙中的一间房间，该房子主人为一对老年夫妇，女主人今年 72 岁，男主人今年 82 岁。

振兴店，老屋在丰树下的右边，但地基要高于丰树下，为两堂二横一围龙结构。大门为斜门，进门处有两侧间；下堂净深半米，

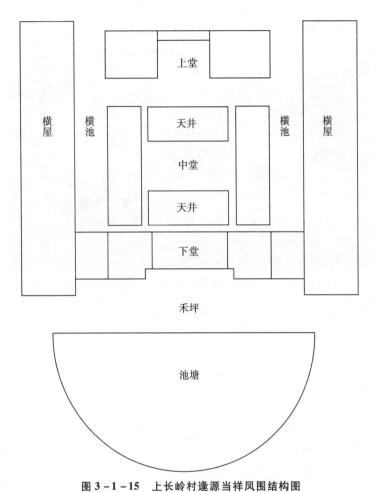

图 3-1-15 上长岭村逢源当祥凤围结构图

天井进深一米、宽四米，靠中堂台阶明显高于近下堂台阶；中堂承重柱为砖砌，无木架构。堂屋后推测有一个很小的化胎，之后有一围，围有隔层，可做阁楼，但已基本残缺，仅残存右边一小段。该围龙屋规模极小，是在整个梅州地区考察期间仅见的迷你型围龙屋，有较重要的资料价值。

凤合围，是李洁之将军的出生地（后文会详细介绍此人），距今有100多年历史，为三堂二横一围龙建筑。凤合围大门书写"世馨堂"，对联"龙门世德，凤阁家声"，中堂为木架构，中堂左右用墙壁隔出两个房间，中堂墙壁不承重（墙内木柱支撑），底部有

图 3－1－16　上长岭村丰树下（左）　　上长岭村振兴店（右）

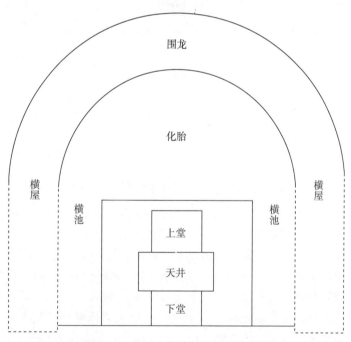

图 3－1－17　上长岭村丰树下结构图

二层青砖（约 15 厘米）做底，其上夯土砖（约 1.2 米），再上为黄土砖；有木制门板和门槛。左右两横大概共有 13 间屋，围龙已基本残败，有化胎，但不高，该屋后人同样称其为"背虎岭"，化胎下方有五行星石。屋前有禾坪，月池现已用作菜地。目前该屋已无人居住。

5. 钟排上、乌泥塘

这两座老屋均为钟姓所有。其中钟排上老屋是上长岭村钟氏的祖祠，为第十世伯上公三子居廷公由家庄村麻地窝迁来，距今有 200 年历史。该屋为两堂二横两围结构，已仅剩堂屋，两边横屋毁坏严重，左横 5 间，右一横仅剩一间；化胎为两层，以青砖铺地。共有三围，第一围残存 10 间，第一围和第二围应为同一时期所建，第三围为后建，二三围基本残破，龙厅也已毁。围龙一个比一个高大，较有气势。屋前大门上写"颍川堂"，前面有禾坪和半月形池塘，两边有斗门但现仅右斗门残存（见图 3 - 1 - 18）。

乌泥塘，两堂四横两围龙的较大型围龙屋（见图 3 - 1 - 19）。两堂中间有天井，天井两侧各有一个花厅；中堂无木架构，顶有 13 檩，檩下有雕花上色；下堂两根木柱作为门板支撑。左一横有 6 间屋，右一横同，左二横现残存 4 间屋；左一横曾有一截为新增加，由硬山顶变悬山顶。堂屋后有单层化胎，青砖整齐铺面，有五行石。化胎后第一围有 15 间屋，第二围至少 20 余间。二围后有 20 世纪建筑，仿照围龙结构依次构筑，新建的围龙墙上有枪眼。

屋前在大门两边开小门，大门对联"越国荣封，金陵世德"，横批"福寿康宁"，有禾坪和月池。现为一对老夫妇居住，丈夫 82 岁，妻子 72 岁。

6. 海瑾围老屋群

该老屋群均为熊姓所属，可分为两类，一类是三座祖祠性老屋，另一类是晚清后分出来的一些年代较近、规模较小的老屋，这里重点介绍前者。

最老也是最重要的祖屋为宝善堂，据后人说祖上由江西临川迁徙而来，现属海一队。该屋左横屋旁的小屋据说是落基的第一间屋，有四五百年的历史。宝善堂为两堂二横一围结构，上堂无木架构，下堂有木门槛，木柱石基，上下堂均用红砖重新维修过。堂内原有进士牌，但在 20 世纪 60 年代遗失。堂屋后有双层化胎，青砖铺面，特别的是，有两层五行星石，比较少见。围龙保存较好，有

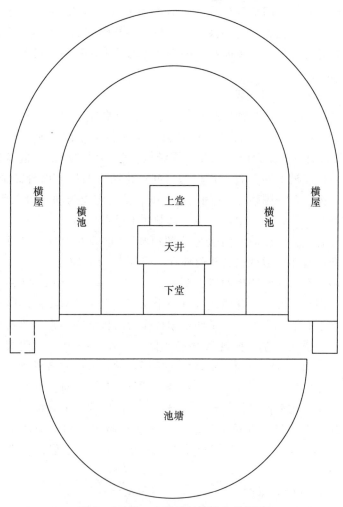

图 3 - 1 - 18　上长岭村钟排上结构图

17 间屋；左横屋完全破落，右横屋还残存五间左右。屋大门题有
"宝善堂"，对联 "熊城港隽，海瑾源利"；屋前有月池，水中立有
4 个旗杆石。目前无人居住。

　　继安居，现属海二队，为两堂两横枕杠式结构。门口书写 "继
安堂"，对联 "江陵世德，宝善家声"，上堂又题 "宝善堂"，对联
"系衍江陵绵祖德，裔蕃海瑾绍宗风"。上、下堂间有一天井，水泥
铺面，上堂有供奉土地神；左横 10 间屋，右二横为新修。堂屋后

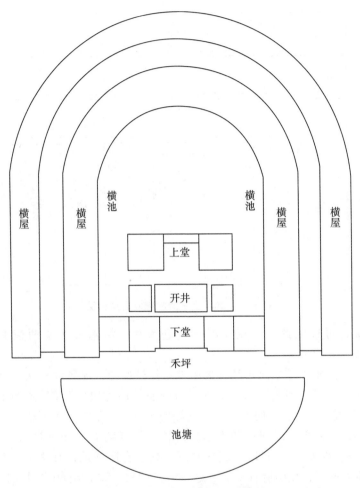

图 3 - 1 - 19　上长岭村乌泥塘结构图

有四个枕杠，第一个枕杠为原初枕杠，后两个是 20 世纪前期所建，第四杠为三四十年前新建，故可认为是三枕杠。这种构造非常罕见，具有资料价值。在第一个枕杠后，依旧留有一块长方形化胎，有五行星石，但化胎为平地，而非常见的龟背状，这应与枕杠屋及地形限制有关。平地化胎左凹（约 1 米）右凸（约 1 米），形成过道进入后杠屋，同时，左边房高度明显低于右边房，这些不同寻常的设计可能与风水有关（见图 3 - 1 - 20）。

继安居左侧还有一座民国时期建的小围龙屋，是由祖屋迁到社

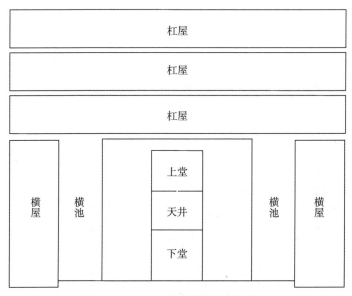

图 3 - 1 - 20 上长岭村继安居结构图

岭上，再迁回此处，现作海一队仓库用，结构为两堂两横的四角楼。

江陵堂，是三座祖祠性老屋中年代最近的，现属海三队。该屋为两堂二横一围龙结构，下堂有一牌匾"成均硕俊"（乾隆四十一年），说明该屋完工时间不晚于乾隆四十一年。下堂有木门槛和木柱石础；上堂有祖宗牌位和土地神牌位，并有题书"江陵堂"，对联"祖德乾坤大，宗功日月长"。堂屋后化胎青砖铺地，有两层，五行石也有两层；化胎后有一条围龙，共15间房，20世纪60年代又加了一围。围龙两端各接一排横屋，每排横屋共有6间房。

屋前有禾坪，在禾坪与水塘前有一大块空地，面积与禾坪相似。这种构造也很罕见，因为它原本就是平地，而非后来填平。在空地与禾坪之间还有两个半圆形的小水池，是老屋的出水处和穿过空地进入水塘的进水处。这些与众不同的设计都应该与风水有关。

社领上，现属海一队，是较新的非祖祠性老屋中较有代表性的一座老屋。该屋为道光年间熊振全所建，熊振全是状元，其子为和平县县太爷，据说屋内原有状元匾额和县令堂匾额，但在"文革"中都被拆走不见了。该屋为两堂两横的堂横屋结构。上堂无木架构，顶上 13 檩，其上雕花上色；下堂有木柱。堂屋后无围龙，屋主本想建但未成，两横共有 16 间屋，规模并不大。屋正门口有两个拱门，左拱门已残破。屋前原有月池，现已不存，被填平作菜地；其右前方有两个旗杆石，印证了屋主身份，惜已被埋大半。禾坪两端有斗门，外墙为锅耳山墙设计。

7. 将军楼

将军楼，是上长岭村的一座特色建筑，为国民党将领李洁之于民国二十四年（1935 年）感恩其母亲而创建，大门对联为"裕后宜恩宗祖德，尊前先孝子孙贤"。

李洁之，1900 年生于上长岭村凤合围，中华人民共和国成立前官至国民革命军陆军中将，历任虎门要塞司令、广东省会警察局长、第九区行政督察（闽粤赣边）专员兼保安司令等职，该屋即是李洁之在担任虎门要塞司令期间所建。抗战胜利后，李洁之在国民党内被边缘化，1949 年 5 月任广东省第九行政督察专员兼保安司令时率部策动了粤东起义。中华人民共和国成立后，于 1951 年加入中国农工民主党，先后任广东省人民政府委员、水利厅副厅长等职，1994 年在广州逝世。

李洁之 3 岁丧父，母亲需抚养 5 个子女，在这种极其艰苦的情况下，仍将李洁之送入私塾就读。为了感念母亲的恩德，李洁之将这座大楼命名为"慈恩庐"。

据介绍，慈恩庐由法国著名设计师设计，水泥钢筋从日本购进，木材从南洋调入，建筑师从广州请来，整体装饰综合运用中西绘画雕刻艺术，整座屋精工细作，极其坚固。据说 1939 年慈恩庐曾遭受了日军 7 架飞机的轰炸，共扔下 14 颗炸弹，炸坏了大厅的一个屋角和一间房子的楼面，后来都修复了。2011 年在对门口塘进行清淤时，还挖出一颗没有爆炸的炸弹。

虽然将军楼请法国设计师设计，但并非是一座纯西洋建筑，而是结合围龙屋特征的中西合璧风格的建筑。该屋坐北朝南，占地 6000 平方米，两层结构，整体以八角形大厅作为主厅，围绕大厅建筑两层楼房共 68 个房间；屋正面仿西洋式建筑风格，门前有围龙屋常见的禾坪和池塘，内部依据围龙屋元素设计，包括堂屋、化胎、围龙、横屋、围龙等，却又融入西洋风格，与围龙屋相似而不相同，颇具特色（见图 3 - 1 - 21a、图 3 - 1 - 21b）。

图 3 – 1 – 21a　上长岭村将军楼

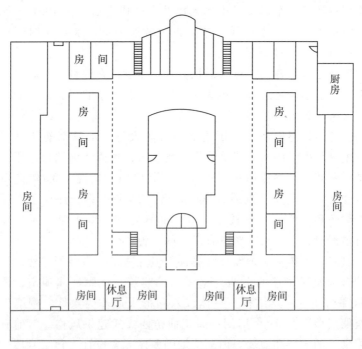

图 3 – 1 – 21b　上长岭村将军楼结构图

屋内许多设施和建材都保存良好，如民国的浴缸、红毛泥墙壁、水磨石等。尤其是水磨石，至今仍保持一定的光泽，可见当时手工打磨得非常仔细，甚至比现在机器打磨得还要薄，十分难得。

该屋同样如其他围龙屋般重视风水，如楼顶有战鼓，正对着远方的神光山，两边本有小石狮围着战鼓，不过小石狮已经遗失，旁边还用五把剑喻为五行，又符合将军身份。

中华人民共和国成立后，慈恩庐先后被改作军需仓库、军营，在兴宁机场筹建时还驻扎过一个团部。1982年李洁之将慈恩庐无偿捐赠给兴宁市人民政府，之后用于兴办光荣院。光荣院搬走后，又被农户租去建起了养鸡场，条件极为恶劣，对该屋损伤也比较大。至2011年，兴宁市一家本地企业介入，对其进行保护性旅游开发，在基本遵循着修旧如旧及保护原有构造的理念下，重新装修和修复，使其成为集宾馆、饭店及娱乐休闲为一体的乡村旅游度假村。

二　上长岭村古民居间脉络

古民居间的脉络，实际上是族人繁衍之脉络。上长岭村最大的刘姓家族在村史上根基深厚，脉络清晰，人口也最多，目前约有1100人，占全村人口近半。其次为李姓人口，约900人，可惜李氏族谱未能记载李姓老屋在历史上的渊源，访谈中村民也大多语焉不详，似老屋主要由外村分支而来，并非像刘姓东升公后裔主要在村内繁衍。因此，为准确起见，这里依据调查情况和族谱记录，仅对刘东升一系古民居做脉络谱系。首先，将刘东升一系详细谱系列出（见图3-1-22）：

附注：

上述谱系图中未显示的宗族成员之长幼、配偶、入嗣等信息如下：

　　刘东升　字旭光
　　（长子）刘嵘字德尚
　　　刘芳标字登甲
　　　　刘□吉
　　　　刘成吉
　　　　刘捷吉
　　　　刘举吉

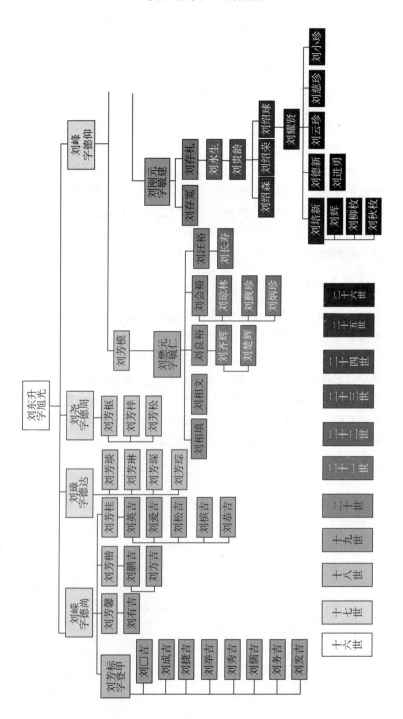

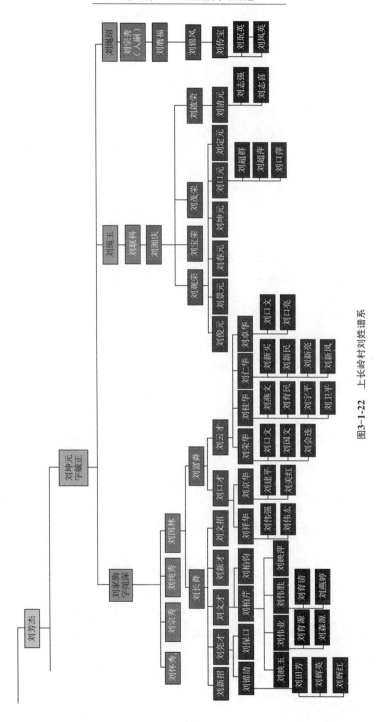

图3-1-22　上长岭村刘姓谱系

刘秀吉

　　刘儒吉

　　刘务吉

　　刘发吉

　刘芳馨

　　刘有吉

　刘芳楷

　　刘鹏吉

　　刘方吉

　刘芳桂

　　刘英吉

　　刘爱吉

　　刘松吉

　　刘槟吉

　　刘恭吉

（二子）刘璋字德达

　刘芳琰

　刘芳琳

　刘芳琛

　刘芳琮

（三子）刘尧字德周

　刘芳枢

　刘芳梓

　刘芳松

（四子）刘峰字德仰配黎氏

　刘芳模

　　刘懋元字毓仁配罗氏

　　刘相填

　　刘相文

　　（三子）刘良裕

　　　刘齐辉

　　　刘楚辉

　　（四子）刘会裕

刘琼林

刘觐珍

刘炳珍

（五子）刘汪裕

刘长寿

刘芳杰

（长子）刘刚元字毓建

刘存宽

刘存札

刘水生

刘贵龄

刘绍森失传

刘绍荣

刘绍球

刘耀贤配曾氏

（长子）刘培新

刘辉

（长女）刘柳枚

（次女）刘秋枚

（次子）刘德新

刘进勇

刘云珍

刘慈珍

刘小珍

（次子）刘坤元字毓正配陈氏

（长子）刘家驹字绳深配罗氏

刘怀秀

刘宗秀

刘纯秀配罗氏

刘国林

刘长犇配李顺招

刘新招

（长子）刘亮才配潘英招

刘锦清配罗华□

刘田芳

刘辉英

刘辉红

刘保□

（次子）刘文才配林惠英

（长子）刘柏芹配陈幼云

（长女）刘映玉配黄剑洪

（长子）刘伟业配何海苑

刘育源

刘森源

（次子）刘伟胜配李爱玲

刘育清

刘燕婷

（次女）刘映萍配□君良

刘柏钧配刘氏

（长子）刘伟强

（次子）刘伟厷

（三子）刘新才

刘文招

刘富粦配黄氏

刘□才配陈元娣

（长子）刘祥华

（次子）刘京华

刘伟平

刘美红

刘云才配饶翠玉

（长子）刘荣华配李各美

刘□文

刘国文

刘会连

（次子）刘桂华配梁六妹

刘燕文

刘育民

刘宇平

刘卫平

刘仁华配梁六妹

刘新买

刘新民

刘新亮

刘新凤

刘卓华配邓永娣

刘□文

刘□亮

（二子）刘绳玉

刘联科配罗氏

刘湘庆配何氏

刘观荣配陈福招

刘俊元（失传）

刘景元（□嗣）

刘春元（未详）

刘坤元（□嗣）

刘□元配陈辉英

（子）刘超群

（女）刘超萍

刘□萍

刘定元（□嗣）

刘宝荣（失传）

刘茂荣（迁广州）

刘啟荣

刘清元

刘志强

刘志喜

（三子）刘绳绍

（入嗣）刘宗秀配罗氏

刘膺福兼怀秀

刘锦凤

　　刘传宝配伍氏

　　　刘银英配陈夜星

　　　刘凤英

　　进一步，根据调查和族谱文献，综合其各房后代的分居情况，可得出上长岭村刘姓老屋之间的关系脉络及其渊源。

　　上长岭村邻村麻岭村留塘下祖屋是该地区刘姓的开基祖屋，一支经由上径高洋寨分出侧桥岭；一支经由新金陵肚围分出大茔顶；一支经由蝠婆形、赖塘背、学堂岭必魁裔至管岭大刘屋，大刘屋开基主为刘开祥，字钦若，被后人称为钦若公，其有二子东升和东启，具体世系如图3－1－23。

　　之后，次子刘东启继承了钦若公创建的大刘屋，而长子刘东升则移居数公里外的上长岭村开基建屋，东升一支的详细谱系可见图3－1－22。

　　刘东升创建四角楼后，其四子除共建五栋楼外，长子德尚和次子德达还在四角楼不远处分别创建长安围和铁场社，其中德尚长子芳标又在长安围（即长二队）西侧新建传经第（即长一队）。德尚四子系的二十四世刘佛应创建了新华楼，故可视为由长安围祖屋分出。详情见图3－1－24。

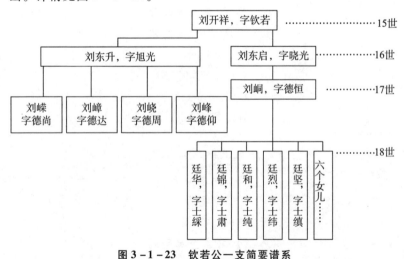

图3－1－23　钦若公一支简要谱系

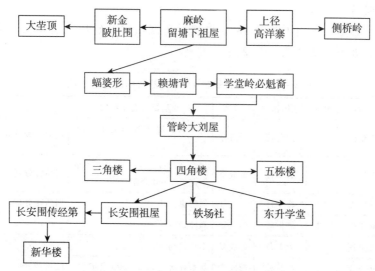

图3-1-24 上长岭村刘姓老屋谱系及渊

由于祖辈参与创建相关老屋，如刘嵘四兄弟合建五栋楼，完成后分四大房，每房二个孙可居住五栋楼这种情况，所以在同一支脉的后辈可能不一定居住在同一个屋，也可住在属于祖上的其他老屋房里。这里根据族谱和调查情况，整理了上长岭村东升系刘姓后辈分居情况（见表3-1-1）。

表3-1-1 上长岭村东升系后辈分居情况

德尚（大房）	德达（二房）	德周（三房）	德仰（四房）
五栋楼	五栋楼	五栋楼	五栋楼
四角楼	铁场社	新华楼	四角楼
新华楼			三角楼
三角楼			
长安围			

二房创建的铁场社人丁特别兴旺，后又陆续建了共计16个屋（分祠），但除了铁长社外，其余都不在上长岭村，主要分布在叶塘镇和新陂镇其他村落，包括：叶塘镇的大夫第、磐安围、朝议第、善庆围（其中磐安围、朝议第、善庆围三者都是从大夫第再次分迁出来的），叶南镇麻岭村的云华楼、云泰楼、利祥围、浩集楼、老

华堂等。

最后，再将上长岭 18 个自然村所属祖屋及姓氏以表格形式列出，如下（见表 3 - 1 - 2）：

表 3 - 1 - 2　上长岭村 18 个自然村的围龙屋情况

自然村	姓氏	老屋名称	堂号	开基祖与老屋年代	备注
四角楼	刘	四角楼	彭成堂	刘东升，康熙晚期完工，300 多年	东升一支总祠
五栋楼	刘	五栋楼	彭成堂	刘东升四位儿子，乾隆二十五年完工，200 余年	四角楼分祠
新华楼	刘	新华楼		刘佛应，70 余年	四角楼分祠
侧桥岭	刘	侧桥岭	彭成堂	刘桂崇？	
大茔顶	刘	大茔顶	彭成堂	不详，约 300 年	
铁长社	刘	铁长社	彭成堂	刘东升次之刘嶂，200 余年	四角楼分祠
三角楼	刘	三角楼	彭成堂	刘东升后人，100 余年	四角楼分祠
长安围	刘	长二队	彭城堂	刘东升长子刘嵘，200 余年	四角楼分祠
长安围	刘	传经第		刘嵘长子刘芳标，200 余年	四角楼分祠
凤合	李	凤和围	世德堂	不详	
岭顶	李	岭顶	世德堂	不详	
振兴店	李	振兴店	世德堂	不详	
枫树下	李	枫树下	世德堂	不详	
逢源当	李	逢源当	世馨堂		
逢源当	李	祥凤围		60 多年	
逢源当	李	中新屋			
秀兴店	李	秀兴店		不详	上塅岭分支
上塅岭	李	下屋	世馨堂	十六世周奎公传入，约 200 年	祖屋
上塅岭	李	上屋	世德堂		
上塅岭		泗盛屋		李洪泗，1941 年建	上塅岭分支
钟排上	钟	永安围	颍川堂	十四世祖伯上公，约 200 年	
乌泥塘	钟	乌泥塘	颍川堂	不详	
海瑾围（海庆围）	熊	海一队	宝善堂	不详，四五百年	熊氏祖祠

自然村	姓氏	老屋名称	堂号	开基祖与老屋年代	备注
海瑾围（海庆围）	熊	海二队	继安居	不详	熊氏祖祠分支
海瑾围（海庆围）	熊	海三队	江陵堂	不详，不晚于乾隆四十一年，200余年	熊氏祖祠分支
海瑾围（海庆围）	熊	社岭上		熊振全，道光年间建，100余年	熊氏祖祠分支

第二节 空间的布局

一 围龙屋的选址

围龙屋从选址到构造上都蕴含着丰富的风水内容，其中选址上体现了更多的共通性风水内容，而构造上，自身特色的风水内涵则展现地更多。

风水又称"堪舆"，《葬书》有道："葬者乘生气也。经曰，气乘风则散，界水则止，古人聚之使不散，行之使有止，故谓之风水。"可见，风水实质上就是藏风聚气，具体说来，就是指"古代人们选择建筑地点时，对气候、地质、地貌、生态、景观等各建筑环境因素的综合评判以及建筑营造中的某些技术和种种禁忌的总概括"。[①] 许多古代民居都会按阴阳、五行、八卦等风水理论选址建屋，一些重要的建筑风水理论已成为普遍观念，如"左有青龙，右有白虎，前有朱雀，后有玄武，为最贵之地"，以及"坐北朝南，负阴抱阳，背山临水"等。

粤赣闽交界地区为山区地带，号称"客都"的梅州更是被形容为"八山一水一分田"，自然环境相对平原地区更加恶劣，同时粤东北地区又紧邻中国的风水重地赣南地区，这使得客家地区非常信风水，乾隆《嘉应州志》有载：

> 葬惑于风水之说，有数十年不葬者。葬数年必启视洗骸，

---

① 程建军、孔尚朴：《风水与建筑》，南昌：江西科学技术出版社，1992，第1页。

贮以瓦罐。至数百年远祖，犹为洗视。或屡经起迁，遗骸残蚀，止余数片，仍转徙不已。甚且听信堪舆，营谋吉穴，侵坟盗葬，构讼兴狱，破产以争尺壤。俗之愚陋，莫丧葬为甚。①

客家地区如此重视风水，必然也会体现在围龙屋建造的每一个步骤之中，因为房屋不仅涉及居住环境，还被认为与后代兴旺有关，是非常受重视的。

在围龙屋的选址上，第一步是"寻龙看脉"，确定龙脉。"龙"即是山，风水说认为，土为龙肉，石为龙骨，水为龙血，草为龙毛，并以此去寻找龙脉，也即山脉。山脉的选择也有学问，并非是任何山脉都行，风水说认为不合适的山有以下几种：一是"童山"，即寸草不生的秃山；二是"断山"，山脊中断容易泄气；三是"石山"，因为"生气"孕育在土中而非石中；四是"独山"，因为群山才能聚气；五是"过山"，是指无法聚气的山。所以，许多围龙屋大多背山在群山脚下，山势高大、植被茂盛，如果左右还有小山以环抱之状作为主山的护卫则更佳，左侧称"龙砂"，右侧称"虎砂"，形成背山面水左右围护的格局。②

在兴宁地区，大家所倚的均是当地的名山神光山，该山距兴宁城区约三公里，林木参天，曲径通幽，山势横亘，山壁峭立，形如展旗，状若挂榜，又称"挂榜山"。上长岭村也是如此，建造围龙屋时一般都会将神光山确定为龙脉。

第二步是确定龙穴，也即围龙屋基址的中心点。这个点一般位于山脚下的坡地，出阴接阳，意为龙脉引入处。定好龙穴后，再划定建屋的范围大小，以便最终确定看山取门。房屋大门应朝着主山脉的中线，如果只有一座山，那么就朝向山峰，如果有两座山，那么就朝向两座山之间的山谷，如果有三座山，则朝中间那座山的山峰。但是随着人口的膨胀，大屋的增多，不可能每座屋都能对准中意的山脉，甚至看不见山，这种情况下，就需要人为造山，即确定

---

① （清）王之正纂修《嘉应州志》，乾隆十五年版，见倪俊明主编《广东省立中山图书馆藏稀见方志丛刊》第 34~35 册，北京：国家图书馆出版社，2011，第 161~162 页。

② 不过由于人口增多，以及为了交通便利，也有许多围龙屋无山可依，建造在平坦的田地之上。

"假山"。另外，选址时还需注意附近是否有路等情况，以防冲煞，若在路边就不宜建房，正对来路更不许建。

第三步是"观水口"。风水中的水最重要的是水口，所谓"入山寻水口"就是指此。风水上认为水来之处为天门，如果不见来水便谓之天门开，水之去处为地户，不见去水则谓之地户闭，所以来水和去水是非常重要的，也通称为活水。水流进出之地为水口，来水须水流宽阔平缓，意味着天门开阔财源广进，去水宜弯曲收缩，意味着地户闭藏财源不漏，用之不竭。这种类型的流水又被称为"腰带水"，被认为有旺财之意。因此，围龙屋也会尽量在被称为"腰带水"的弯曲水流前建房，所谓"来要之玄，去要屈曲，横要弯抱，流要平缓，潴要澄清"，① 这类水流便视为吉利之水。不过，如果受地形所限，屋址附近无水流，也可以井为水源，引入水塘，但一定要保证是活水，能够使水流走。

在上长岭村，曾经有一条河流经村落，现已干涸，均被农田覆盖，无法觉察。但据村民告知，他们曾在农田上打井，地下泥沙淤积极厚，可知当年也曾是一条水流不小的河，应该是诸老屋水流的来源。

另外，围龙屋的朝向也非常重要。通常的建筑朝向都是坐北朝南、负阴抱阳，这也是被实践证明的人体最舒适的朝向。不过，就围龙屋来说，风水术会结合龙脉、水流走向、村落格局、房屋五行及屋主人的"生辰八字"等情况来综合确定朝向。如果当中有任何情况与风水发生冲突时，都需要以风水为准，因而在实际考察中许多围龙屋的朝向并不是坐北朝南，如上长岭村的围龙屋，正南北朝向的很少，而是每个老屋的朝向都由具体情况确定，或多或少有些不同。

二 围龙屋空间的布局

围龙屋的空间共由四部分组成，笔者将其分为核心空间、特色空间、附属空间和连接空间（见图 3 - 2 - 1）。

1. 核心空间

围龙屋的核心空间由堂屋和横屋构成，这也是围龙屋的主体

---

① 高有谦：《中国风水文化》，北京：团结出版社，2004，第 193 页。

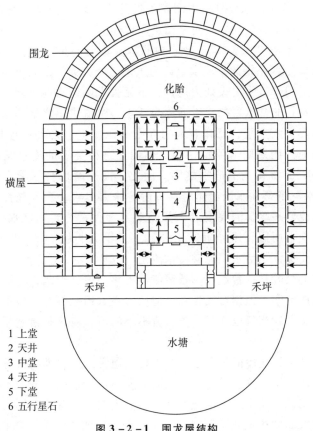

1 上堂
2 天井
3 中堂
4 天井
5 下堂
6 五行星石

图 3 - 2 - 1　围龙屋结构

部分。

　　1）堂屋

　　堂屋位于围龙屋的中轴线上，是其主体建筑，俗称为"正身"或"正堂屋"。正门通常向南开，内进为正厅，通常有两进或者三进（也有单进结构），两进者被称为上堂和下堂，[①] 三进者则是上堂、中堂和下堂，房室分配两侧。各堂之间以天井相连，以三堂为例，如其下堂为门厅，则三堂间设有两天井，称为"三堂两天井"；有些围龙屋在进入正屋大门处设有天井，经过天井再进入下堂，则称为"三堂三天井"。

----

　　①　客家人一般习惯用方言称为厅下，分为上厅、中厅和下厅。

上堂是供奉祖先之地，祖宗灵位安设于此，家祭时也常行礼于此，故又称为"祖堂"，是围龙屋最肃穆的地方，也是礼制中心所在（见图3-2-2）。据民国十六年《罗氏族谱》记载："上堂，其

图3-2-2　上长岭村大茔顶　上堂

中设木龛以敬历代祖先神主，故通称祖堂，以牲牢享其先人，均在于此。"上长岭村围龙屋亦是如此（见图3-2-3），四角楼上堂神龛处摆放了刘氏祖牌，正中一块上书"刘氏始历代高曾祖考妣之神位"，右边一块上书"十二世祖祖：考 清康熙辛卯可经魁 讳 东升字旭光刘公；妣 李太夫人 之神位"。"考"为去世的父亲，"妣"为去世的母亲，这两块牌分别是刘姓历代祖先及纪念父母东升公及夫人的灵位。

上堂祖宗神龛之下是龙穴处，也即本宅龙神伯公之位，这里涉及神灵崇拜，会在后文详述。

除此之外，有些家族也将老人间置于上堂正间中，"凡男妇年老病，至弥留时，其子孙即抬于是，以俟其终"，以示郑重。[①] 在上堂两侧，设有南北厅，还有数间堂屋，一般为尊辈所居。

在上堂厅顶部，往往会吊一盏大花灯（见图3-2-2），此为

---

① 在上堂安置的死者必须符合一些"规矩"，如死者必须在临终断气之前抬至上堂，必须是正常死亡等。

图 3 - 2 - 3　上长岭村四角楼　祖牌

粤东北客家人之习俗，表示财丁兴旺，由屋中生男丁户出资购买。一般于大年初八迎进来，沿路会有隆重的仪式，诸如舞龙、舞狮等迎进上堂。此灯或放置一年，待第二年被新灯替换下来，可能会被拆分给同族各家，也可能烧掉，即"暖灯"。

上堂之下即为"中堂"（见图 3 - 2 - 4），它位居全屋之中心，规模也最大，面阔一般有 20 ~ 25 米，进深可达 8 米以上，故厅和两侧房室都较其他堂要大。屋中人若有大喜庆事，行礼宴客，均在于此。两侧厅房，为一家之长居住的地方，或长子嫡孙所住，房门均开向天井，不能开在厅堂里，上堂与下堂的堂屋亦是如此，故中堂堂屋与上下堂堂屋门相对而设。

由于厅大，平时也会放大件农具公物等。有些围龙屋在大厅两边的前部会放置观音等神供朝拜，朝拜处上方会挂一盏小花灯。另外，当家族中有男婴出生时，也会在大厅中间上部挂花灯以表庆贺，花灯数量跟男婴出生数量对应，但上长岭村的围龙屋大多无论出生几名男婴都只吊一盏花灯。

中堂之下则进入下堂，它一般面积较小，主要供出入大门用（见图 3 - 2 - 5），其两侧常设有花厅。据《罗氏族谱》记载："两花厅者多在下堂，房间相连之左右；四花厅者，中堂、下堂之左右，均有之，此为屋人应酬宾客之所，故屋中房间可分私有，而花

图 3 - 2 - 4　上长岭村大莹顶　中堂

厅必归于众。厅中有通透房间及卷屏与否，因屋而定。"①现今，有些围龙屋把花厅的外墙部分辟开一扇门，这样就直接可从外面不经大门而进入花厅了，这种情况下该围龙屋的花厅往往会比较热闹。

　　下堂之外就是大门，有些有屏门为障，以免从外直入正堂，须自屏门两侧小门出入方可，但也有很多屏门仅作装饰，仍然可以从此直入。此外，许多围龙屋的大门为斜门，不与外墙在平行线上，而是与外墙形成一个角度，这是求风水之意，往往是为了对准远方山峰。

　　堂屋是围龙屋空间的中心所在，各堂均有明确分工，尤其是上堂，为祖宗灵位和诸神祭拜之处，是围龙屋的精神空间，相对庄严肃穆，所以对堂屋的设计布局也是最为重视，背后反映的是宗族观念。如上文提到围龙屋的堂屋变化，虽大多为三堂，但其实从两堂至九堂都有，可无论有几个堂屋，一定会保留上堂和下堂。下堂是大屋的出入口，为客观上不可缺少的现实性需求存在，而上堂则完全是基于精神需求，是客家人慎终追远、崇祖敬宗思想的反映。也因此，堂屋在规格构造上尺寸不一，如上堂一定在各个堂屋的最深处，形成纵深感并衍生出神圣感，同时，由下堂至上堂，每堂高度要递增约 4 寸，当然，其中也包含了进屋的过程中体现人往高处

---

①　《兴宁东门罗氏族谱》卷八《礼俗》；罗香林：《客家研究导论》（据希山书藏1933 年版影印），上海：上海文艺出版社，1992，第 180 页。

图3-2-5 上长岭村四角楼 下堂（出门方向）

走、步步高升的吉祥寓意。另外，中堂与上堂之间也不能直线穿行，必须绕道从天井两边经过，即使碰到群体性的大型祭祖活动，也只是在上堂前的天井内临时搭上木板填平天井，待活动结束后即恢复原状；而下堂与中堂间虽然同样在中轴线上，有天井分隔，却可以在天井中间设置通道，方便行走（如图3-2-5），可见堂屋之间在布局设计上的内涵。

值得一提的是，关于围龙屋的布局，一般说法是以上堂祖宗神龛下的龙穴为中心点，但在对上长岭村围龙屋的考察中，笔者发现刘氏祖屋四角楼布局并非以上堂龙穴为中心点设计，而是以中堂为中心点设计（见图3-1-4的四角楼原始设计图板），从八卦风水角度出发对围龙屋进行布局，这与传统礼制下的布局观念不一致。据《礼记·曲礼下》记载："君子将营宫室，宗庙为先，厩库为次，居室为后。凡家造，祭器为先，牺赋为次，养器为后。"从这种不同似乎可以看出围龙屋在构筑上更加重视风水意识，也让我们重新审视以龙穴为中心布局的传统说法。

2）横屋

在堂屋的两侧，隔一长巷是横屋，这也是围龙屋的主要居住空间，也即私有空间，晚辈多住于此。①横屋由若干个独立不相通的房间组成，少者有七八间，多者有十余间，均面向堂屋并列成排，前后走向，长度与正堂间深度相等，称为"横屋间"。由于客家重视人口繁衍，人口压力大，房间容易紧缺，故横屋间一般都较小，多见10平方米以下，往往放了一张床后就没有多少空间了。更糟糕的是，房间光线严重不足，较大窗口只有近门处一个，屋内的后窗很小，所以白天从外面看进去房间很黑，从居住角度来看，横屋间的舒适度还是较差的，这也是现今屋内后人只要经济条件许可，大多选择搬离的原因之一。

横屋的数量不是固定的，每一排横屋简称为一横或一排，由于围龙屋是依中轴线的对称结构，故横屋排数都是双数，少者两横，多者八横，不过一般为四横，也即每边各两横，根据其靠近堂屋位置的远近，又可细分为"内排横屋"和"外排横屋"，靠近堂屋的为"内排横屋"。在横屋两边最外围的横屋，一般是无人居住、专门服务于农业生产的房屋，如牛棚、草屋、柴屋、灰屋等。在有人居住的每排横屋中，都设有横屋厅，作为款待宾客及憩息之所或用来放置公共物件。此厅无固定位置，通常多设于一排横屋正中，厅与天井也随之增减，因此，客家地区常有"十厅九井""九厅十八井"等大屋。

横屋是可以扩建的，这也是围龙屋结构的开放性所在，不像土楼、围屋等建筑，外围已固定，规模也是一定的，超过房屋承载力的人口只能离开。围龙屋理论上是无限的，因为它的横屋可以一排排从两边向外扩展，只要有足够的空间。所以，横屋排数越多，就说明围龙屋的规模越大，如丙村仁厚温公祠就有八横，是远近闻名的大型围龙。上长岭村围龙屋的横屋排数并不多，一般多见四横，但规模已不小。因此，围龙屋的施工期很长，由于规模大，本身建好一座围龙屋就需要数年时间，再加之若干年后往往会继续扩充，所以，等到基本定型有的围龙屋需要数十年。

---

① 但有时也会辟出一两间作为厨房。据《罗氏族谱》记载："浴室（与）厨房：初造时常以花厅附近，择其地，为特别之浴室，左右横屋之余内选出一二间为合适之厨房，及后丁口浩繁，各择便当房间为之，不能限于一处。"［罗香林：《客家研究导论》（据希山书藏1933年版影印），上海：上海文艺出版社，1992，第182页］。

总之，横屋与堂屋是围龙屋的主要组成部分，它们的组合是直接决定围龙屋规模的重要因素之一。比如堂屋有两堂或者三堂，横屋按排数可分两横、四横或六横等，那么合起来就是"两堂两横"、"两堂四横"、"三堂四横"或"三堂六横"等，这些都是可以根据需要变化的。

2. 特色空间

围龙屋的特色空间是围龙和化胎，这是辨识围龙屋的标志，围龙屋也以此得名。

1) 围龙（间）

围龙或围龙间，又称围屋，但这与赣南的围屋无关，它是指围龙屋的后部成半圆形的房屋，两端与横屋相接，拱卫于上堂之后，故名（见图3-2-6）。一般至少有一围，多者数围，最多有见七围，围屋层数多少视横屋列数而定。原则上每两排横屋即堂屋左右各一排，接一条围龙，横屋排数越多，则围龙层数越多，但往往由于地形或周边建筑限制，很难完全成正比，所以许多围龙屋的围龙层数会少于对应后的横屋列数。每层围龙有房间十数间至四十余间不等，开门方向均对着正堂，内层的围龙一般比外层的围龙房间数要少，通常作居住用，也可作厨房或杂间用。

图3-2-6 上长岭村四角楼 围龙与化胎

由于围龙屋尽量造在坡地上，核心空间的堂屋和横屋往往紧靠山坡，所以向后延伸的围屋就在山坡上，随着地势升高一层层的围屋也越来越高，最外一层的围屋则是整个围龙屋的制高点，正中一间房为"龙厅"，是祭神用的神圣之地，属于屋内之人公有，房间大而方正，而其他每个房间都较小，型制一致，屋门亦是如此，显示出地位不同。

2）化胎

由于堂、横屋呈矩形，并在水平方向展开，而两头连接横屋的围龙又是处于山坡上的半圆状，所以围龙和横屋之间就形成了一个前低后高的落差，填补这个落差的是一块龟背状空地，被称为"化胎"，俗称"花胎""花头""花头脑"等，这也是围龙屋最有特色的地方（见图3-2-6）。这就是说，实际上整个围龙屋的地形剖面是由堂、横屋的平面与围龙、化胎的斜面组合而成，整体上并非平面。

化胎通常铺上砖或卵石，用来排水及防滑，也有一些化胎表面采用泥灰与砖石结合的方式，即两边用泥灰铺，对应龙厅和祖堂正中的中间部分用砖石铺。

化胎也具有一定的实用功能，可作为生活空间如晾晒衣物甚至放养禽畜等。但由于地形为球面，从实用性来讲远不如平面的功能性好，所以它的形式意义大于功能意义，主要表达的是风水意义，具体而言是生殖崇拜。

3. 附属空间

围龙屋的附属空间是禾坪、水塘和风水林，均位于围龙屋本体建筑之外，但又是构成围龙屋建筑不可分割的组成部分。

1）禾坪

围龙屋大门口前的禾坪，又名"晒坪"，也称"阳埕"或"地堂"（见图3-2-7）。《罗氏族谱》有记载："大门户门以外，划地为长方形，砌以碎石，铺以灰砂，撮为平地。收获时，于此打稻晒谷，俗呼为禾坪。"事实上，禾坪不仅是晒谷场所，也是围龙屋的大型活动空间和公共场所，如在重大活动时可以舞狮耍灯，庆典时也可以设宴，这与其他地区普通民居门口的院落功能类似。当然，它最常用的功能还是进出围龙屋的通道场所，故其长度与围龙屋正面长度大致相等，宽度为数米至十米左右，整体呈长方形。

图 3 - 2 - 7　上长岭村大茔顶　禾坪与月池

2）池塘

禾坪之外还会有一个水塘，大约1米深，或是利用较低的地势筑土围成水塘，或是"划地若干亩，撮为深池，以供洗濯，并蓄鱼类，俗呼为'门口塘'"，又被称为"月池"（见图3-2-7）。月池一般呈半圆形，也即一边直，一边弧，直的那一边与禾坪相接，长度基本相等，故围龙屋规模越大，月池越大。此外，在禾坪和月池的连接处，往往还会砌起一堵墙埂，少数为照墙，这样不仅在禾坪上活动更安全，而且也有防冲煞和防邪的风水意义。

从围龙屋的整体结构看，这个水塘并不是房屋建筑本身的必要构造，却是围龙屋不可少的组成部分，每个围龙屋都一定有水塘的空间。

首先，池塘有聚财的含义。水在风水里面地位非常重要，所谓"风水之法，得水为上"，而水又往往与财联系起来，又所谓"山主贵，水主富。水浅处，民多贫；水聚处，民多稠；水散处，民多离；水深处，民多富"。正是因为人们认为只有水才能够聚藏生气招来福祉，围龙屋在设计中将化胎和屋檐等流下的雨水汇聚在沟渠内，分别从两边流进水塘，聚财的做法非常形象。所以客家围龙屋在设计中不仅重视水塘的布局，还保证其为活水，在水塘下分别有来水和走水的通道，确保水是流动的。在考察中，除了已废弃淤塞的水塘，尚未见过无活水设计的水塘。当然，如果没有该设计，则水塘变为死水一潭，会变质发臭，影响生活，更遑论风水上的企盼了。

其次，池塘与化胎共同构成了阴阳关系。阴阳在风水中一向备受重视，俗话道："风水人间不可无，全凭阴阳两相扶。"阴与阳是一对矛盾的概念，《周易·系辞传》曰："一阴一阳谓之道"，它的核心意思是天地间化生万物的二气，既对立又运动。由此，我们可以认为这两者也是象征了阴阳的构造，池塘象征阴，化胎象征阳。那么，从阴阳角度出发，这两个半圆在围龙屋的构造中就缺一不可了，阴阳与"生"密切关联，所谓"天地间都赋阴阳二气所生"，"生"气代表着生殖和繁衍，这也是围龙屋风水的终极目的。

最后，池塘可能还象征着泮池。泮池一般为设于学宫大成门正前方的半圆形水池，在科举时代，它成为"孔泽流长"的象征，是地方官学的代表，所以中举人也称"入泮"或"进泮"。

围龙屋的水塘形状与泮池极其相似，事实上，客家人始终有强烈的"耕读传家"理想，在客家族谱中，也有大量子弟"入泮"的记载，如有考取功名者，则会在水塘边竖立杆石。据统计，"粤东北境内的客家诸县，明代共考出进士 67 名，举人 654 名，而到了清代，进士已有 187 名，举人更是增至 1278 名，差不多比明代翻了一番"①。因此，把水塘同时也理解成泮池的象征是并不为过的。

3）风水林

围龙之外还有一个常见的附属空间是风水林，这在围龙屋后部的山坡上，又称为"伸手"，同样不在围龙屋本身的建筑之内。屋后种植了许多乔木和凤尾竹，由于雨水丰沛、气候适宜，它们往往都生长得很茂密，郁郁葱葱。这片树林既有实用功能，也有风水意义：实用功能上，由于整个围龙屋的后部高于前部，所以在山坡上植林既可以抵挡冬天大风的袭击，也可以在雨季防止水土流失，既在审美感观上令人舒畅，又遮挡住围龙后山，以免被一览无余，增加安全感；风水观念上客家人认为植树可以保护龙脉，这也是"风水林"名称的由来。

---

①　王东：《社会结构与客家人教育》，武汉：湖北教育出版社，2001，第 127 页。

4. 连接空间

围龙屋的连接空间是天井、斗门和通道。

1）天井

天井不同于院子，是屋内四面由房间或围墙围合时中间形成的露天空地，因面积较小，光线在周边高墙围堵下显得较暗，仰望屋外状如深井，故名（见图 3 - 2 - 1）。又由于天井会较周边地面沿阶陷下去二三十厘米，其上方的屋顶不覆瓦，能受天阳，故又称天池，客家话又称"天阶"。天井下陷的内壁设有排水管口，往往设计成古钱状。天井两侧上方屋檐常盖瓦顶，成为全屋各房室厅堂间的交通廊道。此外，天井还是屋内采光的主要来源，所以，屋内窗户都会尽量开向天井。

2）斗门

不少围龙屋将左右外围的横屋向水塘方向延伸一段距离，大约是禾坪的宽度，设有斗门，这样相当于将禾坪围成了一个院落，左右斗门变成了出入整个围龙屋的大门，犹如太师椅的扶手。斗门事实上将围龙屋封闭起来，但从早期的明代围龙屋看，斗门虽然也存在，但由于横屋之间是开放性的，并无围墙连接封闭，故斗门客观上只是封闭了禾坪而已。进入清代后，围龙屋封闭性越来越强，防御性也渐渐增强，斗门形成了对围龙屋的围合功能。

3）通道

围龙屋各个室内空间由过道连接，将全屋联结成完整一体。在堂屋与各排横屋间，以及各条围龙之间，设有狭窄通道一直贯通，仅能供一人通过，一直可从堂屋穿越到最外排的横屋，或从第一条围龙穿越到最外一条围龙，最终将整个围龙屋以放射状的结构串联起来。堂横屋间这样的通道一般会有两条，在上堂与中堂间以及中堂与下堂间。有的通道甚至还会设有一个转角，防止直进直出，这显然也是风水要求。

围龙屋通道中另一个主要的连接空间是天街（见图 3 - 2 - 8），它是堂屋与横屋之间或两排横屋间较宽阔的露天通道，其结构又似天井，故名称颇为形象。在一些围龙屋里，此处有两个小天井，因此实际上也可以认为把横屋之间的天井全部连起来，就演变成天街了。值得一提的是，靠近堂屋的天街虽然对着化胎，但不能由此进入化胎，因为只有横屋的避雨廊处才能和化胎通道连接，以保持化胎型制的完整。

图 3 - 2 - 8 上长岭村五栋楼 天街

另外，还有一些过道被细分，如骑马廊，位于横屋与正堂屋之间，或化胎与横屋之间，又称为过道廊；后廊，后栋正屋与横屋最后二三间房位相对之处，上起横栋，其下为廊，俗称为塞督廊（见图 3 - 2 - 9）；伸手廊，即斗门之廊。[①]

图 3 - 2 - 9 上长岭村祥凤围 后廊

① 《兴宁东门罗氏族谱》卷八《礼俗》；罗香林：《客家研究导论》（据希山书藏 1933 年版影印），上海：上海文艺出版社，1992，第 180 页。

中华人民共和国成立后，围龙屋不再建造，空间布局和型制由此确定，但随着人口渐多，老屋越来越拥挤，空间规模是否存在扩大的可能性呢？比如改革开放前少数老屋会加建横屋或围龙以解决人口增多问题，改革开放后，收入增加，政策放宽，人们为了改善居住环境及解决人口压力，开始大量建造新屋。改革开放后的这些新屋并不是围龙屋，都是小家庭居住的小楼房，然而有特色的是，这些新屋在地形条件允许的情况下，很多会一栋栋地并排成半圆形，继续按照围龙的型制围绕着老屋，形成新的"围龙"，向外延展开来。于是，有意思的景象出现了，一座传统夯土围龙屋的最后面，可能会增加一两层（排）新围龙，它们均由一座座使用新式建筑材料建造的小洋楼连接而成。那么，这种新围龙是否也属于围龙屋的一部分，属于围龙屋空间规模的扩大呢？

从围龙屋的型制上看，围龙屋的特征本来就是开放式的，横屋和围屋可以不断向外扩展，所以一座围龙屋可能要建几十年甚至更长时间，理论上，如果没有地形及房屋可承载人口数量的限制，它可以一直扩建下去。按照这个逻辑，中华人民共和国成立后新加建的围龙也应该被纳入老屋的结构当中，成为老屋空间的一部分。

当然，我们也可以反驳它，因为新建的小洋楼无论是在型制还是材料上都与老屋的围龙相去甚远，所以不能成为老屋的新增部分。但问题是技术总是进步的，一座清中期之前的围龙屋在晚清维修时往往会使用当时的新材料——石材，如将中堂的木柱改为石柱的现象很普遍，民国时候的维修又往往会使用一些砖，而且在晚清新建的围龙屋，很多在型制上发生了不少变化，比如围龙增高到两层楼，增多了走马楼和枕杠等，因此，如果将材料和型制的变化作为标准的话，那为什么中华人民共和国成立前的改建都承认，而中华人民共和国成立后的增建不承认呢？更何况，在中华人民共和国成立初至改革开放前，少数围龙屋仍是用传统的夯土技术增建，无论是型制还是材料在外观上都非常接近老屋，如果是在中华人民共和国成立前建，可能也就是提前十年，作为围龙屋的一部分就毋庸置疑了。

从时间上考虑，文物评定以前多以1911年为下限，现在基本改为1949年，也就是说，随着时间的流逝，文物的下限会不断下移，现在的新增围龙在不久的将来也会成为历史建筑，那么，彼时是否就能被纳入老屋结构之中呢？

笔者认为，中华人民共和国成立后新建的围龙或横屋，无论材料和型制是否相似，都不再属于围龙屋了。因为围龙屋是一个历史性产物，它背后反映的是宗族制度和社会结构，中华人民共和国成立后，社会发生了根本变化，围龙屋的空间走向衰落，因而从这个意义上讲，围龙屋永远不会再扩展其空间规模甚至改变其空间布局了。结语部分会再对此展开论述。

第三节 空间的建造

一 墙体

墙和木架构是围龙屋建筑构造的两大组成部分，围龙屋是否坚固，能否经得起岁月的洗礼，主要由这两部分决定，其中墙在某种意义上更为重要。因为木架构虽然工艺更高超，但若质量存在问题，会立即显现，故一般木架构完工之后，除了杉木柱经过百年以上可能出现的部分损坏，极少见因技术原因而坍塌的。墙则不然，虽然其工艺相对简单，却与工匠的态度、技术及屋主的财力等有直接关系，如果墙基做得不牢固、夯筑时间不够或不扎实，短时间并看不出，但数十年上百年就会暴露出问题，这就是为什么有的围龙屋墙体历经数百年仍非常坚固，而有的围龙屋才百余年甚至数十年便开始大面积坍塌。

做墙体前首先需先打地基。据维修过本村多座围龙屋的上墩岭世德堂李晋叶老人介绍，地基一般深40厘米左右，但并没有一个统一标准，要看建屋者的经济条件。再者，地基的深度还要看土质，土质好的也不需要太深，土质不好就要挖深一些。

其后再做墙基。围龙屋墙基一般用石头砌筑，大约一米高，受风雨面的墙会特别加固，以保护墙基。墙面一般为实墙面，不开窗或开小窗，基本无大窗。最后，在墙基之上再做夯土墙，俗称"行墙"，多为版筑，也有泥砖砌成（见图3-3-1）。

不论是夯土墙还是泥砖墙，主要都由三合土构成，即用黄泥、石灰和砂共同搅拌而成，一般比例为1:1:2。[1]《清官式石桥做法》

---

[1] 据梅县雁洋镇松坪村的木匠师傅李俊达称，黄泥、石灰和砂的比例是1:3:6。

中也曾对此做说明：

> 灰土即石灰与黄土之混合，或谓三合土……按四六掺合，石灰四成，黄土六成。[1]

这里黄土与石灰比例与前述差别不大，可为印证。

在三合土中，黄泥自然是基础材料，来自地面表层以下的田泥，黏性较好，不容易碎裂。石灰则是重要材料，必须将其置于三合土中搅拌多次，放置一段时间才能用。这是为了让石灰多浸泡些时间，如果石灰浸入的时间短，三合土里面就会有石灰粒，容易起泡，日后施在墙上则会鼓出气泡，这类瑕疵严重的话会影响墙体的坚固性。

图 3 - 3 - 1   上长岭村钟排上   墙体

此外，许多房屋还会掺入大量稻秆、竹条等，拌好后让牛将其踩匀，以增加夯土间张力，使墙壁坚固（见图 3 - 3 - 1）。据说部分有雄厚财力家庭的围龙屋，其墙体还会掺加黄糖和糯米浆，将糯米煲到粥状，增加墙体黏性，如此则不容易开裂，即使历经风雨致墙体里面部分露出，整体都不会坍塌，这也是许多围龙屋能屹立数百年不倒的重要原因之一。[2]

夯土墙多为版筑，即按照预计墙体厚度，两边置放尺寸一致的木板，一般情况下每块板约长 3 米、高 0.4 米或 0.5 米（也即一层的高度），两块木板间距 0.2 米。木板四个角都有光滑的柱子串通加以固定，突出木板的柱子外用插销拴上，内填三合土，然后人站

---

① 《清官式石桥做法》，《中国营造学社汇刊》1941 年第 5 卷第 4 期，第 101 页。
② 在调研过程中笔者曾了解到，由于有些围龙屋墙体含有少量糯米浆，以前在生活极为困苦时，曾有饥饿民众挖这类墙土果腹。

在上面，用工具大力夯实，如此一层层捣锤而成。

薄的土墙需要两个人夯，厚的土墙则要四个人同时夯，用力均匀，夯完脱板后，再将土墙内外两面用拍子修平拍实，如有不平则继续用木板修补。为了保证墙体坚固性，一般每人每日捣锤泥板的工作量都有限制，一天只做两三块泥板，以保证泥板夯实牢固，以及能得到充分晾晒。晾干需要一周左右，时间更长效果就更好，这样墙体日后就不怕雨水侵袭。因此，要建筑一座大屋，至少需要几年的时间。夯筑墙体之后，还需在墙面抹灰和压浆，之后再用软尺打磨光面，一般会磨多次，有凹或凸的地方分别要补上或刮掉，最后完成抹干工序，如此摸上去砂不会棘手，抚之光滑舒适。此外，在墙角转弯处还会横置木头于内墙，约 30 厘米高便垒一整条大木，以加强墙壁转角处的张力。这样精工细作之下的墙壁非常坚实，据说在一些尤为坚固的老屋，在墙上钉都很难钉进去；使用寿命也长，如兴宁上长岭村四角楼，墙壁三百多年了，还完好无损。所以围龙屋的墙壁即使历经数百年风吹雨打，墙体也不容易损坏，即使出现损毁，也往往是整个老屋最后破败的部分。

二　屋顶与大型木架构

围龙屋顶为"人"字坡形，瓦面的倾角约 30 度，经验证明这个坡度既不容易"溜瓦"，也不容易从瓦缝倒灌雨水。屋面的最顶部为屋脊，也是屋面最需加固之处，故需砌栋，用瓦做骨，外抹石灰砂浆。这样即使石灰开裂，还有一层瓦可以防水。在屋脊上，往往会放置许多瓦片，称为"子孙瓦"，寓意子孙满堂，像瓦片一样层层叠叠，这也是客家人最重要的共识性期盼之一。当然，它也有实用性，碰到屋面在风吹雨打中损毁掉落部分瓦片的情况，这些子孙瓦可以立即作为备用瓦补上，以免房屋漏水，不过，其主要作用还是展示"子孙满堂"之寓意（见图 3 - 3 - 2）。

屋脊之下是屋面，构建之初是架檩钉椽。椽子一律是头向上，尾向下，数量上往往是"檩单椽双"，檩数一般为九檩左右。在围龙屋的椽上，未置望板，而是直接铺青瓦，俗称"百子瓦"，取百子千孙之意。椽间距一般是六寸或七寸，恰好是搁置一块瓦的宽度，这样可在两椽之间将瓦成"凹"形仰放，此为"阳瓦"。然后再在两列并排放置的阳瓦上，覆一层"凸"形放置的瓦，此又称为

图 3 - 3 - 2　上长岭村铁场社　天井处屋面

"阴瓦"，这样阴阳瓦互相结合，可避免雨水的渗入。

屋顶瓦片的顺序也有一定讲究，要求每片瓦都从屋脊至屋檐的方向依次叠放，瓦间距为一寸，即所谓的"寸瓦"。[①] 在接近檐口位置的数片瓦片会有些翘起，这是为了避免瓦片在风吹雨打中下滑导致"溜瓦"。在瓦片的末端，会置有瓦当，用来挡住屋顶坡面瓦的下滑，同样具有防"溜瓦"功用。围龙屋的瓦当一般呈扇形，客家人又称为"瓦嘴"，瓦当用石灰砂浆固定。

围龙屋在一些视觉可及的重要瓦檐位置，如堂屋内天井四周，大门口的屋檐瓦面，以及上堂后化胎前的瓦檐下等，往往会置有滴水瓦（见图 3 - 3 - 2）。一方面它具有一些实用功能，如有利于屋面的排水，水一行一行地往下流，在瓦檐处不会串行，形成水帘落地。另一方面它还具有装饰功用，如不少滴水瓦表面会有一些吉祥纹样，并施绿色釉面。在屋檐一排滴水瓦后面，还会有一条长木板，作遮掩椽头之用，俗称"裹口"，它有助于防止回水而伤害椽板。

---

① 谷仓房顶瓦间距为一分，即为"分瓦"。

　　此外，围龙屋的屋顶高低也有不同，蕴含风水之意。房屋左边也即左横屋或者围屋的左半部分可以建得比右边高，意味着左青龙右白虎，所谓"青虎可以高万丈，白虎不可以高一拳"。关于横屋与堂屋间的高度关系，以兴宁上长岭村大茔顶为例，一般横屋屋顶高度应高于堂屋，因为堂屋为围龙屋的中心，类似"主家"，横屋的重要性次之，居住人口的辈分也较低，类似"坐家"，那么横屋做的高，就对"主家"好，反之，则对"主家"不好。因此，通常情况下，第一横的横屋屋顶高度要比堂屋屋顶高 4 寸，第二横的又要比第一横的高 4 寸。同时，堂屋间的高度也因各堂重要性不同而有所不同，下堂、中堂和上堂屋顶依次升高，各堂之间距差也是约 4 寸，也寓"人往高处走，水往低处流"之意。

　　一般在中堂屋顶下，安有大型木架构。[①] 在中国古建筑中，木构架可分为穿斗式、抬梁式（或称叠梁式、架梁式）与井干式三大类，其中井干式比较少，穿斗式和抬梁式多见。客家围龙屋木架构的特色就在于，它并不能完全归为上述任何一类。

　　抬梁式是中国古代建筑木构架的主要形式，至迟在春秋时代就已经初步完善了。它由柱、梁、檩、枋四大类基本构件组构成，在官式和北方民间建筑中使用较多。首先沿进深方向在前后柱础上立柱，其上竖梁，梁上再架短柱或木块，然后再抬梁，最上层梁中间立小柱或三角撑，形成三角形屋架。这些梁逐层缩短，梁的两端及最上层梁背部的脊爪柱直接承负着数根檩，檩上再承重椽子和屋面。简言之，立柱上架梁，梁上又抬梁。

　　由抬梁结构方式建造的房屋，构架开敞稳重，受力合理，牢固耐用，具有进深大、面阔大、立柱少、空间使用率高的优点。同时，由于梁跨度较大，结构较为复杂，其木构架造型在较宽阔的室内空间里显得气势宏伟，尤其适合殿堂建筑。不过，抬梁式也存在一些缺点，用柱较少致柱受力较大，消耗大材较多，且结构复杂，对木料的加工和施工都要求较高。

　　穿斗式，又称立帖式，南方建筑的主要构架形式，至迟在汉代就已成熟。这种架构没有梁，而是以柱直接承檩。穿斗式是一种轻型构架，建造时先在地面上拼装成整体屋架，再竖立起来，使之成

----

　　① 也有极少围龙屋在下堂就使用大型木构架，如梅县新联村棣华居。

为一个完整整体。再沿房屋进深方向，按檩数立一排柱，由于檩距一般在 1 米以内，故柱也相应较密，同时柱径也略小，一般为 20~30 厘米；每柱上架一檩，檩上布椽，椽上直接铺瓦，不加望板、望砖，整个结构不设架空的抬梁，屋面重量由檩直接传至柱，柱与柱之间则由穿枋连接。但是，如果房屋较大时，支撑檩的立柱必然会过密，会影响空间的使用，这时就会将穿斗架由原来的每根柱落地改为每隔一根落地，将不落地的柱子骑在穿枋上，变成短柱，穿枋的层数也相应增加。

由穿斗结构方式建造的房屋，用料较少，可用较小的木材建造较大的房屋，简便经济，维修方便，而密列的立柱与穿枋形成细密的网状结构，又增强了稳定性，同时山面抗风性能较好，也便于安装壁板和筑夹泥墙。当然，穿斗式也存在一些缺点，最明显的就是相比于抬梁式，立柱密集，空间不开阔，不能形成统一的大空间。

围龙屋中堂的大型木架构宽阔高大，很有气魄，营造出围龙屋的"殿堂"空间。前人有记载，中堂"两边立柱以架巨木，曰官厅架，有六柱者，有八柱者。其柱昔多用木，近多以石为之"①。但围龙屋木构架的特色在于它既非上述的抬梁式，又非穿斗式。以本村铁场社中堂木架构为例（见图 3-3-3），前后两根金柱直接承檩，但并未像常见的穿斗式那样每根檩都有立柱柱头顶住，而是在两根金柱上穿梁，梁上再架短柱，以此类推，在最上层的屋架之间用横向的枋将柱顶联系起来。不过，常见的抬梁式是梁架在柱上而非穿过柱，但图中的梁均穿过柱，实际上更加接近穿斗式中的枋，但枋一般不承重，只是起到连接固定作用。所以，围龙屋的这种大型梁架结构既非穿斗式，又非抬梁式，也不同于典型的金字架，只能说是穿斗式与抬梁式的结合。这也是民居因地制宜而革新出的木架构形式。

两根金柱所抬的梁是主梁，梁为杉木，造型粗壮有特色。它两端较细，向中间逐渐变粗，同时，梁底部面基本保持水平没有变化，而顶部面则逐渐向上拱起，至梁中断面最大，拱起最高。有些

① 《兴宁东门罗氏族谱》卷八《礼俗》；罗香林：《客家研究导论》（据希山书藏 1933 年版影印），上海：上海文艺出版社，1992，第 180 页。
根据调查，明代围龙屋均为木柱，清代中期后围龙屋开始出现石柱，尤其是晚清后全为石柱。

图 3 - 3 - 3　上长岭村铁场社　木架构

梁底会有金粉装饰出图案，显得富丽堂皇；有些则会将整个梁架刷上褐红色的漆，显得庄重严肃，而光滑的表面，也方便日后打扫蛛网灰尘。另外，梁的端部基本都未有处理，这也是符合当时的时代风格的。

通过研究围龙屋的木构架，我们可以发现，围龙屋重视堂屋地位，相当于在民居中设立了殿堂，增加了中堂的活动空间和整个围龙屋的气势，给族人聚会提供了宽阔的场所，是客家人重视宗族凝聚力的体现。

三　排水

围龙屋往往占地面积巨大，可住数百人，在这种情况下，整个房屋的排水系统就十分重要。令人意外的是，在我们所调查过的上百座围龙屋中，极少见排水不畅的现象，但又很少发现排水沟渠，可见围龙屋在排水方面，技术还是比较成熟且有特色的。

事实上，整个围龙屋的排水沟道基本为暗道。由于整个围龙屋并非一个平面，在堂屋之后的围屋开始成一定的倾角，所以排水系统分为两大部分，一是由天街排走，一是经堂屋排走。天街排水系统，是从化胎之上的围屋往下排，下水到化胎与上堂后面的横向沟渠中，这也是围龙屋唯一能见到的明渠。然后下水从横向沟渠两边分流，进入纵向的天街，或者是由坡上的围屋直接走水到天街。天街两边会有高起的廊道，称为"骑马廊"，所以雨水由天街而下，不会影响行走和居住空间。待至出入禾坪的侧门口，会挖出圆管状暗道，将走水汇集，最终流向禾坪外的水塘。

堂屋排水系统，主要是汇集排出堂屋内由天井落下的雨水。水在天池内汇集后，进入预埋的暗管道，管道口往往会设计成铜钱形，以防大物件流进淤塞管道，又寓发财之意；然后经禾坪预埋的管道流进水塘。但是，由于客家人相信水即是财的风水寓意，故水忌直来直去，讲究蜿蜒回旋，以留住财，因此暗埋的管道不能设计成直来直去，否则无法藏住财，而是设计成"之"字形走水——从上堂下的天池出水口起，走三步，转一下，再走三步，如此这般就进入下一个天池，以此类推穿出堂屋经禾坪进入水塘。除了藏财之寓意外，"之"字形走水还有一个寓意，即把整个围龙屋比拟成人的身体，堂屋则暗合人体小腹部，故"之"字形暗水道犹如人之肠道。

由于水道转折较多，如果杂物砂子等进入水道，最有可能在转折处淤塞，因此会在转折处放一个小茶壶（一说为碗，也有说约30厘米直径的陶盆），这样可以利用下水的冲力转动该碗，从而搅动转折处的淤塞物，使其能够顺着水流进入下一段管道。为了防止茶壶遇水漂起来，里面还会放一些铜钱增加重量，又增添吉祥寓意。又据本村何景章老师傅称，在堂屋走水的暗管道里，还会放一两只小乌龟，利用其爬动来带动管道内的砂子等易淤塞物，并称这是他在维修老屋走水暗道时亲眼所见。通过采取这样的方式，堂屋的"之"字形下水道就不容易淤塞，也不用经常维修疏通，同时又合乎风水。

众所周知，中国古建筑历来不求原物长存。梁思成先生曾有精辟论述：

> 古者中原为产木之区，中国结构既以木材为主，宫室之寿命固乃限于木质结构之未能耐久，但更深究其故，实缘于不着意于原物长存之观念。盖中国自始即未有如古埃及刻意求永久不灭之工程，欲以人工与自然物体竞久存之实，且既安于新陈代谢之理，以自然生灭为定律；视建筑且如被服舆马，时得而

更换之；未尝患原物之久暂，无使其永不残破之野心。如失慎
焚毁亦视为灾异天谴，非材料工程之过。①

　　但围龙屋似乎是一个明显的例外，从上述墙体、排水等建筑技
法来看，无不是希冀房屋长存永固，为此不惜工本时日。究其根
本，这也许与客家人特别强烈的"崇祖敬宗"及"宗族聚居"思
想有关，他们希望后世能以祖宗所在堂屋为中心，一代代人围着堂
屋向外延伸建设新的围屋，使围龙屋成为宗族世居地，终而形成了
围龙屋传统建筑技法的特色系统。

---

① 梁思成：《中国建筑史》，《梁思成全集》第四卷，北京：中国建筑工业出版社，
2001，第14页。

第四章
围龙屋的宗教空间

　　围龙屋在构筑了物质性空间后，随着进入社会生活，同时也变成了一个社会性空间。在这个意义的空间里，物质的建筑空间不仅是社会生活的载体，而且还同时成为空间生产力，空间本身成为有意义的事物，生产社会关系及相关事物。在围龙屋的空间里，人们依附其中，努力生存和发展，从而衍生出一系列活动内容，比如本章所涉及的祖先、生殖崇拜等，其物质性与社会性是统一的。同时，空间又具有广延性和伸张性，它并不局限于物质性的建筑空间，而是可以延伸和衍生。如本章所涉及的阴宅系统，包括丧葬仪式和上坟祭祖，都是脱离围龙屋的实体空间进行，但它们又与围龙屋密切相关，不仅阴宅的型制与围龙屋实质类似，而且阴宅是上堂祭祖活动的延伸，以及上堂祭祖空间的衍生。

　　就围龙屋空间的衍生范畴而言，本章主要集中于习惯上所称的民间信仰这一部分。然而，由于该词语正如周星先生所指出的——不仅可能存在"模糊、暧昧、混淆和误读之处"，[①] 而且跟"宗教"一词相比，"'民间信仰'总有挥之不去的'劣等感'"，[②] 因此，本章使用渡边欣雄提出的"民俗宗教"这个词语："所谓'民俗宗教'，乃是沿着人们的生活脉络来编成，并被利用于生活之中的宗教，它服务于生活总体的目的……其组织不是具有单一的宗教目的的团体，而是以家庭、宗族、亲族和地域社会等既存的生活组织为母体才形成的。"[③]

---

① 周星：《民间信仰与文化遗产》，《文化遗产》2013 年第 2 期。
② 周星：《祖先崇拜与民俗宗教》，金泽、陈进国主编《宗教人类学》（第一辑），北京：民族出版社，2009，第 246 ~ 254 页。
③ 〔日〕渡边欣雄：《汉族的民俗宗教》，周星译，天津：天津人民出版社，1998，第 3 页。

民俗宗教相比于其他源自西方的主流教派，最大的特点是地方性和乡土性，因此，在围龙屋空间中生产出的民俗宗教，也与围龙屋所处的地域特征和乡土文化密切相关。这些产生于围龙屋空间的具有自身特色的民俗宗教活动，就构成了围龙屋空间中的宗教空间。

第一节　祖先空间

在围龙屋的宗教空间里，一个重要的共同活动就是表达对祖先的崇拜，这种文化传统是在宗族观念的支撑下得以延续与传承的。宗族观念的核心就是崇敬祖宗，这源自儒家文化传统的两个方面。一是"报本返始"。《礼记·郊特牲》曰："万物本乎天，人本乎祖，此所以配上帝也。郊之祭也，大报本反始也。"《祭义》又曰："筑为宫室，设为宗祧，以别亲疏远近，教民反古复始，不忘其所由生也……君子反古复始，不忘其所生也；是以致其敬，发其情，竭力从事，以报其亲，不敢弗尽也。"可见，崇敬祖宗既是源自"人本乎祖"的尊重，也是教化民众存有"不忘其所生""以报其亲"之心。二是"慎终追远"。《论语·学而》道："曾子曰：'慎终追远，民德归厚矣'"，"终"即死，远指"祖"，"慎终追远"即是指慎重地办理父母丧事，虔诚地祭祀前贤，使后人常存追念先人之孝思。

在围龙屋的祖先崇拜空间中，可分为两部分来实现"报本返始"和"慎终追远"：一是在阳宅空间中以祭祖的形式进行；二是在阴宅空间中以丧葬和上坟的形式进行，实质也是为了祭祖。

一　阳宅

在围龙屋的祭祖活动中，主要存在三个不同的阳宅系统的空间，分别是：直属祖屋、脉系祖屋以及总祠。直属祖屋是指从血缘角度看，一般距自己最近世代的祖屋；脉系祖屋是指在较大范围内择取公认的较紧密的血缘属系，以区别其他同姓群体，这种情况并没有定规，一般视各姓氏在开基祖之后的脉系情况而定；总祠则是指开基祖传下的老屋或基址。以上长岭村刘氏为例，其直属祖屋分属各刘氏祖屋，即使如铁场社、长安围这样明确由四角楼分出去且邻近四角楼的老屋，也是自成祖屋，该屋后人一般情况下也只在直属祖屋而不去四角楼祭祀。上长岭村刘氏的脉系祖屋则是巨洲围祖屋，即巨洲系。在兴宁，刘氏的开基祖被认为是开七公，独子为广传公，刘广传共有十四子，其中刘巨洲为第三房。虽然这十四子又各自生子，如刘巨洲生二子为致中、致和，但兴宁刘氏客家人仍以广传公的十四房为各自脉系祖宗，其老屋即为脉系祖屋。这应该与广传公为开七公独传而广传公却枝叶繁茂有关，各房之间既好区分，又可相对溯及最远。上长岭村刘氏的总祠也即兴宁刘氏总祠，该总祠以兴宁刘氏开基祖开七公所居地为纪念根基，一直上溯到全国范围内的刘氏列祖列宗。

这三个空间由于血缘亲疏不同，在生活中的重要性也不同，直属祖屋与族人关系最为密切，脉系祖屋次之，总祠再次之，因此，在性质上，可将脉系祖屋视为直属祖屋空间的扩展，总祠又是脉系祖屋空间的扩展，社会关系程度也随着减弱，相应地，纪念性渐弱，仪式性渐强。

1. 直属祖屋祭祖

上长岭村有七个姓氏，祭祖一般在各自直属祖屋的上堂（即祖堂）进行，但也有不同情况，如长安围是从四角楼分出去的，又距离比较近，所以在中华人民共和国成立前长安围的后人也会来四角楼来祭祖，但现今已不再来。不过，五栋楼后人至今仍在四角楼祭祖，这可能跟其老屋在中华人民共和国成立后上堂被改建成房间导致没有祭祖空间有关。当然，五栋楼后人似乎也并不特别在意，因为五栋楼不仅在四角楼隔壁，而且创建者们均是四角楼开基祖的儿子，想必如果两座老屋关联较远或者没有关联，五栋楼后人们一定会努力改变这种状况的，至少会有这种努力的想法和尝试。

直系祖屋祭祖活动可分为小家庭零散前往祖屋祭祖以及有组织性在祖屋祭祖两类，这里先阐述第一类。

各祖屋所辖小家庭的零散祭拜活动，规模有大小，与祖屋所辖人口多寡有关。关于时间，据咸丰《兴宁县志》记载："冬至祭家庙。"① 家庙即上堂，冬至节气在农历十二月，也即传统上腊月在

---

① （清）陈炳章等编纂、罗香林校《明清兴宁县志（十）》，台北：台湾学生书局，1973，第1772页。

祖屋祭祖。事实上，"腊"本身就是岁终的祭名。汉应劭《风俗通义》谓："夏曰嘉平，殷曰清祀，周用大蜡，汉改为腊。腊者，猎也，言田猎取禽兽，以祭祀其先祖也。"或曰："腊者，接也，新故交接，故大祭以报功也。"无论是源自"猎"还是寓意"新故交接"之"蜡"，其最终形式都是要举行祭祀活动，故腊月本身就是一个"祭祀之月"。但在调查中，现今上堂祭祖时间较传统记载略有改变，基本在除夕前后几天，大约腊月二十四的小除夕至正月初二，这可能与近年来大量外出打工的农村人口在除夕前返乡有关。

关于具体祭祖内容和流程，这里以全程跟随的一户家庭的祭祖活动为例。该户家庭属四角楼大队，去四角楼祖屋祭祖，恰逢家中男孩出生不久，故此次祭祖的一个重要目的是告知祖宗并祈望得其庇佑。

祭祀之前，要先告知四角楼祖屋的负责人（四角楼女队长阳安招，今年 83 岁），至于家中由谁来负责祭拜之事，并不固定，谁有时间就由谁来负责，但一般以女性为主，"因为男的都很粗心大意，不晓得具体的规矩"。① 应该说，就调查的几个县的情况来看，家庭祭祖并未受到特别重视，多由妇女和老人完成，仪式过程也较简单，不过一般都能做到每年来祖屋祭祖，说明传统的延续性较强。

首先是在中堂摆放祭品，主要有三牲、茶酒、果品、香火、冥纸和香炉（3 个）、油灯等（全部用红色袋子装着，表示喜庆）。三牲中，鸡必须是雄鸡，口中含一红枣，鸡头昂起（有的嘴里不衔红枣，在昂起的颈部与背部夹着一块凝固的鸡血，称为鸡红）；鱼必须是鲢鱼，客家发音"鲢"与"年"相近，寓意"年年有余"；② 猪肉必须是三鲜肉。酒为客家人自己酿的娘酒，通常要倒上 3~5 杯，数量一般不能为偶数。此外，还有一袋红枣；一些饼干，即糕点，意为"高升"；一些瓜子，即"添子"之意。三牲放中间，瓜子和糕点（当地人称作"糕"，寓意步步高升）放两边，红枣放在三牲正前面。之后摆五杯茶水，五杯老酒摆在一个香炉下，香炉边上是两支烛台，上点两支红蜡烛。在一边的烛台边上点一盏油灯，

---

① 大部分是这个情况，但在调查中也发现少数家庭非常重视祭祖活动，由家中有影响的人主持。
② 有的地方如梅县丙村则基本用鱿鱼，因其脚多，取其子孙繁衍昌盛之意。

灯芯为全新，油也必须为从未开封过的、未被人使用过的。

图4-1-1　上长岭村四角楼祭祖

其次是添灯加油。将油倒入已点燃灯芯的灯盏中，再点上蜡烛（粗蜡烛三根，细蜡烛两根）和香，随后参与祭祖的人开始拜，主祭人说祝词。由于该户人家正值儿子出生，故重点祈福新生儿，大意是"天地神明，今我家××生有男丁××，特此供奉，希望神明

图4-1-2　上长岭村四角楼上堂祭祖

保佑刘氏家族全家身体健康，人财两旺"之类，随后站齐，将粗的三根香插入香炉中间，细的再插其边缘。之后便是在原有的茶和酒的杯子中再倒入些许茶、酒。杯子摆放顺序必须为茶前酒后。添完茶、酒之后，再念一些希望神明保佑之类的话语，祭拜天地神明。

然后将三牲和茶酒移至上堂，摆放在祖宗牌位前的香案上供奉祖先。与中堂不同的是，此处需要的蜡烛和香火特别多，因为不仅要摆放在桌上，而且也要摆在祖宗牌位的神龛上。摆放好贡品后，开始点蜡烛，约有12支大小不一的蜡烛，分布是：案桌上左右两边各有一支大蜡烛插在蜡架上，前面案桌上再放4只小蜡烛，共计10支；神龛上又有2支大蜡烛。点完蜡烛之后开始点香，相应地香的数量也比之前多。然后对着祖宗牌位默念祈祷祈福之词，鞠躬上香。完毕后回到中堂（见图4-1-3），开始烧纸钱、纸衣服，再烧一种称为"长钱"的冥钱，寓意"长期有钱"，最后烧一大块完

图4-1-3 上长岭村四角楼上堂祭祖烧纸

整的红布，寓意"满堂红"和"红红火火"。烧完红布后，就拿出一卷鞭炮，走入禾坪燃放。鞭炮放完后就意味着本次的祭祀仪式结束，祭拜人将带来的祭品挑回家去供家人享用，以求沾些祖先的

福气。

由于四角楼中堂设有神灵的龛案，所以四角楼的祭拜者们会在中堂同时祭拜祖宗和神灵，其后再去上堂供奉。而其他许多祖屋由于中堂未设神龛，故祭拜者会直接用爨抬着祭品去上堂祭拜，先拜天地，再拜祖先，接着放鞭炮，最后将祭品带回。

第二类是在祖屋举行的有组织性祭祖活动，在直属祖屋主要是纪念"祖宗生日"活动。

"祖宗生日"活动是指族人在祖宗生日那天聚集起来举行纪念祖宗的仪式。当然，祖宗生日并不是指祖宗真正出生的那一天，而是指将重新做的祖牌安放的那一天。重新安放祖牌对于围龙屋是非常重要的时刻和事件，需要进行安龙转火仪式（会在后文详述），一般是新建分祠或大修老屋之后才会举行的仪式，目的是将祖宗灵位重新引入上堂神龛之上，所以人们视其为祖宗在上堂的"重生"，遂将该日以"祖宗生日"之名定为纪念祖宗的日子。

也因此，祖宗生日并不固定，以上长岭村为例，在中华人民共和国成立前该村刘东升后裔会在正月十四过祖宗生日。中华人民共和国成立后由于历史原因，地方政府几乎禁止了所有的传统民俗活动，将其视为封建迷信，直至改革开放后政府才逐步放开，因此在20世纪80年代许多祖屋都重新举行了恢复祖宗牌位的活动，刘东升后裔也于1987年农历二月十三在四角楼举行了东升公"复龙登位"仪式，以后该日便成为新的祖宗生日。不仅是四角楼祖屋，该村其他重要的老屋也存在同样现象，如李氏的上塅岭世德堂，在1997年农历二月二十七重修祠堂后安放祖牌，钟氏的钟排上老屋在1988年农历十月二十三重修祖祠后安放祖牌，于是这两天分别成为两屋后人所遵循的祖宗生日。当然，这种情况的前提是该屋后人较多且有一定财力，有能力重修祠堂和举办仪式。

关于具体流程，此处以上长岭村东升公后裔纪念祖宗生日活动为例。在二月十三那天，活动主要由祭祖和聚餐组成。虽然祖宗生日活动近年来每年都有，但若遇上特殊纪念日，则会尤为隆重，如四角楼分别在2000年和2013年的"祖宗生日"祭祖活动上举行了纪念1987年该屋恢复安龙转火的仪式，这里就结合起来介绍。

祖宗生日那天，首先会举行集体祭祖仪式，人们自带香火参加，由于中华人民共和国成立前女性不能参拜，所以深受该观念影响的老年妇女现在仍然不参加，但年轻妇女没有受到影响，会随家人一同参加。祭祖仪式程序如下。

第一步：击鼓、奏乐

第二步：主祭就位，与祭者各就位，其中高龄长辈站在前面

第三步：执事各司其事，于祖牌前三鞠躬

第四步：主祭诣于祖牌前鞠躬、献酒、献馔、鞠躬

第五步：行初献礼，主祭诣于祖牌前奉酒、奉馔，鞠躬

第六步：致祝词

第七步：上香

第八步：行礼三鞠躬

第九步：礼毕、鸣炮

关于第六步祝词（即祭词）部分，这里以 2000 年和 2013 年两次大型祭祖时的祭词为例，其中 2000 年的祭词如下：

维公元 2000 年，农历庚辰年二月十三日，我祖东升公复龙登位十三周年之际，虔诚裔孙谨以淡酌清茶奉献我祖宗神前，敬表心意。

恭维　祖德高风　遐迩传闻
　　　志高识广　科场夺魁
　　　满堂悬挂　金匾生辉
　　　兴办学校　育秀新人
　　　姓氏不分　一视同仁
　　　东升裔孙　人才济济
　　　建功立业　世界各地
　　　缅怀我祖　济困扶贫
　　　赈粟千石　福泽灾民
　　　兄友弟恭　孝敬长辈
　　　胸怀坦荡　让人三分
　　　不拘小节　仁义为本
　　　和睦桑梓　礼貌待人
　　　千秋功德　世人赞之
　　　祖辈之光　裔孙沐之
　　　学习先祖　代代传之

151

祖宗美德　效仿尊之

个个成才　造福社会

兴旺发达　门庭增辉

祖上有光　晚辈无愧

宗亲相约　瞻仰聚会

祝我宗祖　共度佳期

　　在 2013 年再次举行的祭祖仪式上，祝词内容与 2000 年的基本相同，只是在修改个别字词的基础上，增加了一些祝词，如下：

　　维公元 2013 年农历癸巳年二月十三日，我祖东升公复龙登位二十六周年之际，虔诚裔孙谨以清酒淡酌奉献我祖灵前，敬表心意：

祖德高风	遐迩传闻	智高识广	科场夺魁
满堂悬挂	金匾生辉	激励后人	续创光辉
兴办学校	培育新人	姓氏不分	一视同仁
东升裔孙	人才济济	建功立业	分布各地
缅怀我祖	济困扶贫	赈谷千石	福泽灾民
兄友弟恭	孝敬长辈	胸怀坦荡	让人三分
不拘小节	仁义为本	和睦桑梓	礼貌待人
千秋功德	世人赞之	祖辈之光	裔孙沐之
学习先辈	代代传之	祖宗美德	效仿尊之
个个成材	造福社会	兴旺发达	门厅增辉
祖上有光	晚辈无愧	宗亲相约	瞻仰聚会
锣鼓喧天	龙狮腾飞	爆竹声声	猜拳助兴
互相祝贺	人旺财兴	年年今日	共度佳期

　　祭祖仪式完毕后，宗族公益负责人再向在场后人汇报上一年关于祖屋等方面的公益收入和支出，并张榜公布在祖屋大门口。然后，众人开始在祠堂内摆桌聚餐，多的时候有三十多桌，少的时候也有十多二十桌，一般每人交 30 元左右作为餐费。聚餐者均为东升公后裔，不仅包括四角楼的后裔，也包括从四角楼分出去的后

裔,如铁场社、长安围等祖屋的后人均会参加,甚至由铁场社分出去的位于邻村麻岭村的云华屋和云泰屋也会参加。

但现在情况有变,外村由四角楼分出去的老屋后人已基本不参加。笔者从麻岭村云泰屋后人刘振群老人处了解到,在四角楼刚开始举办祖宗生日活动时,主办方四角楼后人就邀请云泰屋后人去参加,由于云泰屋后人与四角楼后人曾在中华人民共和国成立前共同就读于东升公创办的东升小学(中华人民共和国成立后,新的行政区划将两村分开,上长岭村属新陂镇,麻岭村属叶塘镇,不再一起上学),所以对这些平时联系不紧密的外村东升公后人而言,祖先生日活动时的聚餐一定程度上就成了小学同学会。随着两屋老人逐渐老去和去世,参加活动的小学同学越来越少,最后曾在东升小学上过学的云泰屋刘振群老人也不再去,因为不再有熟人,加之"年年去都那个样子,没什么新意"(刘振群语),而云泰屋年轻辈的后人缺乏了老人间的纽带,又互不认识,所以更不会参加。

值得一提的是,除了上述延续传统的祭祖方式之外,上长岭村五栋楼后人还新设立了一个纪念日,纪念五栋楼被评为兴宁特色古民居。2009 年,梅州兴宁市评选了十大古民居和 100 座特色古民居,上长岭村的五栋楼和李洁之屋获选特色古名居。由于李洁之屋早已归政府所有,所以真正感到荣耀的是五栋楼后人,他们确立从2010 年开始每年举行纪念活动,即使外出打工的后人也会尽量赶回。头两年都是在元旦,但因过于接近春节,外地打工的后人们回家往返不便,于是从 2012 年开始改为每年 10 月 1 日进行。

由于这事是年轻人张罗,加之是新设立的纪念日,所以也并没有太多仪式,活动内容主要是当天晚上在五栋楼堂屋摆桌聚餐、放鞭炮,这可能与五栋楼上堂在中华人民共和国成立后被拆掉有关。关于活动具体内容,这里以 2011 年的纪念活动为例。

当天到了晚餐时间,五栋楼后人纷纷来到中堂入席,由于每家只来了一两个代表,所以人数并不多,大约只有四五桌,餐前上菜完毕后,大门口放鞭炮,开席。席间由组织者刘豪杰讲话。刘豪杰虽是 1987 年出生的年轻小伙,但已经是上长岭村干部,也是唯一的年轻干部,据说当选原因是村里没有外出打工的年轻人只剩他一个,平日留守在村里办养殖场。当然,笔者认为肯定还有其他一些原因,如性格较温和、来自村里大姓等。刘豪杰首先讲了五栋楼的历史，然后汇报了关于五栋楼一年来的公益收支情况，希望大家继续支持公益事业。最后，他提出，因元旦举办该活动对外出打工者不便，次年开始改在每年 10 月 1 日举行，大家鼓掌通过。

五栋楼设立"特色古民居"纪念日，应该说，虽然也是纪念祖先的一种形式，但主要还是出于经济效益的考量。五栋楼后人认为，他们的老屋成为兴宁"特色古民居"后，会带动旅游资源的开发，为以后的收益带来很大的想象空间。在 2011 年聚餐时的影像中，可以看到活动开始前播放的前言字幕中，在介绍完五栋楼的历史和现状后，特意于结尾处强调"欢迎各界人士前来参观旅游"。所以在我们最初入村时，五栋楼后人尤为热情，认为我们是来搜集资料为他们做宣传的。

也正因为有这样的利益想象空间，所以上长岭村其他老屋后人颇为艳羡，特别是四角楼的一些后人，甚为不忿，他们认为东升公创建的四角楼才是祖屋，五栋楼只是东升公的儿子们合建而成的，所以应该选四角楼而非五栋楼，并质问："上面的人不知道怎么想的，你们是先有儿子再有上一辈子的吗？"并直言："当我们村的人听说五栋楼是古民居大家都笑死了。"然后开始了阴谋论："是那个刘伟宝还有那个大队干部搞的鬼。"刘伟宝是五栋楼的高龄老人，被认为是最懂五栋楼历史的人，我们也曾经深入访谈过他，对他有所了解，其实刘伟宝无权无势，生活困苦，是绝不会"搞鬼"的，评选时最多只是如实介绍了自己所掌握的关于五栋楼的情况而已；大队干部即是指刘豪杰，被认为是村里当权者之一，但因为太年轻，其实权力非常有限，主要还是听从村里的主要领导。实际上，在对刘豪杰的访谈中，他非常清楚五栋楼被评选的原因："四角楼那里太普遍了，五栋楼的建筑结构广东省没有一个一模一样的，五个栋嘛。"的确如此，虽然现已发现九个栋的老屋，但之前五栋楼被认为是客家民居中栋数最多的，具有重要的学术价值，因此，笔者认为五栋楼没有进入兴宁"十大古民居"而是屈身数量达 100 座的兴宁"特色古民居"实在可惜，与评选标准注重精美而非学术价值有直接关系。

其实五栋楼入选的原因并非秘密，四角楼后人如此心态容易引发两屋的矛盾，事实上两屋在赏灯问题上已经存在矛盾了（在后文赏灯部分详述），如果能有传统上那种大宗族组织进行解释和调解，甚至在宗族主持下设想出方案使大家成为利益共同体，就可彻底化解矛盾，进而加强宗族凝聚力了。因此，从这个角度看，传统宗族组织的衰落甚至消失使宗族后人的个体利益意识增强，集体意识减弱，这也是围龙屋发生社会结构变化的深层次原因之一。

2. 脉系祖屋祭祖

如前述，上长岭村刘氏均属于巨洲一系，遂将巨洲围祖屋奉为脉系祖屋。由于脉系祖屋所辖刘姓后人的血缘关系不如直属祖屋那般紧密，所以同一脉系的后人并不需要人人每年赴脉系祖屋祭祖，完全出于自愿，但由于巨洲系刘姓后人较多，每年除夕前后祭祖之人依旧络绎不绝。

此外，脉系祖屋出于一些重要原因也会举行大型祭祖活动，这其实才是脉系祖屋的祭祖价值所在，但客观地说，节庆意味已多于纪念意义。

2009 年，巨洲围祖屋重修，其中一个重要的仪式是升栋上大梁典礼，在此之前需要先祭祖，流程如下。

1）先在刘氏堂下，嗣孙拜祭堂上列祖列宗，主持人宣布拜祖开始。

2）执事就位，点光明、焚清香。

3）请主祭人汉华宗长就位，请各位宗长、宗亲代表、刘启先、刘祖向、刘小平、刘清祥、刘光、刘选仁、刘侨光、刘佛林、刘乃林、刘绍聪、刘彬荣、刘伟文、刘维新、刘仁祥、刘焕衍、刘伟云、刘仁增、刘梅城、刘荣导、刘京宏，皆就位。

4）请执事刘冠全、刘德汉、刘启泉、刘启方等宗亲就位，传清香。

5）礼生谨告：

维：

公元二〇〇九年十一月十五日（岁次己丑甲戌月甲子日）吉日良辰，为我刘氏重修巨洲围祖屋升栋上大梁典礼吉期，开七公嫡系二十一世裔孙刘汉华宗长主持重修巨洲围祖屋升栋上大梁典礼，谨具香楮烛锭，刚鬣柔毛，美酒之仪，致祭于列祖列宗神位前，虔请祖屋后土福德龙神户尉门神共领奠献；虔请列祖列宗考妣，庇佑重修巨洲围祖屋升栋上大梁典礼顺利平安！庇佑重修巨洲围祖屋早日竣工。

诣：

众嗣孙（到位嗣孙自报地名、姓名）向刘氏始代列祖考妣神位前上清香：初上香、亚上香，三上香。

代代书香。

请汉华宗长奠酒：初奠福酒、亚奠禄酒、三奠寿酒。

请汉华宗长献五牲。

请汉华宗长献鲜果。

请汉华宗长献财宝。

请执事化宝。

诣：

刘氏堂上始代列祖列宗考妣在上，祈我祖庇佑众嗣孙世代昌盛！世代流芳！世代书香！富贵源长！

请从嗣孙向列祖列宗考妣神位前再行三鞠躬礼：一鞠躬、亚鞠躬、三鞠躬！

礼毕！鸣炮！

3. 总祠祭祖

总祠是指一个较大地区内具有广泛血缘关系的群体所能上溯到的关于开基祖的纪念场所。上长岭村刘氏与兴宁地区其他刘氏一样，均可一直上溯到广东兴宁地区的入粤开基祖开七公。

据《刘氏族谱（卷一总谱）》记载，第一百三十四世龙公为河南宣抚使，生九子，第七子刘开七官授潮州都统制，殁于兴宁，后人繁盛，刘开七遂被尊为兴宁开基始祖。传衍至今，凡三十余世，仅兴宁后裔已逾十六万之众。由开七公之子广传公作的诗简明扼要地说明了开七公开基的历程："骏马骑行各出疆，任从随地立纲常；年深外境皆吾境，日久他乡即故乡；早晚勿忘亲命语，晨昏须顾祖炉香；苍天佑我卯金氏，二七男儿共炽昌。"该诗现已被奉为族诗，又由于广传公后裔已成为世界刘氏最庞大的支系，该诗遂被世界刘氏宗亲联谊会定为会歌歌词。①

开基祖开七公仅有一子广传公，广传公再生十四子，枝叶繁茂

---

① 《华夏风情·兴宁刘氏巨洲后裔特辑》，《华夏风情》2009 年 6 期，第 43 页。

（详见表 4 - 1）。其中马夫人生九子，杨夫人生五子，据说两者也有矛盾，以致攀比儿子成就。马夫人为正房，儿子众多，以"九子八九州"自居，杨夫人虽为侧房，但也不甘示弱，以"五子天下有"反击。由于杨夫人姓氏谐音"羊"，故后人常以有"角"和无"角"来区分两派脉系。"马"无角，"羊"有角，所以当一方问对方是有"角"还是无"角"时，意即询问对方是属于马夫人还是杨夫人一系。在外若遇到有人如此问，说明同属开七公后人，会备感亲切，且能通过有"角"、无"角"知道对方的脉系，若对方茫然不知，则说明并非开七公后裔。不过，在调查中笔者发现知道这一传说的后人已经不多了。

表 4 - 1　开七公世系表

世	祖		妣	说明	
一世	开七		黄、龚	葬于兴宁岗背高车头、黄蜂嶂下行山象型巽山乾向，离刘氏总祠五公里	
子	广传		马、杨	马氏生：源、溔、洲、海、涟、江、淮、汉、浩——九子 杨氏生：渊、浪、波、河、深——五子	14 子
孙	一	巨源	苏、杨、冯	生子	大万、福二郎、俊三郎、宗远、明远、仲六郎、暂九郎、十三郎	8 子
孙	二	巨溔	张、李	生子	元活、法缘、乾正、千四郎、万五郎、满江、法宣、念九郎、万四郎	9 子
孙	三	巨洲	马	生子	致中、致和	2 子
孙	四	巨渊	陈、杨	生子	瀍、澐、清、海、澄、诠、沧、深	8 子
孙	五	巨海	胡、廖、高、马	生子	贵初、贵宁、贵宗、贵祖、贵科、贵魁、贵林、贵成、贵祥	9 子
孙	六	巨浪	李、曾	生子	高千、成宗、钦三郎、六十六郎、仕七郎、仕八郎、仕九郎	7 子
孙	七	巨波	万、马	生子	登科、登榜、登国、登堂	4 子
孙	八	巨涟	白、张、李	生子	君琳、君玹、君智、君清、十三郎、七十三郎、八十四郎、九十九郎	8 子
孙	九	巨江	许、巫	生子	城清、城河、城海、城江、城汉、城湧、城池	7 子
孙	十	巨淮	吴	生子	万渊、万習、万忠、万宗、万江	5 子

续表

世	祖		妣		说明	
孙	十一	巨河	梁	生子	时泰、时际、时通、时贵、时吉、时祥	6子
孙	十二	巨汉	钟、王	生子	念一郎、念二郎、念三郎、念四郎、念五郎	5子
孙	十三	巨浩	胡、鄺	生子	清、昌、利、衍、潜、灏	6子
孙	十四	巨深	伍、钟	生子	汤、浪	2子

刘氏总祠在 2009 年完成重新拆建兴修之后，已不止于祭拜开基祖一系了，还包括历史上刘氏的列祖列宗，重点是刘邦、刘备等历史名人。实际上正如其新祠堂名称之意——"刘氏总祠——汉文化基地"，围龙也相应改建成了文化长廊，内容包括百家姓介绍、刘姓渊源概况等。

从刘氏总祠之空间中的这些内容看，总祠已不止纪念开基祖开七公，而是更加侧重宣扬刘氏祖先的伟业，成为建构宗族荣誉感和自豪感的一个共有空间，但最终变成了兴宁市打造的一个旅游文化景点。

也因此，刘氏总祠的祭祖活动已全然成为一个仪式性活动，尤其是兴宁刘氏宗族理事会组织的祭祖表演意味更强，其大致程序如下：

1）分献，进馔、行三献礼。

2）主祭亲诣高曾祖神位前跪，三进爵、奉酌、奉馔、奉牲、奉帛、奉刚鬣、奉柔毛，叩首、二叩首、三叩首，荣身，后位。

3）分献，（待分献后）加爵、焚祝文、化财宝帛。

4）辞神鞠躬跪（一跪二叩首，三跪六叩首）。

5）荣身、礼毕撤馔。

刘氏总祠曾经数次修建，最初便已规定每年正月十九夜为祭祠之时，宗族后人也会以家庭形式零散前往祭祖，不过现在参祭人并未完全遵守该时间，基本集中在前后几天的白天，梅州以外地区前来的也不少见，其祭拜程序与在直属祖屋类似。

值得一提的是，刘氏总祠在 2009 年完工的这次修建过程中，修祠小组曾前来祭祖，其祭词颇值得玩味：

祖宗在上：今天全县建祠小组代表前来拜祭。决心把总祠早日建成，奉牌进龙，灵光四益。

敦祖训：晨昏须顾祖爐香教戒。深知工程浩大，困难很多，阻力很大。而我们下定决心联合广东、广西、江西、福建四省宗亲、联合海内外宗亲、联合潮汕十三个县、市宗亲把祖祠建成。祈祖宗明监；对破坏联合、破坏建祠、借公为私、中饱私囊的一小撮人进行监杀。

恭请祖宗显灵：祖德祖业、天禄流芳、房房富贵、长发其祥。

拜祭人：刘绍新率领建祠代表一百多人
代表全县二十万宗亲向你们拜祭
二〇〇七年二月三日巳时（农历十二月十六日）

祭词中提到"祈祖宗明监；对破坏联合、破坏建祠、借公为私、中饱私囊的一小撮人进行监杀"，说明在筹备修祠过程中，修祠小组出现了矛盾甚至犯罪行为。

上述三个不同类型空间的祭祖活动反映了围龙屋建筑文化中对尊祖思想的体现，这种体现的关键之处在于每个围龙屋都会设有祭祖的空间。阿伦特曾说："如果这个世界有一个公共空间，那么它就不只能为一代人而建立并只为谋生而筹划；它必须超越凡人的寿命。"[1] 虽然围龙屋只是属于共同体空间，但也一样适用，围龙屋的祭祖空间正是为了使该仪式所反映的思想获得不朽而设立，不仅要体现其永恒性，还要追求神圣性，反过来进一步加强永恒性。所以祭祖之地均设在堂屋最深处的上堂，是各堂中相对人少的一个空间，以增强其神圣性。上堂神龛上立有祖宗的牌位，祖龛上方一般写着堂号，有的悬挂皇上敕封的金匾，是最为尊崇之地。

鉴于围龙屋祭祖空间的神圣性，近来一些学者将其称为神圣空间，这显然是受了近年来在台湾地区流行的伊利亚德（Mircea Eliade）所提倡的"神圣"和"世俗"空间两分法的影响。但事实上，在最常见的直属祖屋进行年度祭祖活动时，一边是各个家庭轮流祭拜，一边是小孩在场奔跑玩耍，旁人也在上堂随意进出走动，给人

---

[1]〔美〕汉娜·阿伦特：《人的条件》，竺乾威等译，上海：上海人民出版社，1999，第42页。

的感觉并不神圣。虽然脉系祖屋和总祠的大型祭祖活动会显得严肃庄重有规矩，但正如上文所说，围绕它们的祭祖活动几乎成了表演仪式，纪念意味不足。而且，许多住在横屋的人在老人过世后会在其房间设置遗像甚至牌位，这是否又可算神圣空间？因此，像上堂这样的祭祖空间称为神圣空间似乎可商榷。

当然，笔者这里的质疑并不是要全盘否定该理论，毕竟围龙屋内一些所谓的神圣空间如上堂、化胎等处确实在整体上要比禾坪、中堂等处显得严肃庄重，但鉴于上述情况，似乎该理论在应用于围龙屋时，需要一定程度的修正，也就是说应该根据中国情况对该理论进行补充。

二 阴宅

在这个空间里，祖宗崇拜体现在送葬仪式、下葬仪式和纪念仪式中。

1. 送葬仪式

关于送葬仪式，由于在上长岭村调查中恰逢李瑚兵（化名）老人不幸离世，这里就以李瑚兵葬礼仪式为中心进行介绍。

李瑚兵为上长岭村的离休干部，曾是上长岭服务团（中华人民共和国成立前上长岭村的一个革命组织）成员，于1948年参加革命，是东江纵队的联络员。因年老肾衰，医治无效，于2013年正月初四下午去世，享年90岁，离世之后，随即进入丧葬流程。

第一步是抬入上堂。这里也是所谓的"老人间"，据民国《兴宁东门罗氏族谱》记载，"凡男妇年老病，至弥留时，其子孙即抬于是，以俟其终"①。但梅州也有一些地区是待死者在住屋内断气之后再抬入上堂，上长岭村即是如此。然后由家中长子负责与其他人用一块木板将死者抬到围龙屋上堂，按照"男左女右"的规矩放置（以面向大门方向），这样来人一看便知死者性别了。同时，还需在上堂祖宗牌位上遮盖一张红纸，意思是有点事，告诉祖宗一下，待办完丧事后才能拿掉。然后，在死者身上盖一张被单，面部

---

① 罗香林：《客家研究导论》（据希山书藏1933年版影印），上海：上海文艺出版社，1992，第181页。
当然，弥留时也可抬至"南北厅及其他一间"（同上）。

则盖草纸，以方便来人可随时掀开草纸看他的容貌。有的会在死者嘴上放一个硬币，面额有1角的，也有1元的，据李氏后人称"因为有的人死后嘴巴没有合上，放上硬币后嘴巴就会慢慢合上了"。此外，还往往会把一根子孙竹（即一根长竹）斜靠上堂墙，子孙竹下方就是遗体。

第二步是报丧。老人已殁，需要找方便的亲戚去报丧。以前，嫁出的女儿是报丧仪式的主要对象，但现在通信发达，往往会第一时间电话通知女儿，于是报丧仪式主要是针对血缘关系相对远些的亲戚。报丧时，报丧人一般不能进被报丧者的屋子，以免对被报丧者家不吉利。当被报丧者得知老人去世的消息后，要给报丧人2个红鸡蛋（可用红纸或红曲等将其变为红色）、1个红包。这是因为在客家话中，鸡蛋叫"春"，此为"春春光光"的吉利之意，目的也是给被报丧家冲掉不吉利。而报丧人由于报的是被认为不吉利之事，所以要给报丧人一个红包以带来吉利，红包具体金额不定，有10元、5元或2元的，依经济条件和关系的远近而定。

第三步是开始守灵。死者被抬到上堂后，需要家属守灵，一直到死者出葬为止。守灵者一般是儿子、女儿和儿媳妇，女婿则自愿，如果死者家里人口较少，则需要孙子、孙女也参加守灵，不同的是，孙辈只需白天守，晚上则不用，估计是担心小孩所谓的阳气不足，晚上易受惊吓。

关于守灵的截止时间，需由风水先生定，主要视死者家中与其相关的亲近人员是否有属相上的"相冲"，如果有，则需要避开，择一吉日，告知死者家属。在出葬的前一天晚上，与死者亲近的亲戚要来一起吃斋饭。

第四步是沐浴穿寿衣。死者抬到上堂后，直系家属用手巾蘸上当地产的白酒，给死者擦身，一般需耗数斤白酒以尽量清洗干净。经询问老人，至少当地近百年来一直如此，这与梅县不同。在梅县这个仪式为买水——直系家属们需哭着去河溪或围龙屋的门口塘里放上香纸，在水中丢几枚钱币，再取水回来，给死者擦身用。当然，最后都是为了清洗干净身体穿寿衣。

第五步是接棺、小殓与大殓。老人遗体需放入棺内，因此需要买棺材放入上堂。接棺时，抬棺人员在抬棺进屋的同时会说"进棺（官）又进材（财）"（取棺材与"官、财"的谐音）、"步步高升"

等，此时大锣声响起，子女们一起随棺哭着进入上堂。棺材入堂后，便可以进行小殓程序。小殓是将死者抬入棺内，但不封棺。若死者的寿衣高档，则会配有枕头，如果寿衣普通，则用数块瓦叠成枕头，再以草纸包瓦。入棺时需鸣锣击鼓。之后是大殓，即封棺，此时孝子孝女们要开始穿上神服（即白衣服），子女及儿媳妇腰间系麻绳挂米袋（如果子女还未成家，则同时挂白米袋和红米袋）、穿白鞋，孙辈则挂红米袋。孝子执"孝杖棍"会绕棺纪念。大殓后开始吹唢呐（有的地方是老人一过世就在堂屋吹唢呐）。

第六步是设灵堂。大殓之后要专门买一个灵堂，又叫灵屋，摆在上堂中央（见图4-1-4）。灵屋最顶上设有一个时钟，下面为纸扎的牌楼，正中书有以死者名字命名的"××楼"三个大字，左右两边有红纸写的对联"金屋银楼非阳府，玉柱铜墙是阴居"。下面放着死者的头像照片，照片上方有一朵黑花，黑花中间是一个白色的"奠"字，头像前面摆放一碗米饭和一双筷子。

图4-1-4　雁洋叶某英灵屋

灵屋摆放在一张案桌上，其后为装有死者的棺木，案桌两边用纸扎着一对男女站立在灵屋之前。灵屋边沿附有纸质白色花卉，并安有会发亮的小灯。

第七步是祭拜和开追悼会。前来祭拜之人进入大门后，对亡者鞠躬致敬，家属（儿子、女儿、媳妇）站在旁边，礼事答礼（发香烟等），同时播放哀悼的乐曲并有专人吹唢呐，主持人则介绍死者生前事迹和美德。祭拜时间一般是七天，如果是春节期间，就可以缩短时间，但必须在七天之内。在此期间，每天都要在灵堂前面摆上祭品，一天更换三次，保证祭品的新鲜。

第八步是做斋或类似法事。在出葬前一天晚上，往往要通宵达旦做法事。做法事者，一位是和尚（道士），一位是尼姑。这个晚上守灵之人不能睡觉，而且要每半小时至一小时就要绕灵堂走一圈，目的是为了"吓鬼"。如果一对老年夫妻中有一个人去世了，另一个还健在，则不能做法事，要等到第二人也去世的时候才能一起做，为的是把他们的魂招在一起，否则对活着的老伴不好。如出于各种原因不做法事，也可以用客家八音代替。客家八音是指客家地区一种器乐合奏形式的乐种，李瑞兵家选择了请乐队奏客家八音替代做斋，据悉是其子女要求，因为这样比较省事，不用像做斋那样需要亲自参与，而且还便宜不少。

第九步是送葬。由于现已改为火葬，所以不再抬棺木出殡至墓地，而是路祭完成后将棺木运往火葬场火化，再取骨灰回来安放。路祭时送葬队伍浩浩荡荡，仪式颇为讲究（见图 4 - 1 - 5）。如果死者是 80 岁以上去世，为喜丧，所请乐队穿红色上衣，反之则为白色。死者儿子和媳妇应身着白衣，穿白鞋，头戴斗笠；撑伞的是第三代以后的直系亲属或亲戚朋友；穿白衣服的是嫡系子孙，穿红衣服的是旁系子孙。长孙抱遗像，长媳拿三根大香，儿媳妇腰间系麻绳，儿子、女儿腰间要挂米袋。

队伍顺序是：走在最前面的数人，一个拿着放纸钱的篮子，一个放鞭炮，剩下的敲铜锣和吹唢呐，他们一路上敲锣吹唢呐、放短鞭炮。随后约十人手持经幡，五人拿花圈，这些都是身着红衣的旁系子孙。接着是乐队，由于是喜丧，身穿红上衣，约二十人，之后死者长孙身着白衣抱遗像走在棺前，四位同姓宗亲在后抬着棺材，棺材上盖着一条红色的被毯，棺上前后有两束黄花。棺木后跟着死者的子女们，身穿白色上衣，腰间系麻绳挂米袋，左手臂上统一缠绕着一块黑色布纱，约十人，儿子们撑黑伞，女儿们戴斗笠，其中大儿子紧跟棺木后。再接下来是一群打着红伞身穿白衣的队伍，左手臂上缠绕着黑色布纱，多为第三代及之后世代的孩童。紧随其后的是一群打着红伞、身穿红衣的队伍，约二十人，为旁系后代。走

图4-1-5　上长岭村李瑚兵送葬队伍

在最后的是穿着黑色便装、打着红伞的其他送葬人员，约二十人。

第十步是将死者送往火葬场火化。这时整个送葬仪式结束，送葬队伍回来后就会采一些松叶、衫叶、柚子树叶、茅根、柏树叶等，放在锅里煮水洗澡。然后，位于上堂的灵屋也要烧掉，由于送葬仪式都是上午结束，所以一般都是上午烧，在中午12点前烧掉。灵屋前的祭品可由其子女带回分食。

2. 下葬仪式

待死者骨灰由火葬场取回后，便由送葬仪式进入下葬仪式阶段。下葬仪式主要是体现死者通过二次葬进入阴宅的过程。

阴宅多依山而建，常在较高的山腰或山坡上，倾斜度较大。传统上阴宅会选址在围龙屋中轴线的远方延伸处，但现在由于山林被个人承包，只能把阴宅建在自己分到的山林中。[①] 定好墓址后，会在阴宅与后面山林间砍伐出一片空地，以防山火发生时殃及坟墓。关于其型制，民国时曾有详细记载：

　　　　最普通的为人字坟式，其制于死者葬时，砌砖为椁，纳棺（或骨坛）其中，上壅以土，前筑降阶，中立石碑，旁护面匡，

---

① 还有不少因条件限制，就建在自家附近的平地或山坡上。

上筑坟头，横平而方正，惟两端略垂（亦有作半月形坟头者），面匡两旁，分筑摆手，望之适如人字，摆手外边向左右接筑矮小而向内拱的围墙，称曰虾须；联二摆手，围一环形，平实环形内地底，称曰坟堂；堂内降阶，下首两旁，各筑方台，称曰羊台；坟头后面，筑一护樟平盖，称曰宝盖，若长而拱，前方后环，则曰卷蚕；外绕矮墙，则曰交椅；坟堂以外，略高其土，成半月形，绕以矮墙，则称拜坛；拜坛以下，略低其土，砌以矮墙，则称诰封；坟的四周，配以相当泥土，则称土法。[①]

现在的粤东北阴宅型制与文献所述的人字坟式略有不同，主要是由于全部实行火葬后，坟头不再需要放置大型棺椁，只需放盛有骨灰的金埕即可，故空间大为缩小，成为小小的半圆球形。而坟头后的水泥云板则相对增大，但云台内部是实心的，并无空间，成为一个类似化胎的造型装饰。这样，整个阴宅型制就由人字坟式变成了围龙屋式，虽然从文献中也能看出民国时的坟式大体上也与围龙屋相近，但现今型制显然更类似围龙屋阳宅。具体而言，坟墓正中间是墓碑，加上其后的坟头，似围龙屋正堂屋；之后隆起的云板形似围龙屋的化胎；墓碑前的近圆形凹陷空间又形似围龙屋禾坪前的池塘；墓地外部边缘呈半圆形，似围龙屋的围龙，整体型制又似太师椅（见图4-1-5）

如此的标准化型制，显然是专业工匠所为。据《兴宁东门罗氏族谱》卷七《职业谱土木工条》记载：

泥水如大茔里一屋，专替营葬者筑坟为业……然考其筑坟之法，实别具匠心，以山水之结构，而定其配土之高低，筑坟之大小，阳阴离合，悉有法则，坟式亦随岭势局势，有各种工作体格之不同。[②]

现今这样的专业工匠也同样存在，甚至有的地方初次葬只放金

① 罗香林：《客家研究导论》（据希山书藏1933年版影印），上海：上海文艺出版社，1992，第181~182页。
② 罗香林：《客家研究导论》（据希山书藏1933年版影印），上海：上海文艺出版社，1992，第182页。

图 4 - 1 - 5　雁洋叶某英阴宅

埕（盛放死者骨灰的陶罐）时，都由专业工匠完成，下文会有
涉及。

　　关于初次葬的程序如下。首先，儿子及少数直系亲属会带上骨
灰与风水先生前往已修好的墓地。墓碑上刻有"××世　显　考
创正（即谥号——作者注）耆（表示死者死时年龄——作者注）
××贤×公；妣 墓"等字，"妣"下边用红纸遮住另一半，也即最
近逝世之人的名字。因为墓是早就做好的，其亡夫已先下葬，故当
时在墓碑上同时刻有健在人的名字，待其死后下葬时再揭去红纸，
同时在"妣"下的空白处补上死者的年龄等，这样既经济又方便。

　　在坟地边还有一个后土伯公碑，即土地神碑，每个墓地都有，
在建墓时一起做，以祈求保护死者，同时起"界标"的作用，说明
这块地由它守护。

　　传统的土葬时代，一般会实行捡骨葬和二次葬，即死者去世
后，先请风水先生到附近山地察看风水，选择风水好、干净整洁的
平地下葬，斜坡或起伏的地面不合适，因为地面凸起处易受日光照
射太长太干燥，凹陷处又易积水，会使死者肉体还未腐化便糜烂。
过三五年后把死者骨头重新拾捡起来，装在金埕里面，再下葬到坟
墓里。但如果大葬，就需要用木棺，一次性将死者骨头直接放在坟
墓云板里面，一般有地位有影响的人如官员士绅等采用此种方式。
不过，由于现在实行火葬，捡骨葬这一形式已不再有，但二次葬传

166

统仍保持着。

　　待风水先生至坟头后，开始用罗盘确定金埕放置的方位。"金埕"之"金"为五行之"金"，代表着悲痛，"埕"是指瓮坛之类的盖罐，一般为陶质。确定方位后，再从罗盘处拉根线，以便能更准确地定下金埕的具体放置地。

　　接着，死者家属在该位置挖一个坑，把金埕放置其中。此时，风水先生会将罗盘放置在金埕上，再次确定陶罐的准确朝向与方位。一切就绪后，将骨灰放进金埕内。同时还会放瓶水，因为待下次将金埕放进坟墓时需用水泥将金埕口沿封起来，到时这瓶水就可以用来和水泥。经询问，这并无任何特别含义，只是为了下次方便。

　　骨灰放好后，家属再用泥土将陶罐固定好，留出大约四分之一在外面，但土并未夯实，仍是松土，只是简单固定，最后在盖子上写上死者的身份、年龄等相关信息（见图4-1-6）。

图4-1-6　处理完毕的金埕

　　由于骨灰放在金埕里是不需要家人来祭拜的，金埕只能在进入墓地以后，家人才能去祭拜死者，所以只有在每年春、秋两季的时候，家人会前来把坟地清理一下，也就是说，金埕处理完毕后，就这样在野外基本处于没有防护的状态下放置数年，即使其间被风雨侵袭或动物触碰致使金埕翻到，也无人维护。当然，金埕本身的设计也能尽量避免这种情况，比如它有两个盖子，内盖凹进罐内，外盖凸起覆盖陶罐，加上外面被软土固定，相对结实，一般情况下不易翻倒。以保证灵魂不散。

此外，在调查中，还发现一种略有不同的放置金埕的仪式，主要区别在于增加了祭拜仪式，并且金埕平底放置，增强保护性。

这是在上长岭村附近的恒升围，死者的金埕准备放在自家附近自留地中的平地上。经罗盘和红线确定好具体位置后，会有祭拜仪式。先是在金埕中烧纸并清洁骨灰罐，然后风水先生主持仪式请骨灰入罐，口中念有"保佑子孙"之类的话，亲属则在旁边祭拜并三鞠躬。之后，负责挖坑等处理相关丧葬事宜的力工将由红布包裹的骨灰倒入罐中，罐的内盖上记录有逝者的身份信息，同时风水先生在即将放置金埕的坑内烧纸。

接下来，工人将装有骨灰的金埕移至坑内，风水先生以吉祥语请葬，口中念词"一祭财运兴旺，二祭子孙满堂，三祭荣华富贵，四祭金玉满堂"，儿子们随之祭拜并三鞠躬。工人则盖上内盖，风水先生手持红线悬于方位桩上，测量金埕是否放正。而后工人以红布覆盖金埕内盖，再以金埕外盖合上，风水先生撤方位桩。

这时，工人将松土堆至罐身一半，与地齐平，风水先生则指导家属备酒、茶（三杯茶，三杯酒）、果物等祭品，焚香，主持祭拜，待儿子们三鞠躬后，收其手中之香，插于坟前，儿子们再三鞠躬后轮番添茶加酒并焚烧纸钱。

最后，风水先生指导工人对金埕加固保护：将砖围着金埕呈放射状摆放，逐渐叠高成圆形，高度超过金埕的顶端，然后由工人负责填土将整个金埕埋起来。鸣炮结束（见图4-1-7）。

这个上午的下葬只能由逝者的男性后辈参加，女性后辈和外系后辈则在下午前来祭拜，平辈如夫或妻都不能参加，想必是保护之意，以免过于悲恸。

初次葬结束后，接着是等待二次葬。二次葬的时间由风水先生择良辰吉日而定。主要依据是看罗盘上坐标"年房"的显示，与天干地支有关，必须等到"年房"对上才能把金埕放到坟墓去，否则会"杀方"，对主家很危险。如果当年"年房"正好对上，就可以举行二次葬，但这种情况较少，一般要三四年，有的甚至要等七八年。"年房"确定后，还要计算举行的月份，月份也是根据罗盘上

图4-1-7 上长岭村附近的恒升围祭拜金埕

显示的坐标计算得出。

待二次葬的吉日确定后，就举行仪式把金埕放进已修好的坟墓中。如上文所述的阴宅已放置了死者的丈夫，就不能合葬，因为之前放置的空间已封闭，随着时间的积累，里面可能会产生所谓的"青烟"，而自然形成的"祖坟冒青烟"在风水中是大吉之事，一旦擅自打开，则积累青烟的可能性大为降低，对子孙不利。在这种情况下，就在该空间之后的云板上，经风水先生测试好方位，凿一个洞，将后来死者的金埕放进去，再重新填平。

除了上述主流围龙屋坟式的阴宅外，在恒升围附近还见到一些因地形限制、占地面积非常小的普通坟式，但值得一提的是，其中的许多墓碑未刻任何字（见图4-1-8）。据风水先生介绍，未将坟式建成围龙屋型制，经济状况不佳是一个重要原因，至于墓碑无字的原因，主要是源于一种说法：主持墓碑刻字的儿子会被死者"亏"，也即谁刻字就"亏"谁。这个"亏"字可以理解为带来不幸，于是儿子们谁都不愿被"亏"，所以就都干脆不刻字了，反正儿子们祭拜时知道死者为其上辈。

但是，对于邻近地点那些墓碑上刻字的，风水先生解释为刻字者知道死者不会去"亏"自己，并直言这是"各人心思"。

应该说，这种现象在我们对粤东北地区的调查中并不多见，大

图4-1-8　无字墓碑

部分墓碑上都有刻字，但像上长岭村旁边的恒升围集中出现这种墓碑不刻字的现象，而且都是出现在近年新建的墓碑上，还是值得关注的。因为这与客家人特别强调的"崇祖敬宗"精神不符，而且几代之后就容易混淆逝者身份，对祖宗颇为不敬。虽然客家地区位于封闭山区，俗民社会的各种神灵崇拜一直非常普遍，但传统上从不曾侵蚀客家敬祖的精神。而恒升围近年新建墓碑上大量出现这种现象，这背后似乎意味着该区域的许多人对个人利益的重视超过了对集体精神的认同。更重要的是，这种行为似乎也得到了集体的理解或认同，可视为围龙屋空间衰落的一个迹象。

另外，除了恒升围的小型普通坟式阴宅外，上长岭村还能见到一类纪念亭（见图4-1-9），里面修筑层层台阶，家族死者的金埕就摆放其中，金埕也不用水泥封闭，更没有墓碑之类，辈分高的金埕放在上面。但也有例外情况，如上文提到的李瑚兵有九兄弟，本欲集中建一个大的纪念亭装日后众人的金埕，但因各家经济条件不一等因素，未能实现，于是仍然分头由小家庭自己建。如图4-1-9中的纪念亭便是李瑚兵弟弟和弟媳的，李瑚兵的则待新建。值得一提的是，李瑚兵火化后在其子的要求下骨灰一直存放在殡仪馆，并未像常见的那样实行初次葬，而这种情况现今也并不罕见，显然是一个值得注意的现象。因为骨灰存放在殡仪馆是需要费用的，而拿回来实行初次葬是基本不花钱的，说明这种形式的改变是后辈观念上的改变，而非其他因素。

据族人介绍，以前没有纪念亭这样的形式，这是近年来才开始出现并逐渐增多的现象，这种形式最重要的好处是节省土地，当然也可视为土地紧张的无奈之举，同时也节省了家庭大量的筑墓经费。但这种方式付出的代价是二次葬传统无法得到传承，相关的一系列仪式和程序自然都被取消，显然是阴宅空间的重大变化，作为客家"慎终追远"里的"追远"精神未能在最重要的空间之一——阴宅中实现和传承，这也可视为新时代围龙屋空间衰落的象征。

需要说明的是，随着时代的发展，习俗在传承过程中总会有

图4-1-9 上长岭村祥凤围纪念亭

变异因素发生，这是可以理解的。比如葬俗已经有了一些变化，传统上，送葬等仪式中人们要穿麻草鞋或赤足，不能穿鞋袜，但现在多为穿白鞋；以前没有乐队，只有吹唢呐、放鞭炮和敲锣鼓，但现在都请专业的丧葬乐队；以前没有花圈，现在大量使用；以前没有那么多白色孝衣，就头戴白布；以前也没有红伞，但近几年开始流行；等等。但这些只是经济发展和人们生活水平提高带来的细节上的变化，整个葬俗制度并没有本质的变化。此外，中华人民共和国成立后，提倡丧事从简，但这种行政命令也并未长时间对当地葬俗产生明显影响，到现在传统葬俗仍具有生命力即是例证。而上文提到的纪念亭、无字碑等变化则属于性质上的变化，阳宅与阴宅空间的一体化体现的是客家"报本反始"和"慎终追远"的精神，这种对祖宗的极为尊崇甚至畏惧是形成客家族群凝聚力的一个重要方面，是整个族群在自然环境较为恶劣的情况下，在与其他族群的长期竞争中得以生存和发展的重要推动力。因此，这种空间的衰落背后还是有着深层原因的，关于此点，本书会在结语部分专门探讨。

3. 纪念仪式

针对逝者，后人会举行一系列的纪念仪式，如"头七""百日""清明"，以及大型祭祖活动等。"头七"指在死者死后的第一个七天举行纪念仪式，国内其他地方有的还有"二七""三七"（即第二个七天和第三个七天）甚至"七七"等，但兴宁地区没有。之后就是"百日"，即第一百天进行祭拜；接着是"年祭"，即以死者去世的那一天作为每年的祭日；最后，随着年月久远就只剩下每年的清明祭拜了。但根据传统，除了清明之外，还应在腊月二十四上坟。据咸丰六年《兴宁县志》卷十《节序》记载：

> 清明上塚……腊月廿四为小除夕，上祖茔以楮置坟上，谓之挂纸。①

这个仪式我们在调查中较少发现，据风水先生介绍，现在虽然有的地方还有，但已不多见，大家主要还是在清明上坟。这也许与较多外出打工的乡民在除夕前才返乡有关，但这应该还不是主要原因，因为小除夕离除夕也就几天时间，而且一般家中也不是全家外出打工。从深层次上看，这反映了随着时代的变化先人对后人的约束力下降。

无论是"头七"还是"清明"上坟，这些都属于小家庭行为，而在阴宅举行的大型祭祖活动则是宗族行为，这里就择取有代表性的小家庭仪式中最重要的"头七"和宗族的大型祭祖活动为例。

1）"头七"

"头七"是指死者逝世后的第七天，家人对死者进行纪念的仪式，不过春节期间可不必满七天，可以提前但不能推迟。

在"头七"那天，直系亲属们仍旧要头戴斗笠、身穿白衣孝服、腰系麻绳挂米袋，其中女性腰间前面还需挂一块黑色布纱，但死者老伴不需要到场，以免过度伤心（见图 4-1-10）。程序是带上三牲来到祖屋上堂放在祖牌案前祭拜，（面对祖牌方向）中间是昂起的鸡头，左边是一条大鱼，右边的一大块猪肉，前面的茶、

---

① （清）陈炳章等编纂、罗香林校《明清兴宁县志》，台北：台湾学生书局，1973，第 1771~1772 页。

酒、红枣等，并在上堂天井边缘放上两个已插香的香炉，以祭拜天地用，先祭拜天神、地神，再祭拜祖宗。门口也同时会放上香炉插上香，以祭拜门神。然后是烧大量冥币，家电、手表、护照、飞机、汽车等与日常生活相关的纸扎品一并投到火堆中烧，此外还包括一些绘有门神的衣服，就像在阴间有人保护逝者一样。待烧纸差不多后，再将一张大红纸铺到火堆上烧掉，意思是保佑子孙"满堂红""红红火火"，所以在场的子女都要同时握住纸一起铺上去。最后在门口放鞭炮。

图 4-1-10　上长岭村李瑚兵"头七"仪式

上堂仪式结束后，大家就来到祖屋门口的禾坪上，将死者生前的衣物等用品烧掉，同时家人在丧葬仪式中穿着的白色孝衣也脱下来一并烧掉。待中午大家一起在祖屋聚餐后，"头七"仪式就全部结束。

2）大型宗族祭祖

阴宅空间中的大型宗族祭祖活动在祖宗墓地进行，参与者往往是一个脉系宗族的代表，甚至是一个地区开基祖繁衍出去的所有愿意参加的同姓后人，人数较多，规模较大。

第一类是族人自发前往祭拜，这里以与上长岭村刘姓宗族有关的大型祭祖活动为例。

如前文所述，上长岭村刘姓宗族可上溯到兴宁地区开基祖刘开七（见图 4-1-11①）。据 1928 年《刘氏族谱》记载：

---

① 《刘氏族谱（卷一总谱）》，第 195 页。

图4-1-11　开七公画像

（开七公）系龙公第七子，祥公二十世孙也。公生于宋末，原自福建宁化石壁洞迁居宁化城里，宋末官授潮州都统制，率兵往兴宁岗背平乱，殁于营，葬于岗背黄蜂嶂下高车头，行山象形鼻穴，巽山乾向。公裔孙繁衍，分布五湖四海。清康熙三十九年庚辰十一月二十三日子时重修墓地一次。[①]

该墓选址注重风水，整座墓地为大象型制，墓地所处的山脚似象鼻，两边不远处又各有一墓，分别是开七两位夫人黄氏、龚氏之墓，形似象眼，墓地后面两边开阔平坦的山脉又像象耳（见图4-1-12）。后世商定每年农历正月二十日前来祭拜，至今，该日期仍得到传承。每年正月二十左右的那几天，尤其是二十当天，前来祭拜者众多，墓前很热闹，许多人从兴宁以外的地区特意赶来。不过，现场的祭拜仪式与在直属祖屋上堂的仪式有明显不同，没有什么祭品和较烦琐的程序，主要是烧香祭拜，而且缺乏组织性，整体上与在寺庙朝拜一般（见图4-1-13）。

从空间生产理论角度，开七公的墓地是一个很好的例子。上文已述，开七公其实并非举家于此，而是在福佬地区的潮州为官，只是在剿匪时阵亡于兴宁岗背，葬于此。于是，其墓地成为一个重要的空间，这个物质空间不仅仅是一个重要的场所和族群意识的载体，更重要的是它不断生产着社会关系和事物，后人围绕它，又各自建构自己的社会空间，各成体系，通过这个最初空间的源出，到今天仍能维系十数万人[②]的社会关系。

---

① 《刘氏族谱（卷一总谱）》，第201页。
② 据1928年《刘氏族谱》记载，其时兴宁已有十数万后人。参见《刘氏族谱（卷一总谱）》，第7页。

图 4 - 1 - 12　兴宁刘氏开基祖开七公墓

图 4 - 1 - 13　兴宁刘氏开基祖开七公墓前

在这个空间生产的过程中，其子广传公（见图 4 - 1 - 14）起了重要作用。据《兴宁刘氏总谱》记载：

　　（广传）公生于元初，于元仁宗延佑乙卯二年登进士，官授江西瑞金知县，因筑城建学，平洞寇有功，擢迁为秩奉议郎。

　　公出生在宁化县，卒于京职。祖妣原合葬于瑞金县金鸡墟

图 4-1-14　广传公及夫人马氏、杨氏

三角塘，龙形眼穴。①

另据福建《宁化县志》对广传公的记载：

　　刘幷（弁），字清叔，在城人。事继母，以孝闻中，端平
二年进士，调会昌尉。时流寇窃发，会昌风鹤之警，昼夜不
宁。幷（弁）至，勒弓手戒斥堠，寇不敢犯。嘉熙间，漕帅王
野差临川和籴，时朝廷降见钱弃籴本，他官皆易以楮，弁独用
所降钱，遂先办后论擅易籴钱事，皆坐黜，幷（弁）由此知
名，辟大瘐令；会剧贼潭如海啸聚，宪司檄幷（弁）督捕，如
海就擒；调辰州判官，辟知瑞金，筑城建学，能声益著；以平
洞寇功，改京秩，终奉议郎。②

　　虽然两段文献在广传公所处的时代上有分歧，但对于其生平简
介是一致的。广传公在京城任上逝世后，葬于江西瑞金县，因其为
开七公独子，故开七公这一脉本应在江西瑞金繁衍开来，但广传公
鉴于其父葬于广东兴宁，遂令部分子孙如长子巨源、三子巨洲、八
子巨涟等迁居兴宁开基立业，如上长岭村所属的巨洲系便在兴宁合
水双溪岭上创建"巨洲围"祖屋一座，至今祖屋完整。虽然其他子

----

① 《刘氏族谱（卷一总谱）》，第202页。
② 《宁化县志》卷四《人物九》，康熙二十三年版。

孙仍分布在江西、福建、广东惠州等地，但"溯其发祥之地，实在兴宁，遂群宗开七公为兴宁肇基始祖"①。所以每年也有不少江西等外地后裔前来祭拜。

可以看到，开七公墓地作为共有空间实际上是由广传公进一步建构而成，形成共有空间后，空间开始生产，社会秩序也相应空间化。这个案例充分显示，空间本身才是主角，有了墓地空间后，才有了以后的一系列历史建构，反过来，空间生产出的社会关系又将自身投射到该空间里，最终形成空间存在。

第二类是在宗族理事会的主持下有组织地举行大型祭拜。如上长岭村的李氏后人在所属新陂镇李氏联谊会的组织下，于2012年农历二月二十八曾赴福建上杭官田村李氏大宗祠参加大型祭先祖火德公的活动。但在粤东北地区的考察中，邓氏大型祭祖活动是一个比较典型的例子。

粤东北的邓氏大型祭祖活动非常有组织性，每年都要组织祭拜客家邓氏入粤始祖太乙公。鉴于粤东北地区主要是梅州市，其下辖七县一区，邓氏宗亲会便决定由梅州七县一区的各个邓氏宗亲会每年轮流做主祭，同时也十分欢迎梅州以外的邓氏宗亲会前来祭拜和轮做主祭。如果由此繁衍出去的不同地区的外地邓氏宗亲会团体分别申请主祭，则按照国外华侨团体、外省、外市这样的顺序，空缺年份则由梅州当地各区县邓氏宗亲会填补。

按此原则，2013年是由广东惠州邓氏宗亲会主祭太乙祖，随后两年分别是梅州大埔和惠东邓氏宗亲会主祭。这里以2013年祭拜太乙祖的宗族活动为例。

关于太乙祖来历，据《邓氏族谱》（太乙公七房礼公后裔之族谱）之序记载：

> ……溯古代梅州邓氏之祖，其自西汉以上，莫得而知其详。而自东汉以来，南阳讳禹者，是邓氏之鼻祖，可以而考其略也。当光武中兴，而禹公策仗追帝，帝被王莽、樊崇兵追至滹沱河，遇大风雨，衣湿食乏，公乃热火烘帝衣，进麦饭，奉豆粥，以充帝饥。及帝应赤符郎，莅大宝位，即拜公为大司

---

① 《刘氏族谱》"卷首"（1928年），《刘氏族谱（卷一总谱）》，第7页。

徒，封酇侯。图形于云台剑乡。递后大猷公乃立勋树绩为将军，今泉郡有邓将军墓，皇恩赐柱联云：山河带砺膺新宠，文武箕裘振世勋，至六孙讳简。娶秦氏，生二男，长讳佐，次讳俦。至元佐践位年间，后回石壁都禾口村居。生男讳相，相公生男讳显，显生三男，长讳志圣，娶邹氏，生五子，以一为号，次讳志贤，娶张氏，生二子，以二为号，三讳志斋，娶邦氏、巫氏，副室唐氏、肖氏、凌氏，生九子，以三为号，原福建汀州府宁化县民籍，登元进士，荣任广东提举司，偶尔降署候旨，复钦召升授广东布政司，满任赍表进京，遇海寇掠船，失简牒。圣旨提处。公乃更姓为澄清，存易耳，登易平，作道人伏。时明兵取地，元兵因败，水陆俱限。公游至潮州府之程乡松口而志之曰，此处山水秀丽，星辰照耀，后必有宰辅之生，据是居焉。始复原姓曰邓。呼令九子之名曰：文、行、恭、敬、仁、义、礼、智、信。各皆令娶媳生孙。公觇大兵之扰未定，又令子星散择居，以防事变，公只一子在旁，三子往梅州地方，余四子随母回闽。路途险阻，未知落着。其时松口有朱给事，延公为西宾，设学会文，彼都人士，咸尊公为会长，衡文高下，无不心服。定期考校科名，一一不谬。通邑闻公名望，拜为门生者，拜为会长者，不啻百计。名儒宿学尊号曰太乙，越三年，欲访其妻子，出游遇异人，授其秘术，仍复松口。遇人疾苦，则施之药，或抚其背，摩其头，即日平安。凡求所有，无不灵验。众称为太乙老人。享年九十九，坐谈而归仙。临终遗言于内诸生众子曰：吾归空后，愿我门生，各个德行文章，步步青云得路；愿我后胤，世世如蒿祝；愿我牲骸，代代保全金身。所以归后乡绅志之曰：南阳堂志斋太乙邓公。明乐二年卜葬松口洋坑里草鞋径，坐南向北，海螺形。至大清康熙三十三年甲戌岁起金更葬，筑坟竖碑，递年二月二十五日，各房斋孙齐集上坟祭祀。因以为例，永垂不易。由是观之，则志斋太乙公，乃吾家来潮郡古梅之鼻祖也！

该序文重点说明了三个方面的要点。一是建构"中原说"，强调"至元佐践位年间，后回石壁都禾口村居"，这与前述兴宁《刘氏族谱》一样，祖宗曾在福建宁化县石壁中转，强化了血脉的正统性，其后人非"无籍之徒"，关于这点，在前文中已有详细论述，此处不再赘言。二是说明了太乙公的身世。太乙公名志斋，尊号太乙，为显公三子，宋光宗时进士，历官提举司。迨游至梅州松口镇，感其"山水秀丽，星辰照耀，后必有宰辅之生，据是居焉"，遂携九子由闽入粤，并始复原姓邓，被后人尊为嘉应（古代梅州）支系的开基祖，也即客家邓氏入粤始祖。三是提及太乙公后世的祭祀——公葬于松口洋坑里草鞋径，其阴宅坐南向北，呈海螺形，清康熙三十三年筑坟竖碑后，各房后人定于每年农历二月二十五齐集上坟祭祀，因以为例，永垂不易。

2013 年惠州邓氏宗亲会依据古制，于农历二月二十五，时值清明节，在梅县松口举行大型宗族祭祖活动。由于此次是惠州邓氏宗亲会从外地赴梅州松口主祭，所以准备时间和费用都要远远超过梅州本地区县宗亲会的主祭。大约准备半年时间，包括联络、沟通，组织等。这一年惠州主祭方组织了 1000 多人赴松口参祭，其他梅州本地或外地自行来参与祭拜的有 1 万多人（见图 4 - 1 - 15）。清明节前后梅州一直大雨连绵，影响了参祭规模，据称前一年兴宁主祭时正值天气良好，人数规模要大许多。

图 4 - 1 - 15　松口邓氏祭祖

当日场面盛大，人潮如织，惠州邓氏宗亲会在祖坟现场布置了彩旗、热气球、礼炮、鞭炮等，待工作人员把三牲等祭祀品在墓前摆好后，整个惠州邓氏宗亲会主祭成员集中在墓前祭拜。

主祭人胸别红花，手持麦克风维持现场秩序和主持祭拜流程。祖坟上立有一张祖先画像，前面献了一束花，坟头上铺有红纸，墓前插有三支一人高的大香居中，两支大蜡烛居大香两侧，后面是祭品，顺序分别是一盘苹果、五杯茶、六杯酒（前茶后酒）、糕点、三牲等。主祭人在墓边念祭词，念毕后大家一起三鞠躬，12台礼炮齐鸣，鞭炮声大作。之后众人开始依次祭拜，由于该年为惠州邓氏宗亲会主祭，所以先由惠州前来的太乙公后人祭拜，他们每人头戴红帽，以与他人区分。待排至墓碑前，虽然恰逢大雨，但祭拜时

不得打伞，故参祭人先收伞，然后跪地，双手上下来回摸墓碑，再起身，同时将双手摸双脸，以求沾上仙气，然后再重新撑伞离开。他们中不少人还抱着小孩一起跪拜，并将摸过墓碑的手擦搓在小孩脸上，希冀祖宗能给小孩带来福气（见图4-1-16）。由于惠州主祭团人数众多，把墓前围得水泄不通，离墓的正前方较远处，有一排可供插香、烧香的地方，于是许多零散前来祭拜的后人就在此处烧香祭拜，之后自行离去。

图4-1-16　跪拜祭祖

在祭拜过程中，现场的表演仪式也基本不停，这已外包给礼仪公司，锣鼓、奏乐、舞龙、舞狮等表演都由该公司负责，现场表演者总共有十七八人。在后人跪拜祭祖的同时，舞狮队也会穿插走上坟头，围绕坟头舞狮一圈，以示祭拜。

祖坟旁不远处有一个接待处，负责香火售卖、人员签到、接待、募捐、资料发送等相关事宜，其中最重要的是募款活动。梅州邓氏宗亲会从2010年起计划修建一个太乙公馆，以及重修太乙公坟墓，尤其是前者，花费不菲，预算至少要六百万，完全靠捐款解决，但目前筹集金额还相差甚远，据梅州邓氏宗亲会会长邓伟风介绍，去年除去宗族活动开支后，才结余三四十万。所以，现场宗亲

会组织者特别鼓励众人捐款，甚至在主祭过程中，主祭人在大家跪拜墓碑的同时，还会高声诵念捐款者名单，以资感谢和鼓励捐款。

仪式的最后一个环节，是交接主祭大旗。大旗在现场由该年的惠州邓氏宗亲会负责人递交给下一年的梅州大埔邓氏宗亲会负责人，后者接旗后会挥舞大旗，以示郑重和荣耀。主祭活动结束后，人员基本散去，当天就剩下后赶到者零散前来祭拜。

通过上文对阴宅和阳宅祖先空间相关仪式和活动的阐述，我们可以看到，这些空间所生产出来的事物都是有现实意义和存在价值的。

阳宅和阴宅空间祭祖活动的重要意义之一便是建构和强化集体记忆。哈布瓦赫认为，"集体记忆具有双重性质——既是一种物质客体、物质现实，比如一尊塑像、一座纪念碑、空间中的一个地点，又是一种象征符号，或某种具有精神含义的东西、某种附着于并被强加在这种物质现实之上的为群体共享的东西"。① 在这里，祖堂和祖坟成为发挥凝聚作用的"纪念碑"性质的建筑，同时，又把附着于祭祖空间的祭祖仪式赋予具有明确精神含义的集体记忆，如上长岭村东升公后裔通过各种仪式的纪念，使后人们对自己属于东升公后代的记忆异常清晰，他们可能不记得自己的曾祖及以上是谁，也不记得东升公之前的祖先是谁，但是一定记得自己是东升公的后代。这样的集体记忆以东升公为荣，有助于建立群体的凝聚力和认同感。

对于血缘关系较远的脉系祖屋和总祠祭祖，追求群体认同的目的更明显，如刘氏总祠和邓氏祖坟的祭祖显示，两个家族彼此间血缘关系甚远，平日也没有往来，但是恢复和保持这样一个大型祭祖活动，是希望建构和维系群体的认同感。因为宗族成员间社会距离的远近，主要是由社会文化所诠释的"血缘"来决定，并以共同的活动来创造及强化相关的集体记忆。② 不过随着时代发展，社会结构发生变化，已没有展现大型宗族力量的土壤，这种建构对人们的

① 〔法〕哈布瓦赫：《论集体记忆》，毕然、郭金华译，上海：上海世纪出版集团，2002，第335页。

② 王明珂：《华夏边缘——历史记忆与群族认同》，杭州：浙江人民出版社，2013，第54页。

日常生活已影响不大,因此参加祭祖的人数与后人的基数相比,是很少的,经常去的人更少,很多人是抱有"新奇"的心态去参加仪式,故祭祖的表演性增强。

另外,由于宗族力量的衰落甚至宗族的消失,原来能够维系宗族认同的一些载体也随之消失。如东升公创办了属于东升公后人的公共财产——东升小学,东升公后人都可在里面就读。这样关于在东升小学读书的共同记忆,会成为维系东升公后人之间"亲亲性"的重要力量。如在四角楼的祖宗生日活动中,一些从东升小学毕业去外村并与上长岭村联系很少的东升公后人,因为四角楼这边还有不少小学同学,与同学聚会成为他们参加四角楼祭祖活动的动力,这在客观上又加强了宗族的集体记忆和群体认同。而随着解放后东升小学被收为公办,从上长岭村分到外村的东升公年轻辈的后人无法就读东升小学,这样宗族间一个重要的联系纽带就断裂了。于是,小学同学随着老去逐渐无法参加,他们的后人失去了纽带后,也不会参加了,宗族的凝聚力也就进一步衰落。

第二节　神灵空间

一　土地神与龙神

土地神在粤东北客家神灵空间中占据非常重要的部分。土地神在该地区又被称为"伯公",属于泛神论范畴,广泛存在于围龙屋内外,如门口水塘边有弥陀伯公、路口有路口伯公、田间有田头伯公、坟旁有后土伯公,这些伯公神位没有高大显赫的造型和神像,而是非常矮小,二三十厘米高,往往是一个中间高两边低的弧形矮墩,中间立一块石碑,代表伯公神位,也有许多不立碑牌的。型制虽然简单,却近似围龙屋的半圆形典型造型,可以看出与围龙屋在型制上的关联,也可视为围龙屋空间在屋外的衍生。

许多客家人至今仍对伯公神位保持着敬畏,希望伯公保佑一家人平平安安。祭拜时间不定,多为过年前后,到时祭拜人不仅去伯公神位上香、敬茶、祭果品等,而且有时也会带上孩子参与,并教育他们,如果对土地伯公说了不敬的话,会遭报应。

这里以祭拜弥陀伯公为例(见图4-2-1)。弥陀伯公位于围龙屋大门口前水塘边，上长岭村老人又称其为水观音或水母娘娘，相当于土地神。祭拜弥陀伯公原本主要是为了保护屋内小孩安全，以免他们在禾坪上玩耍时不慎跌入水中溺亡。关于这点，也是笔者在考察中的一大困惑，中国古代风水虽有不少虚妄内容，就住宅而言，总体上以使人健康舒适为目的，有此基础，人们才会有希冀的飞黄腾达，这也是笔者在与多位风水先生的沟通中得出的共识。但是，就围龙屋门口的水塘而言，对幼儿是十分危险的，与客家人重视繁衍后代的观念是有冲突的。禾坪本是孩子们的公共活动场所，与水塘间虽有墙埂做界，但墙埂是非常矮小的，只有 20 厘米左右高，而水塘中间深约一米半，靠岸边也并不很浅，不能排除几岁幼儿玩耍时越过墙埂甚至被绊入水塘溺亡的可能性，事实上，在考察中也偶有所闻曾有这类不幸事件的发生。每当在访谈中问及此事，人们总是解释大人会注意看住小孩，万一孩子掉进去了会马上抱起来，但这种解释显然不能让人完全信服。那么，弥陀伯公的存在可以在一定程度上解决这个矛盾，鉴于前文已述水塘在风水概念中比较重要，同时现实生活中也可以养鱼、防火等，于是，在水塘对于粤东北客家人生活不可替代的情况下，设置弥陀伯公空间，以保佑孩子们的平安，也是一个不错的选择，基本补缺了围龙屋在构造上可能存在的无法顾及之处，毕竟，这种不幸事件也是非常少见的低概率事件，抑或可理解为必要的牺牲。

现在，由于人们已基本搬离围龙屋，这个矛盾已然不存在了，但不少人仍然会祭拜弥陀伯公，这时的祈愿已泛化为保佑平安了。具体的参拜流程如下。先是摆上祭品和四根蜡烛，祭品主要有果品和茶点，包括苹果、花生、糕点、炸角之类，寓有"大吉大利""发财""红红火火"等意。点好香火后，祭拜人并排站立，年长者手持三根香，其余人皆是一根香，鞠躬祭拜，默念祈愿之词，其后插上香，再给土地伯公添茶添酒。最后，在一旁等待土地伯公"尚飨"之后再放鞭炮结束仪式。但在上长岭村中，这个仪式更加简化，只是上香，水观音上也没有牌位。

需要指出的是，在调查中我们发现，祭拜围龙屋上堂之外的土地伯公主要是中老年妇女，她们有的会带上未成年人，但很少见到有成年男子参加，这与上堂祭祖活动中还是能见到一些成年男子的情况有明显区别。土地神祭祀在传统上是比较受重视的一个祭祀，

图 4 - 2 - 1　祭拜弥陀伯公

又被称为"牙祭",多固定在农历二月初二祭拜,粤东北客家地区的这种现象可以说明围龙屋上堂之外的土地神空间也处于快速衰落中。

在围龙屋内的伯公神位则与上述有所不同,它与龙神崇拜结合,在上堂神龛之下有本宅龙神伯公神位,又称福德伯公神位,在上堂后的化胎中则安放有五方龙神伯公。从这两者所处的位置看,其地位与上述伯公神位有明显不同,也有更多的内含,对客家人的生活具有更重要的意义,因为其中结合了龙神崇拜的因素。以龙为形象的神灵,多为水神、海神,如海水龙王,但在粤东北客家地区,龙神属于土地神系一支,是主管宅居的地理之神,也即宅居神,故对围龙屋风水十分重要,甚至被认为会影响一屋人的命运。

"龙"是古代中国人创造的图腾,早在数千年前就已经存在,为"四灵"之一。[①] 龙形象源自多种动物原形,包括猪、鲵、虎、蛇等,但至宋代后开始趋于规范,具体为"鳞虫之长……头似蛇,角似鹿,目似兔,耳似牛,项似蛇,腹似蜃,鳞似鲤,爪似鹰,掌似虎,是也。其背有八十一鳞,具九九阳数。其声如戛铜盘。口旁有须髯,颔下有明珠,喉下有逆鳞。头上有博山,又名尺木,龙无

---

① 四灵为麟、凤、龟、龙(《礼记·礼运》)。

尺木不能升天。呵气咸云，又能变火"①。

　　不过，围龙屋与龙并非实际形象的关联，而是属于风水中的抽象物，也即龙神抽象地体现在围龙屋中，其作用在于藏龙聚气。"气"在古代思想中表示物质存在之意，风水上将气与人相联系，成为"生气"。《礼记·月令》道："季春之月，生气方盛"，说明"生气"意味着万物的生长和发展。而围龙屋的建筑风水认为"生气"源自"龙气"，"龙气"又由"龙脉"而生，所以围龙屋必须选址在龙脉延伸之地，龙脉进入围龙屋的终点就是龙穴，即上堂福德伯公之神位，因此找准龙穴是围龙屋选址和构筑的首要因素，这在前文中已有详述。

　　确定龙穴后，来龙需从围龙屋中轴线引入，由围龙屋背面的风水林进入龙厅。为了避免压住龙脉，一般要求龙厅空置，但一些老屋也会在厅内放置一些杂物。甚至在调查中发现，在中华人民共和国成立后至20世纪80年代前，个别老屋因住房实在紧张，也出现了龙厅住人的情况，后来随着居住环境的改善，人们才搬离了龙厅。而在传统上，这是神圣之地，一般小孩都不得入内，是绝对不可以住人的，否则会压住龙脉，影响住在整个屋族人的"运气"。但由于中华人民共和国成立后传统秩序被毁，宗族崩塌，时代观念改变，围龙屋的共有空间一度被严重冲击，这只是其中的一个体现而已。

　　龙脉经过龙厅后，接下来的一个重要节点是上堂后化胎边缘下部的五方龙神伯公，又称"五行星石"或"五行石"，一般是五块不同形状的石头按一定的顺序排列，形成又一个精神空间。这个空间主要蕴含了生殖方面的崇拜，待后文详解。最后，经此进入上堂至祖宗神龛正下方，此处往往会再挖一个小神龛，里面放上牌位，但在上长岭村，很少立牌位，一般直接在小神龛内放置香炉、烛台、酒杯和茶杯，龙脉止于此，也即整座大屋的龙穴处（见图4-2-2）。对于一些后人较少又较为破败的祖屋，往往只会简单修缮上堂，并不会重新挖出恢复龙神龛位，而是简单放置一个香炉在地上了事。在这种情况下，祖宗神龛位也往往比较简陋，甚至只是靠墙放一张桌子，

---

　　① （宋）罗愿：《尔雅翼·释龙》；（明）李时珍：《本草纲目》鳞部第四十五卷中。

立上牌位，没有神龛，这也基本上意味着祖堂空间的彻底衰落。

图4-2-2　上长岭村四角楼本宅龙神伯公

简言之，高山来龙，平地结穴，龙脉穿过风水林，经龙厅和五行星石，终于上堂龙穴处，形成一个完整的龙脉引入系统，然后通过化胎后方的围龙来象征围住龙脉，最终达到藏龙聚气的效果和目的。

正因为龙神伯公如此重要，所以当族人在上堂祭拜时，先是龙神然后是祖先，先给龙神伯公空间添灯油和插香，然后是祖宗牌位，也即保持先神灵后祖宗的顺序。当然，在考察中我们也发现，遵守这一程序的多是老年人，年轻人往往直接祭祖上香，这说明，随着时代的变化，血缘认同较神灵崇拜更具有传承性。

同时，也由于其重要性，在该空间又衍生出了"安龙"、"转火"和"奉朝"仪式，这也恰是空间生产的又一个典型体现。这三个仪式并不常见，它们涉及祖宗、神灵牌位及龙脉的重新安放，颇为郑重，像"转火"仪式可能要十数年甚至数十年才能一见。"安龙"仪式可以单独举行，如族人认为围龙屋龙气衰弱（譬如诸事不顺或屋中发生了重大的不利事情等）需要提振"龙气"时；也可以结合"转火"或"奉朝"举行，"转火"或"奉朝"则成为"安龙转火"或"安龙奉朝"。可以说，正因为人们在上堂构筑了龙神空间，才能将特定时间和特定空间中的要素、秩序、结构、关系等施加于上堂神龛和龙穴处，从而形成表征的空间。

"安龙转火"与"安龙奉朝"既有相同也有区别，相同之处在于两者都需要结合"安龙"仪式重新引入龙脉安放，不同之处在于"转火"应新请、重请祖先，奉朝则不需，而主要是增列祖先以及奉上满天神明，因此，转火往往是新建、重修一个屋或分祠所需做的法事（如有单独想要把祖宗请到小家庭的，要经同族长辈同意后才可），奉朝则一般是祖牌增列、移位所需做的法事。

目前在客家地区的安龙转火和安龙奉朝都非常少见。由于安龙转火是应新请、重做或重放祖牌之需，而中华人民共和国成立后客家地区已不再有围龙屋的建造，所以目前所见的安龙转火往往是因祖屋大规模重修而举行。祖屋大规模重修后，一般至少能维持几十年甚至上百年，这意味着一座老屋在这期间内都不用再举行安龙转火，加之目前受族人关注、能够聚集人心和财力的围龙屋更是少之又少，因此，安龙转火仪式在客家地区的围龙屋中是非常少见的。如在上长岭村一带，举办过安龙转火的老屋屈指可数，只有四角楼、上墩岭世德堂和钟排上老屋分别在1987年、1997年及1988年举行过，都是目前后人相对较多、凝聚力仍较强的祖屋。

而安龙奉朝较安龙转火仪式更是罕见。按照传统，安龙奉朝本应更为常见，因为祖屋需三年增列一次祖牌，即将三年内已经超度过的逝者的牌位放上神龛，成为祖公祖婆，使逝去的老人由鬼变成神，故该仪式应三年举行一次，据管岭大刘屋后人刘焕衍介绍在中华人民共和国成立前他们屋即如此。但是，在调研中我们发现祖堂上的神龛很少增加新牌位，已有的牌位均是以前留存下来的，而在一些重修过的老屋中，重新设置的祖牌一般只有一块笼统地纪念列祖列宗的祖牌，或者如四角楼般再加一块本祖屋开基祖夫妇的祖牌。这主要是经济条件所限。在对上长岭村附近的永振围访谈时我们了解到，该屋重修后没有举行安龙仪式，因为按照传统规矩，安了以后，需要每三年一次举行安龙奉朝仪式，而请师傅来表演需要很多钱，可他们缺乏这个经济条件。① 况且，他们认为现在知道安

---

① 进行一次仪式花费不菲，与上长岭四角楼同一脉系的管岭大刘屋在2011年举行了安龙奉朝仪式，花费了数万元，包括请师傅、接客人及聚餐等费用，而大型的如刘氏总祠举行的仪式则花费达15万元，这对于整体不富裕的兴宁地区来说，是一笔不小的开支。一般的老屋若三年举办一次，仅靠普通族人的捐赠根本无法支撑。

龙程序的人已经很少了，若安龙方法不对，会给屋人带来疾病和灾难。无疑，这里的核心问题还是经济问题，但在解放前一般不存在这个问题，因为祖屋基本有自己的族产，能支持此类仪式。因此根本原因还是跟宗族力量衰落有关。进一步，随着宗族力量的衰落，人们对围龙屋的依附关系和依附意识也相应减弱，由此可以认为，是社会结构的转变导致了围龙屋祖堂空间的衰落。

关于两个法事的流程，我们访谈了经历过中华人民共和国成立前大刘屋安龙奉朝仪式的刘焕衍，以及现在善于此的刘永新道士，后者主要在兴宁一带做安龙转火和安龙奉朝仪式。由于安龙转火仪式已经有两篇报道记录和介绍，① 而安龙奉朝还未见诸报道，所以这里重点介绍安龙奉朝仪式。

据刘焕衍回忆，在中华人民共和国成立前大刘屋每三年进行一次安龙奉朝仪式，最后一次是 1948 年。整个仪式非常热闹，几乎全部族人都参加，整个池塘插满烛火，办席聚餐，两天内都要吃斋，仪式结束后才能吃荤，全部人都来吃，费用由族产出。大概程序如下。当天斋戒后，道士男扮女装，晚上八九点钟开始在上堂安龙。上堂放满插着蜡烛的沙钵，很亮堂。安龙时已出嫁的女儿不准到现场，待安完后才能回来。龙是由米做成，仪式上要进行翻龙覆龙表演，安龙完毕后开始奉朝。奉朝时把祭猪、祭羊摆在桌上，是整只猪、羊，然后由道士把满天诸佛都请下来，请词如下："今天是我们大刘屋安龙奉朝的日子，请某某佛下来更火"，这些佛包括天帝、观音、菩萨等，让它们来下朝。最后用大竹篮当作船，篮里放了粮食，道士一人拿撑船的篙，其他参与表演的人就围在船周围，代表水，道士说船往左，大家就往左，说往右，大家就往右。喊时节奏很快，据刘焕衍说场面很好看。在奉朝时，道士还会唱一些有关踏米、磨谷、梳头的歌谣，其中梳头的歌谣刘焕衍老人还记得："左边梳头来光光闪，右边梳头来闪光光，闪闪的光呀！左边踏来白如雪，右边踏来雪如霜，雪如霜呀！"

中华人民共和国成立后，如前述安龙奉朝仪式非常罕见，但由

---

① 张小聪：《活着的客家"龙"——梅县南口"兰馨堂"修葺事件调查暨"安龙转火"仪式表演》，《客家研究辑刊》2006 年第 1 期；谢继：《浅论客家双重神明崇拜之民俗——从广东揭西上砂镇庄氏法祖家庙重光庆典暨安龙转火谈起》，《客家文博》2011 年第 1 期。

于大刘屋有少数老人仍对此仪式念念不忘，加之该屋后人有一定财力和凝聚力，于是计划重新举行安龙奉朝仪式。这是笔者目前在调研中发现的唯一一座老屋。①

大刘屋确定计划之后，实施中却并不顺利，连续准备了三次，刘永新师傅及其助手也被邀请了三次，但第一次人心不统一，第二次资金又未到位，直到第三次即2011年才办成。主要流程如下。

第一步是祭拜诸天大神。在安龙奉朝一开始时，先把诸天神图挂放在上堂神龛前面，或者也可以在屋外正对上堂方向挂放。然后对该图拜诸天大神、奉神台、放水果等，有苹果、糖果、饼干之类，没有具体规定。祭拜时要念神明的名字，并同时念他周围神明的名字。

该图全称为二十四诸天神总图，但其实只绘有二十个神（见图4-2-3）。第一排神是三尊如来佛，手中拿着明珠、宝塔和莲花。明珠可以装千万个化成舍利子的灵魂，象征每个人在临终时需要用明珠聚起灵魂，即使是针对屋的安龙转火，也同样必须有这个法事；莲花石寓意千千万万的变化；宝塔意味着在接众生之后，可以将众生全部安放在此。第二排神是观音、文殊、普贤、金童玉女。第三排神是土地公、持手杖的玄奘和地藏王菩萨，以及地藏王菩萨的护法使者。第四排神是笑佛弥勒和四大天王，后者代表"风调雨顺"。

第二步是做龙和请土。这一步开始真正进入安龙的过程。龙用生米做，可以将米堆起，也可平铺，在地上先铺布，再放米摆成S形，不需立体造型，这样就比拟成"龙"；龙鳞用硬币做；龙头用两个碗做；鸡蛋当眼睛。总共需用50多斤米，放在祖牌下面。龙有两三米长，龙头大概有60厘米长。

龙做好后是请土，即把祠堂后面的土地神请进来。土来自屋后的山上，但要求比较干净以及有颜色，不必区分土质，沙土或黏土都可以用，一般都会经师傅审土。选好土后，装在香炉里带到屋

---

① 还一例是留塘下老屋，它是上长岭村一带全部刘氏后人的祖屋，附近的刘氏老屋都从此分出。由于附近刘氏一些子孙连遇不顺，如过年"上灯"之类的本是喜事，结果上了灯后反而死人，觉得有问题，于是怀疑是老祖屋龙气不足，但因留塘下祖屋早已无人居住，所以其他一些分出去的刘姓族人集资为留塘下老屋做了安龙奉朝的法事，不过这已是多年以前的事了。

图 4 - 2 - 3　二十四诸天神总图

内，奉放在米龙的龙头前面。

安龙时，道士还会手持一个比较重要的道具——手杖（见图 4 - 2 - 4），这在转火时的祭拜天神步骤中也会用到。手杖为铁质，上部有铁圈，一边铁圈内有 3 个铁环，另一边铁圈内有 4 个铁环。4 个铁环分别代表"生、老、病、死"（逆时针方向），3 个铁环分别代表"苦、生、生"（顺时针方向）。这里一共三个"生"，第一个"生"是现世的"生"，表示在人间活着的意思；后面两个"生"则是表示逝去的"生"和未来的"生"，并以此喻祖先，逝去的"生"是在离开人间进入阴间后，成为一个"生"，并等待未来的出"生"，也即经过两次转化后"生"回人间。简言之，没有现世的"生"，就没有逝去的"生"，也就没有代表未来的"生"。

图 4 - 2 - 4　做法事时用的手杖

做法事时，道士手持着该手杖（不用抖动），身着黄色套服，正对祠堂，手杖的摆放方向以左边有三个铁圈、右边四个铁圈为正。根据屋子的方位，在祠堂里行走，其间还要唱，如唱上述的歌谣等。族人还可给钱放在地上，道士会把头后仰至地，再用嘴咬住钱才能拿走，难度颇大，观赏性很高。

第三步是用生猪绕龙。将米龙摆放在上堂内祖牌下，随后将两百多斤的生猪，由两个人抬着，沿屋绕行左三圈和右三圈，寓意是生猪绕龙。

第四步是呼龙和出煞。生猪绕完米龙后，将其抬到化胎上，杀掉出煞，之后把杀掉的生猪从上堂后门抬进来，而这个门平时人们一般是不能随便出入的。有些屋也可用单羊、单牛，并非单猪不可。

第五步是请历代祖先在堂前拜祭。待安龙结束后，就要清理掉摆在地上的米龙，一般是屋里长辈分掉，以沾吉利之气。然后进入奉朝程序，客家人认为奉朝就是拜神朝，尊敬满天诸神，请它们下来吃饭，所以在祭台上放满食物供从天上下来的诸神品用。接着在上堂祭拜历代祖先，从远及近，但不是近几十年去世的祖先。

第六步是开光升座，即主祭人唱念祖先名字，祖先才可升到神龛上安放下来。这时主家会先准备一个小香炉，必须由直系子孙抱捧着，到确定好的时辰后，由主祭人唱念祖先名字，这边便把写有该祖先名字的纸牌放进小香炉里面，表示请到里面去，名曰招魂。然后该祖先后人就捧着祖牌放到神龛上，升完座后开始放鞭炮。具体流程这里继续以大刘屋为例。

首先选出一位或三位主祭人，该人必须是族中威望高，五代贤长（没有五代四代也行）及辈分高的，大刘屋就选了刘焕衍一位老人做主祭人，他同时也是屋内最熟悉该仪式的后人。每当主祭人唱一句某祖先名字，如"先祖刘公刘钦若，妣黄太儒人"，后人便捧着该祖牌安放上神龛，唱一个放一个。

祖牌分两种，一种是真正的祖牌，即摆放在神龛上的，一般是列祖列宗的牌位，规模较大的也就安放几十块牌位，所以想在神龛上安放历年去世的全部老人是不可能的。另一种是红纸片牌位，对于去世的普通老人，后人会将其名字写在小片红纸上，贴在神龛已有的祖牌上，就当作立了祖牌，因此这种小片红纸就被视作另一种祖牌。

　　大刘屋举办此仪式时正值修葺一新，所以在增列祖先前需先重新安放历代祖先牌位，这些都是真正的实体牌位。它们一共有九块，都是宗族历史上重要的祖先，包括此屋的开基祖刘钦若、二世祖刘东启、三世祖刘峒三位祖宗，以及刘峒的五位儿子，再加上"刘氏历代始高曾祖考妣"牌位等。由于这些牌位需要由后人抱捧上去，所以需要对这些捧牌人按照较高的标准进行遴选。根据传统要求，比如抬钦若公祖孙三代的三位捧牌者，必须是四五代内由原配传下来的，也即嫡出，同时又是公认威望高及"有钱好命"的后人。不过，对此标准许多族人有不同意见，认为根据现在的普遍情况，应该让捐钱最多的后人来捧牌，甚至作为主祭人，但受访人刘焕衍坚持认为应该按照传统要求，首要条件是四五代嫡出且威望高，而传统要求的"有钱好命"也不完全是以谁（捐）钱多为标准。由于分歧不能弥合，刘焕衍老人在访谈中表示失去了将来继续张罗安龙奉朝仪式的兴趣，鉴于刘焕衍是族人中最了解这方面传统仪式的人以及热心组织者，所以刘焕衍老人不愿继续张罗，就导致了大刘屋现今未能续办仪式。

　　奉上完重要祖先牌位后，开始增列普通离世老人的牌位，也即红纸做的"祖牌"。这些一般祖先人数众多，故捧祖牌的队伍会比较长，而其中第一个和最后一个捧祖牌（分别称为带火和押火）的最重要，也都要求"有钱好命"及威望高，当然，在为该仪式捐款时，他们二位需要多出一点，如队伍里其他人可能出100元，他们则要出数百元，但总体差距不大。所以在传统里，金钱并不是一个决定性要求，只要相对有钱即可，而"嫡出"这种标准则是硬性要求。

　　上述六个步骤可分为两部分：一是法事部分，即前五个步骤；另一个是安放祖牌部分，即第六步。这里所述的法事部分，只是最基本的程序，大约持续40分钟，不过据刘永新师傅介绍，还有更复杂的（甚至是为主家先祖做一个孝园），相应耗时也要长得多，至少需两三天才能做完，在这种情况下人们需提前两三天到，做好准备工作，所以法事的简繁与否，主要取决于主家的财力。

二　三山大王

三山大王，本为三山国王，见于粤东地区的民间宗教。关于三山国王的来历，刘希孟《潮州路明贶三山国王庙记》一文有详细交代：

> （皇）元统一四海，怀柔百神，累降德音。五岳四渎，名山大川，所在官司，岁时致祭，明有敬也。故潮州路三山之神之祀，历代不忒，盖以有功于国，弘庇于民，式克至于今日休。
>
> 潮于汉为揭阳郡，后以郡名而名邑焉。邑之西百里有独山。越四十里又有奇峰曰玉峰。峰之右乱石激湍，东潮西惠，以石为界。渡水为明山，西接于梅州，州以为镇。越二十里为巾山，地名淋田。三山鼎峙，其英灵之所钟，不生异人，则为明神，理固有之。
>
> 世传当隋时，失其甲子，以二月下旬五日，有神三人出于巾山之石穴，自称昆季，受命于天，分镇三山。托灵于玉峰之界石，庙食于此地。有古枫树，降神之日，上生莲花，绀碧色，大者盈尺，咸以为异。乡民陈其姓者，白昼见三人乘马而来，招为从者，已忽不见。未几，陈遂与神俱化。众尤异之，乃周爰咨谋，即巾山之麓，置祠合祭。前有古枫，后有石穴，昭其异也。水旱疾疫，有祷必应。既而假人以神言，封陈为将军。赫声濯灵，日以（益）著，人遂共尊为化王，以为界石之神。
>
> 唐元和十四年，昌黎刺潮。淫雨害稼，众祷于神而响答。爰命属官以少牢致祭，祝以文曰：淫雨既霁，蚕谷以成。织妇耕男，忻忻珩珩。爰神之庇麻于人，敢不明受其赐？则神有大造于民也，尚矣。
>
> 宋艺祖开基，刘鋹拒命，王师南讨。潮守侍监王某赴于神。天果雷电以风，鋹兵败北，南海以太（平）。逮太宗征太原，次城下，忽睹金甲神人，挥戈驰马突陈（阵），师遂大捷。刘继元以降。凯旋之夕，有旗见于城上云中，曰：潮州三山神。乃敕封明山为清化盛德报国王，巾山为助政明肃宁国王，

独山为惠感（威）弘应丰国王。赐庙额曰明贶。敕本部增广庙宇，岁时合祭。明道中，复加封广灵二字。则神大有功于国亦尚矣！

革命之际，郡罹兵凶。而五六十年间，生聚教训，农桑烟火，如后（不已）。元时民实阴受神赐。潮之三邑、梅惠二州，在在有祠。远近人士，岁时走集，莫敢遑宁。自肇迹于隋，显灵于唐，受封于宋，迄今至顺壬申，赫赫若前日事。呜呼盛矣。

古者祀六宗，望于山川，以捍大灾，御大患。今神之降灵，无方无体之可求，非神降于莘，石言于晋之所可同日语。又能助国爱民，以功作元祀，则捍灾御患抑末矣。凡使人斋明盛服，以承祭祀，非诌也。惟神之明，故能鉴人之诚；惟人之诚，故能格神之明。孰谓神之为德，不可度思者乎？潮人之事神也，社而稷之，一饭必祝。明山之镇于梅者，有庙有碑。而巾山为神肇基之地，祠宇巍巍。既足以揭虔安灵，而神之丰功盛烈，大书特书，不一书者实甚宜。于是潮之士某，合辞征文以为记。记者记宗功也。有国有家者，丕视功载，锡命于神，因取其广灵以报国。而民惟邦本，本固邦宁，傥雨旸时若，年谷屡丰，则福吾民，所以宁吾国，而丰吾国也。神之仁爱斯民者，岂小补哉？虽然爱克厥威，斯亦无所沮劝，必威显于民，祸福影响，于寇平仲表插竹之灵，于刘器之速闻钟之报。彰善瘅恶，人有戒心，阳长阴消，气运之泰。用励相我国家（朝），其道光明，则神之庙食于是邦，使山为砺，与海同流，岂徒曰捍我一二邦以脩。

是年秋七月望，前翰林国史院编修兼经筵检讨庐陵刘希孟撰文，亚中大夫潮州路总管兼管内劝农事蠡吾王元恭篆盖。①

从文中可知，三山是指今广东揭阳市揭西县西面的三座高山，分别是明山、巾山和独山，因"有神三人出于巾山之石穴，自称昆季，受命于天，分镇三山"，终成为神。其后助宋太宗征太原，被

① 刘希孟：《潮州路明贶三山国王庙记》，见《永乐大典》卷5346，第6函，第59册，北京：中华书局，1960，第18～19页。

敕封为"潮州三山神",其中敕封明山为"清化盛德报国王",巾山为"助政明肃宁国王",独山为"惠感(威)弘应丰国王",这就是"三山国王"名称的由来。"三山国王"成为民间宗教的时间已不可考,但不会迟于元,据上述文献所言,"自肇迹于隋,显灵于唐,受封于宋",可当为元时之说法。三山国王祖庙位于巾山山麓,"庙额曰明贶",最初兴盛于潮汕,后逐渐影响到粤东北的客家地区,由于客家人大量外迁,三山国王信仰也随之传播,如在台湾已成为当地客家族群的显著特色符号。

在今天的上长岭村,三山国王崇拜仍然存在,但经过时间的洗礼和跨区域的传播,已有所变化,这可见于上长岭村附近的"香泉宫"所立之宫志记载:

香泉宫志

"香泉宫"人称三王宫。宫内上厅坐着三个神像,就是人民敬奉的三王爷爷。三山大王,生于元朝,大子初期奉命出征,转战西北屡建战功,被皇上敕封为"护国三山大王"。镇守边疆爱国爱民威震四面八方,被人民敬仰千古流芳,春秋敬奉香火鼎旺,每年七月初七定为三王爷爷出行节日,初七出行乡村,初八回宫,热闹非凡。

元(朝)俑州府知府刘仁杰(1310-1367),当年朝服官带因公上京,途径福建时,遇强盗,幸得"三山大王"的庇佑,避过此劫,后其将庇佑过自己的恩神迎回家乡早晚奉祀,初其安放在"围寨"山下的草庐中,由于"大王"不安于此,三次飞跃麻岭河,安坐于今的鲤鱼山下,遂于今之"宫址"为"香泉宫"有六百三十八年历史。其宫门两边青石对联,上联是:王灵共沐,下联是:仁寿同登。照耀着人民安居乐业,同登富裕路。

文物古宫"香泉宫",自明朝始建到现在只修复过三次:清乾隆十二年重修一次,光绪六年秋月重修一次,民国十九年秋月重修一次。第四次是:由刘惠珍女士带头捐资十二万元,刘炎辉先生捐资一万伍仟元,倡导带动下成立"筹建委员会"复修的。主要负责人有六十七人组成,从今年农历五月至七月底终于完成修复任务,这次完成修复任务是筹委会领导和广大人民群众一道同心协力的结果。

文物古迹"香泉宫"筹委会
公元二〇〇五年秋立

　　从文中可知，在上长岭村，"三山国王"被称为"三山大王"，并且三山大王的出现时间、受封来历等都与前述《庙记》有所不同，如《庙记》强调"肇迹于隋，显灵于唐，受封于宋"，但宫志中三山大王出生于元，受封于元等，而且曾救了当地刘氏开基祖刘仁杰的性命，这就将三山大王与地方紧密联系起来，这些均可视为神灵地方化的体现，事实上这也是三山国王宗教在客家地区传播的一个特色，许多村庙的三山国王都重新编加了自己的来历。对他们来说，故事的原初真实性并不重要，重要的是世代之间通过讲故事来传承传统，使故事背后蕴含的认同获得不朽。

　　此外，宫志透露出很重要的一个信息是上长岭村的三山大王是由元朝循州府知府刘仁杰迎回的。

　　首先，关于刘仁杰的知府身份，是令人存疑的。虽然在《刘氏族谱》也如是记载：

> 仁杰，讳荣、字元奇、号麟波。举人材，任循州知州。生于元武宗至大三年（1311）庚戌，原住兴宁双溪，迁居西厢叶南麻岭留塘开基立业（为麻岭始祖），卒于至正二十七年（1367）丁未。时龙川境内与敌战于马潭罹难，终年五十八岁。与姚合葬于叶塘李大塘对面申山寅向。①

　　元朝循州为龙川，明清归属惠州府，但查嘉庆二十三年《龙川县志》、嘉靖三十五年及光绪七年《惠州府志》，在元明均无刘仁杰相关记载，并且循州"知府"在元代实为"知州"，有讹误。同时，查咸丰六年《兴宁县志》有如下记载：

> 元刘仁杰性刚直，躬耕留塘，至正间，举人才，官授循州

---

① 《刘氏族谱（卷九）》，第2页。

某官，善于其职，致政归，值周三官之乱，欲慑服之，不屈遇害。①

文献记载刘仁杰只是"官授循州某官"，并未明确为知州，所以香泉宫志所言刘仁杰为元循州知府的身份并不可靠。

又，族谱与县志均提到刘仁杰在龙川战死，其中兴宁县志还详细描述刘仁杰是在"三官之乱"中"欲慑服之，不屈遇害"，遂查《龙川县志》：

（洪武）十九年，盗，周三官、谢士贞作乱犯龙川。三官，河源周训导子，因杀人逃罪。有大埔银匠谢士贞以伪银为业，事觉乃与三官结党倡乱，一时无赖揭竿，啸聚至万余人，大肆摽杀。城中乡落几墟，附郭所遗者，止陈、刘、崔、蔡四姓，次年命统兵官尹和讨平之。和亦龙人也，初与贼善，后二贼之子访和，遂计擒之，捷至，乃授统兵官，遂削平群党邑斯城焉。②

县志明确记载了"三官之乱"是在洪武十九年（1386年），并于二十年被官军剿灭，所以刘仁杰应不是元循州"知府"，而是洪武年间的一位龙川县官员，说明《刘氏族谱》记录的年代有误。

经过上述考证，刘仁杰虽不可能是元循州知府，但作为明初循州的一位官员，这种身份对其迎回三山大王神灵有了很合理的解释。民间神灵崇拜往往并不为官府所接纳，历史上经常有官方毁"淫祠"的记录，因此，一种民间宗教若获得了官方的许可，则具有了正统性。而"三山国王"的重要性恰恰在于其获得了皇帝的认同——"受封于宋"，这虽然没有在正史中得到印证，但地方官如元潮州路总管王元恭仍接受和强调三山国王来历的"正统性"，这体现了文化边缘地区的"士大夫化"政策取向，也有利于减弱地方

① 陈炳章等编纂、罗香林校《明清兴宁县志（五）》，台北：台湾学生书局，1973，第1617页。
② 《龙川县志》卷八《编年》，嘉庆二十三年版，第6页。

冲突和减轻当地士大夫内心的矛盾。①

据《刘氏族谱》记载，刘仁杰"迁居西厢叶南麻岭留塘开基立业"，创建了留塘下老屋，是上长岭村一带东升公后裔巨洲房致和系仁杰支系的开基祖。据说仁杰公当年到此后发现该地形是"四水归池"，即附近四个池塘的水都流到一个大池塘去，最后又往北流走，符合"水朝北，会发财"之说，总之风水很好。从前文"上长岭村刘姓老屋谱系及渊源"可看到，管岭大刘屋及上长岭村包括四角楼在内的一系列老屋都由留塘下祖屋分出。所以，这很可能是后人对记忆的重新建构，以对仁杰公支系的繁衍茂盛进行合理化解释。

目前，留塘下祖屋早已无人居住，它在解放后成为小学校址，2000 年左右小学被撤掉，2005 年以后由村干部租给一个宋姓人士做作坊。由于目前该屋结构为兴办小学后重建的新式构造，老屋结构已荡然无存（见图 4 - 2 - 5），自然无祖堂等空间，所以过年时原先曾住过该屋的后人也只是在大门附近贴红纸，并无具体祭拜活动或仪式，想要祭拜祖宗的都在自己家里进行，这与附近村民均去自己祖屋祭拜截然不同，因为留塘下祖屋已经没有了共有空间，或者说共有空间已经彻底衰落。这再一次说明文化对于乡土建筑的决定性意义，如果失去了背后蕴含的乡土文化，乡土建筑就失去了文化遗产的内涵，不再是一个共有空间，从而成为一个一般性的物质空间。

作为支系开基祖的刘仁杰如此信奉三山大王神灵，也影响了其后人。众人决定兴建三山大王祠庙即香泉宫，又称"三王宫"，并规定每年农历七月初七为"三王爷爷"出巡的良辰吉日，"初七出行乡村，初八回宫"。由于虔诚膜拜者多数为刘仁杰的后裔，香泉宫也为刘仁杰后裔所建，所以无形中"三王宫"的"三山大王"变成了当地刘仁杰后裔所奉祀的家神，在当地的一些刘姓祖屋至今还供奉三山大王神龛。如上长岭村四角楼在其中堂右边（面对上堂方向）设置了三山大王的神龛（见图 4 - 2 - 6），中置"敕封护国三山大王之神位"，上额书"三山大王殿"，两边各题"香绕三千

---

① 陈春声：《三山国王信仰与台湾移民社会》，（台湾）《中研院民族学研究所集刊》1996 年第 80 期，第 65 页。

图 4 - 2 - 5　麻岭留塘下祖屋

界"、"灵庇百姓家",同时在神龛外缘两边挂有"尽一心诚尽"及
"求二字平安"。过年祭祖时信众(现在以老年妇女居多)会一并
供上三牲、香烛、茶酒等祭拜三山大王牌位,形式与祭祖一样,以
祈保平安。正因为祭奉的宗族特色明显,所以不仅当地其他姓氏不
信仰三山大王,更不参与相关活动,而且刘氏宗族仁杰之外的其他
支系后人也无此祭祀活动,自然就没有过七月七日这个节日的概
念了。

　　七月七日节日在中华人民共和国成立前尤为受重视,这里以上
长岭村长安围一位曾经历过 1947 年活动的老人的叙述为例。在 20
世纪 30 年代的时候,三山大王每年都会有出巡活动,抗战之后,
就无法做到每年坚持了,中华人民共和国成立前的最后一次七月七
日出巡是在 1947 年。出巡队伍很热闹,鼓乐齐鸣,抬着神像出巡,
士绅也骑马跟随,由于附近村庄的刘姓后人均为仁杰公后人,所以
一般会参加,其他姓则不参加。当神像出巡到各家门口时,各家均
会拿香去拜,放鞭炮迎接。巡游到一个事先指定好的老屋,里面摆
了很多敬神的东西供大家来拜,初七晚上会在一个大禾坪上搭一个
帐篷,神像置于内,同时现场放烟花、舞龙舞狮、做戏,锣鼓喧
天,异常热闹。晚上,三山大王会住在某个老屋里,这对该屋是一
件很荣耀和沾喜气的事情。所以刘氏宗族会在活动伊始前开会,负

图 4 - 2 - 6　上长岭村四角楼三山大王牌位

责人安排抓阄，各祖屋派年长的人参与，中签者接三山大王神像去住。初八则是送神回庙，把神像放在轿子里，四人抬轿，抬轿者会有红包，余人一路放鞭炮。巡游队伍里还有八仙，由八位男性扮演，包括其中的女性角色何仙姑，因为当时女性不便在公开场合抛头露面表演。待神像回庙后，以抓阄方式决定次年出巡时神像住在哪个老屋，但已中过的老屋就不参与了，待全部轮完后再一起重新抓阄。最后参与出巡的民众在庙里参拜完三山大王之后返回家中，很多外村的刘姓亲戚这时会去各自的刘姓家里，一起吃饭，共享喜庆氛围。

　　上长岭村一带关于三山大王的出巡活动，不仅仅是一种民俗仪式活动，仔细分析可以发现其实它还是展现、加强和稳固宗族力量的活动。三山大王活动仅限刘姓后人参加，信众及活动范围只在叶南镇麻岭、河西村以及新陂镇上长岭、新金村一带，活动本身盛大热闹，非一般宗族能够组织，以致每年农历七月初七成为一个局部地区的民俗节日，这能给当地刘氏后人巨大的宗族荣誉感和自豪感，加强宗族认同，稳固宗族凝聚力，进而有利于调解族人之间的矛盾等。同时，三山大王出巡活动的线路也是经过事先设计的，会尽量经过刘姓居住地，一方面表示所到的地方是属于三山大王管辖的，另一方面也表示会保佑所管辖的百姓，体现了刘氏宗族的地域控制。

1959 年后，香泉宫被改成了农业学校，直至 1981 年左右学校取消，其间一些忠实信众仍然会祭拜三山大王，地点也被迫改在了香泉宫附近的麻岭河边，这与香泉宫志上记载的传说有关，即刘仁杰迎回三山大王后，起初"安放在'围寨'山下的草庐中，由于'大王'不安于此，三次飞跃麻岭河，安坐于今的鲤鱼山下"，这也就是今天的香泉宫址。不过，现在麻岭河上游修建了水库，但已完全干涸。

香泉宫在 20 世纪 80 年代初得以恢复后，上长岭村一带的刘姓后人至今仍尊崇三山大王，不少人依然信奉它，赴香泉宫祭拜，因此香泉宫活动也不少，一些基本活动如下：

正月初八	开天门	七月初七	三王爷爷出巡日
正月二十	开印	七月初八	三王爷爷回宫日
二月初八	观音诞　作福	九月十九	观音会
三月十九	太阳诞	十一月初九	拜满缘
四月十八	三王爷爷诞日	十二月二十	封令
五月二十	龙华会		

除了这些基本活动外，还会有一些临时活动，如 2012 年定于农历七月初三为香泉宫三王爷爷做会等。做会意思是信众前往香泉宫祭拜及聚餐，香泉宫设有专门厨房，来人交十元饭钱，一起在庙里庙外设桌聚餐，规模较大，有二十多桌。

赴庙做会也是目前香泉宫除了祭拜以外聚众活动的主要形式，至于七月初七三王爷爷出巡这种活动，现已不再办。一方面，举办这种巡游性活动需要一定手续，经政府批准后方可进行，更重要的是出巡需要大量费用，而中华人民共和国成立前宗族有族产，可以解决公共活动的经费问题，但现在没有了，需要募款。而当地民众普遍不富裕，各自直属祖屋的维修费用都筹集不易，更不用说是在香泉宫这种公共乡土建筑举办的活动了。

三　其他神灵

除了上述两大类之外，其他在围龙屋共有空间中被广为接受的神灵崇拜还包括仙师、天神、观音崇拜等。

仙师是指粤东北客家人信奉的三位风水大师，即杨筠松、曾文辿和廖瑀，又被称为杨公、曾公、廖公，分别被尊为风水、泥匠及木匠的仙师。这三位仙师在历史上确有其人，都在赣南传道授业，据记载：

> 杨筠松，窦州人，唐僖宗朝官至金紫光禄大夫，掌灵台地理事，黄巢破京城，乃断发入昆仑山，过虔州，以地理术授徒，卒于雩都药口坝。①
>
> 曾文辿，宁都人，师事杨筠松，熟究天文、谶纬、黄庭内景之书，尤精地理。五代杨吴时，游至袁州万载，爱其县西北山之胜，谓其徒曰："吾死葬于此。"卒如其言。后其徒过豫章见之，甚骇。归启其冢，则空棺也，人以为尸解。所著有《八分歌》二卷行于世。
>
> 廖瑀，字伯禹，宁都人。年十五通五经，人称廖五经。建炎中，以茂异荐，不第。后精（经）父三传堪舆之术。卜居金精山，自称金精山人。所著有《怀玉经》，瑀、文辿子孙，皆徙居兴国三僚，至今繁盛。盖两家冢宅，皆筠松所卜而贻之谶云。②

杨筠松为晚唐宫廷掌管"灵台地理事"之官员，避乱来到赣州一带，授徒曾文辿，而杨筠松同时也与廖瑀父亲有师徒关系，据《赣州府志》记载：

> 仆都监，逸其名，官司天监都监。黄巢之乱，与杨筠松避地虔化，遂以青鸟术传中坝廖三传，三传传其子瑀，瑀传其婿谢世南，世南传其子永锡。③

① （清）同治十二年《赣州府志》卷五十九，《中国方志丛书》"华中地方第100号"，台北：成文出版社，1970，第1042页。
② （清）同治十二年《赣州府志》卷五十八，《中国方志丛书》"华中地方第100号"，台北：成文出版社，1970，第1037页。
③ （清）同治十二年《赣州府志》卷五十八，《中国方志丛书》"华中地方第100号"，台北：成文出版社，1970，第1037页。

在这样的关系下，杨公、曾公、廖公中杨公辈分最高，作为风水学的代表人物之一，深受后世尊崇，在客家仙师崇拜中，也占据最重要的风水仙师之位置。杨筠松风水理论的核心思想是住宅、坟墓要与自然环境谐调，强调自然山水的选择，力主峦头形势为上，因地制宜、因龙择穴，以求趋吉避凶。

而粤东北客家地区与赣南接壤，又同属客家地区，深受赣南风水影响，故宅地理论也深受杨公影响，前文所述围龙屋对龙脉、龙穴的重视，对山水的强调，都与杨公理论密不可分。考察围龙屋共有空间，在祠堂供奉的风水"先师"就多为杨、曾、廖公三人，其中最多见的是"杨公先师神位"，客家人又称其为"符师"。

粤东客家人在建造围龙屋之前会先搭一凉棚，内设"杨公墩"，并将"杨公柱"插其上，以趋避凶神，祈保屋人和匠师平安。完工后，由风水师择吉日举行"谢符师"仪式，将"杨公柱"移至上堂后右墙角处供奉。但由于老屋早已建造久远，所以现在摆放在该处的一般都是后世重新安放的香炉，上插三根香，表示供奉三位仙师。如图 4-2-7 是四角楼的仙师供奉处，由于祖牌神龛后面的空间堆满了杂物，所以仙师牌位被迫移至上堂内龙神边，而且也只上了两炷香，说明四角楼祖屋后人对仙师崇拜已不是特别了解，或者该信仰已趋于淡漠。在调研中我们也发现这并不是个例，许多老屋已没有了仙师崇拜的空间，这与整个围龙屋空间衰落的趋势是一致的。

天神崇拜是一个普遍性的崇拜，并不仅止于客家地区。在围龙屋空间中，并无固定的天神牌位，也并不专门祭拜天神，一般是在祭祖或其他重要祭拜时，会同时祭拜天神。在上长岭村四角楼新年祭祖时，人们来中堂，在临时设置的案台上，摆上三牲、香烛和茶酒等，同时在上堂天井边缘放上一个已插香的香炉，表示拜天神处。祭祖时，先拜天神，再拜地神和祖宗。完毕后回到中堂，开始烧纸，其中纸衣服是专烧给"天地神明"的，以求天神保佑平安。

观音崇拜也同样是一个普遍性崇拜。客家的观音崇拜并非一定属于佛教信仰，而是将观音视作保佑平安的重要俗神。在围龙屋空间内，梅县观音坛多安置在祖先神龛的左上方，悬空设有一个小神龛，人们要通过天梯才能给观音菩萨上香。但在兴宁，一般安置在

图 4 - 2 - 7 上长岭村四角楼仙师牌位

中堂左边，靠墙摆放观音像及案桌（见图 4 - 2 - 8），供人祭拜，如管岭大刘屋、东升围等。

图 4 - 2 - 8 管岭大刘屋中堂观音牌位

此外，管岭大刘屋中堂除了供奉观音之外，还在中堂右边（面对上堂方向）设有一个特别的牌位——天地君亲师神位（见图 4 - 2 - 9）。

据说该屋开基祖刘钦若为健身防卫，聘请武林高手在祖屋中堂

图 4 - 2 - 9　管岭大刘屋中堂天地君亲师神位

传授武功。后为缅怀师傅，就在中堂设置神位，正中书"天地君亲师神位"及"千里眼，顺风耳"，上额书"盖世英雄"，两侧对联书"练功夫须用力，磨成手艺要专心"。同时，决定每年农历正月十七日为纪念老师傅赏灯之日。赏灯活动原由灯首负责，大家交费聚餐，从 2009 年起改为茶话会形式，费用由灯首负责。

关于灯首的产生方式：茶话会时，采用六个骰子放在大碗中，灯首依次叫唱参与者投掷，若六个骰子摇出规定的五个或四个相同的数字者为灯首，如此一共摇出三个灯首作为下年度老师傅赏灯的负责人。最后，为对新灯首们表示祝贺，鸣放鞭炮护送走马华灯至灯首们家中，各家一盏，以作留念。

虽然上长岭村四角楼由管岭大刘屋分出，但并无该信仰，同样，四角楼供奉的三山大王也不见于大刘屋，两屋只是相距数公里，便在信仰上有所不同，可见客家神灵崇拜的地方性。

第三节　生殖空间

一　化胎与五星石

化胎是围龙屋最有特色的部分之一，实际使用功能不足，主要意义在于风水寓意，体现的是生殖崇拜观念的隐喻。

应该说，化胎也不是毫无实际功能。很重要一点，它连接了围龙屋后半部分即层层围龙以及围龙屋的前半部分即堂屋。前后两者存在一个高度差，一般近两米，陡者约三米，所以可以想象，如果不填平这个高度差，老人或小孩万一从围龙上摔下来是十分危险的。而化胎成为连接部分后，形成上坡状，而且是隆起的龟背形，这样即使在围龙上跌落，也能保证安全。以杨筠松为代表的风水形法派强调的基本要义便是人与住屋的协调，对于一个建立在斜坡上的房子，这个缓冲地带对于人的安全显得尤为必要。

但是，造型有很多种，化胎设计成目前的这种龟背状显然是有自身独特寓意的。

围龙屋选址重要的目的之一是更好地引入龙脉，故化胎所呈的龟背状的斜坡其位置实质是山筋，意为引入的"龙脉"。化胎半月形的龟背状球面，又被比拟作孕妇的小腹，象征大地母亲的子宫，故名。《雪心赋正解》道：

> 体赋于人者，有百骸九窍；形着于地者，有万水千山。自本自根，或隐或显。胎息孕育，神变化之无穷；生旺休囚，机运行而不息。地灵人杰，气化形生。孰云微妙而难明，谁谓茫昧而不信。①

孟浩天在文中同时对"胎息"作注：

> 胎指穴言，如妇人之怀胎……息，气也，子在胞中，呼吸

---

① （清）孟浩天注《雪心赋辩正解》（《雪心赋正解》卷一），宣统三年校印，第1页。

之气从脐上通于母之鼻息，母呼亦呼，母息亦息，故曰胎息。此以胎喻穴，以息喻气，胎无脉气则为死胎，穴无脉气则为死穴，胎息二字不可分言。孕者，气之藏聚，融结土肉之内，如妇人之怀妊也。育者，气之生动，分阴分阳，开口吐唇，如妇人之生产也，此借喻穴之生气也……夫山之结穴为胎，有脉气为息，气之藏聚为孕，气之生动为育，犹如妇人有胎、有息、能孕、能孕（育）。①

由此可知，胎息在风水上是一个重要的概念，"地势至此，变化胎息"。胎息孕育生命，其中胎是指穴，也即在山筋解穴为胎，引入的龙脉为息，所以化胎内蕴含着胎息。也正因为如此，老屋化胎一般都用小砖或碎石铺满表面（如图 3 - 2 - 5 上长岭村四角楼化胎），这样缝隙中就能透气，而且还寓有百子千孙之意，反之若铺实表面封死胎息的话，会导致文献所说的"胎无脉气则为死胎，穴无脉气则为死穴"，是不利于孕育生命的。可惜如今不少老屋在中华人民共和国成立后都用石灰修补化胎表面，所铺之处皆封死表面，背离了化胎的意涵。不过，一般只是铺平化胎中间的部分，两边往往还保留原来的碎砖石表面，完全用石灰铺满的化胎也不多见。

围龙屋将如此大的一个空间来做成孕育繁衍生命的化胎，充分体现了粤东北客家人的生殖崇拜。客家人居于山区，自然条件恶劣，人们特别希望子孙满堂，同时基于宗族观念也需要人口繁衍、血脉延续。《孟子·离娄上》云："不孝有三，无后为大"，《易经》又曰："天地之大德曰生"，可见古代极为重视这种"生生之德"。的确，只有血脉延续及壮大，宗族才能得到维系和发展。所以，化胎也属于围龙屋的精神空间，在日常生活中具有一定的神圣性，大人会告诫小孩不得在化胎上排泄。又如靠近堂屋的天街对着化胎却不设台阶以防止人们随便进入化胎，全屋只有在横屋与围龙连接的走廊上才有通往化胎的台阶，体现了化胎特意在使用功能上加强了封闭性。

---

① （清）孟浩天注《雪心赋辩正解》（《雪心赋正解》卷一），宣统三年校印，第 1 页。

在化胎靠近上堂边缘的下沿正中会设有五星石，这也是围龙屋风水上的一个显著特色。五星石由五块小石头组成（也有不少用青砖代石，仅极少数在该处摆放一个小龛或香炉），又称为五方龙神伯公（见图4－3－1及图4－3－2）。这五颗砖石造型颇有讲究，其形状与五行理论有关，《雪心赋正解》卷二有注：

> 五星，金木水火土也，山之端圆为金，耸直为金（木），屈曲为水，尖锐为火，方平为土，此正体也。①

通过图文比较，可发现五星石形状与五行中的"木、火、土、金、水"之形状相符。以图4－3－1为例，比较之下，（左起）第一块砖呈耸直状为"木"，第二块砖呈尖锐状为"火"，第三块砖呈方平状为"土"，第四块砖呈端圆（正圆）状为"金"，第五块砖呈屈曲状为"水"，完全符合"木生火、火生土、土生金、金生水、水生木"（《春秋繁露》卷十一）的"五行相生"含义，故又称为"五行石"，这也是围龙屋的独特标志。

图4－3－1　上长岭村长安围五星石

五行理论是中国古代风水学的重要来源，也是中国传统文化的

---

① （清）孟浩天注《雪心赋辩正解》（《雪心赋正解》卷二），宣统三年校印，第10页。

代表性理论之一。五行学说一般被认为始于《尚书·洪范》，它规定了五行的五种要素："一曰水，二曰火，二曰木，四曰金，五曰土。水曰润下，火曰炎上，木曰曲直，金曰从革，土爰稼穑。润下作碱，炎上作苦，曲直作酸，从革作辛，稼穑作甘。"这里不仅为五行排列顺序，还明确了它的属性和功能。"行"即运动不息之意，五行寓意着万物之间的"相生"和"相克"，甚为重视风水的客家地区也将这套理论运用到了围龙屋的构造上。

图 4 - 3 - 2　上长岭村乌泥塘五星石

需要说明的是，我们在调研中发现并不是所有的五星石都是这样的排列顺序，有一些老屋据说为了跟屋主或地形的五行协调而对顺序做了调整，如兴宁宁新周兴棣华围五星石顺序就是"水、金、土、火、木"。此外还有一种情况，即有一些围龙屋的五星石只是简单地以青砖代替，每块砖没有具体造型，如图 4 - 3 - 3 上长岭村四角楼五星石，中间底部五块砖的排列明显与周边砖的排列不同，同时正中间的那块砖平铺，其左右两边的各两块砖均插入化胎，这样虽然五块砖都没有与五行相关的造型，但人们还是能迅速辨认出正中间那块砖表示五行之"土"。

也即，无论是典型的五星石排序，还是其他情况的排序，有一点是共通的，即五星石居中的那块砖石必然为五行"土"的四方形状，这显然是有原因的。

五行学说中，五种要素并不是平等的，"土"是其核心，体现

图4-3-3　上长岭村四角楼五星石

了人们的"尚土"观念。① 董仲舒《春秋繁露》卷十一《五行之义第四十二》道：

> 天有五行：一曰木，二曰火，三曰土，四曰金，五曰水。木，五行之始也；水，五行之终也；土，五行之中也。此其天次之序也……木居左，金居右，火居前，水居后，土居中央，此其父子之序，相受而布……土居中央，为之天润。土者，天之股肱也。其德茂美，不可名以一时之事，故五行而四时者。土兼之也。金木水火虽各职，不因土，方不立，若酸咸辛苦之不因甘肥不能成味也。甘者，五味之本也；土者，五行之主也。五行之主土气也，犹五味之有甘肥也，不得不成。

这里清楚地说明了土为什么居中，即此为"天次之序"。"土者，五行之主也"，"土居中央"能够润泽万物，使五行的其他要素能"各致其能"，故土实为万物生长之本。显然，这符合客家人希冀大量繁衍子孙后代的意愿，是一种土地崇拜。

---

① 五行说创立之初，五种要素仍处于同等地位。直至春秋战国时期，"土"的地位才被提高，如据《国语·郑语》记载，王周末年，周太史伯阳父在说明五行相糅杂的关系时提出："先王以土与金、木、水、火杂，以咸百物"，说明此时"土"的地位已经提高了。

进一步，土地崇拜又是女性崇拜的延伸。《太平经》卷四十五《起土出书诀第六十一》云："天者乃父也，地者乃母也。父与母俱人也，何异乎？天亦地也，地亦天也，父与母但以阴阳男女别耳，其好恶者同等也。"文中的"地"代表母亲和女性，而"地"字为"土"与"也"的结合。《说文解字》对于"也"字解释道："也，女阴也。"这就是说，"也"作为女阴与"土"结合构成为"地"。因此，在传统中，对大地的崇拜也有蕴含生殖崇拜之意。[①]而客家人的这种生殖崇拜直接影响了围龙屋的型制，出现了象征女性小腹的化胎，五星石正处于阴户之处，也即"龙穴"处。"龙穴"是围龙屋风水的关键，直接正对着上堂龙神牌位，故上堂后门一般是不关的，以便象征产门的"龙穴"完成由龙脉到人脉的连续。

这种在围龙屋构造中体现的生殖象征，反映了客家人强烈期盼百子千孙的愿望，因而在五星石前往往会放有香炉，客家妇女婚后也常会来此处祭拜，以求多生子嗣。

二　上灯

上灯节是粤东北客家人的特色习俗，主要是指在元宵前后由族人迎回花灯，并将花灯挂上祖堂的一系列仪式。客家话中"灯"与"丁"谐音，故该仪式表达的是族人对生男丁的祈盼。

上灯又称赏灯、赏丁、响丁等，有如此多的称呼，是因为上、赏、响等字在粤东北客家话的发音中相似，均为 shong（三声），口口相传中便混淆在了一起。但其实"上灯"更符合该仪式的本意，即举行仪式将花灯挂上大梁，故本书主要采用该词。而"赏灯"一词，由于花灯并不是用来观赏的，只是作为庆祝生新丁的象征物，因此，"赏灯"一词本意上并不合适，只能将其衍生为"赏丁"，才能使语意符合逻辑。不过，许多老屋在中断数十年后再次恢复上灯节的今天，仪式程序上与传统相比已发生了变化，导致上灯日事实上成为赏灯（丁）日，因此，使用"赏灯"或"赏丁"一词也

---

① 事实上，这种将土地与女性关联以及由此产生的生殖崇拜也是一个世界性的现象（参见〔法〕克洛德·列维－斯特劳斯：《嫉妒的制陶女》，刘汉全译，北京：中国人民大学出版社，2009）。

未尝不可。至于"响丁",传统上在上灯日当天祭祖时,族内长者会在祖宗神龛前朗诵祭文,并高声唱念新丁的名字,故称。但现在该唱念仪式已较少见到,[①] 因此"响丁"一词事实上也失去了意义。

上灯节一般在元宵节前后举行,多在正月初八至正月十六,各宗族老屋没有统一的日期,这样方便亲朋好友参加不同宗族老屋的仪式活动,所以在此期间每天都有某村某屋的上灯盛会。目前该习俗在兴宁地区尤为盛行,对其重视程度超过春节,而且由于不过元宵节,上灯节结束就意味着春节结束了。因此,许多外出打工的人除夕可能无法赶回家,但上灯节都会赶回,尤其是家中有新生小孩者更是如此。而本地上班的人,所在单位一般也会特意安排需要参加上灯节的员工在上灯日当天轮休。

上灯节由一系列活动组成,包括请灯、抢灯、上灯和暖灯等程序,上长岭村也基本如此。上长岭村有七个姓氏,人口较多的刘氏、李氏、钟氏都有自己的仪式,其中人口最多的刘氏还分屋单独举行,而人口较少的熊氏活动就较为简略,剩余的何氏、曹氏和陈氏则因人口过少,无法举行该活动。

表4-3-1是上长岭村主要老屋的上灯节活动安排,活动时间并不在同一天,具体细节也有一定的差别,但主要程序和内容基本一致,所以这里将结合上长岭村各屋(主要是刘氏的四角楼、五栋楼、新华楼、大茔顶,李氏的上锻岭和钟氏的钟排上)的上灯节情况,综合阐述。

表4-3-1 上长岭村主要老屋上灯节日期及活动安排

姓氏(老屋)	请灯	上灯	暖灯
刘氏(四角楼、新华楼)	正月初八	正月十三 (新华楼在中华人民共和国成立前是正月十二)	前一年腊月二十四
刘氏(五栋楼)	之前与四角楼一起请灯,但2013年开始于正月初九单独"请"	正月十三 (中华人民共和国成立前为正月十四)	

---

① 管岭大刘屋还存在这一程序,但也是在晚上六点才开始。

续表

姓氏（老屋）	请灯	上灯	暖灯
刘氏（铁长社）		正月十二	正月十五
刘氏（大茔顶）	正月初九	正月十三	正月十四
李氏（上塅岭）	正月初九	正月十二	正月十五
钟氏（钟排上）	正月初九	正月十三	正月十六
熊氏（海谨围）	正月初九	正月十一	正月十七

第一步是请灯，即把之前预定好的花灯迎接回来，当地人不说"买花灯"，而用"请"，以示尊崇。请灯的日期是祖上早已定好的，四角楼是正月初八请灯，请灯之前有一定的准备程序。

首先是"点灯"，即前一年生有男孩的那户人家一早要起来在自己家中挂上小灯笼。然后该户人家来祖屋祭祀，在四角楼是先拜天地神明，再拜三山大王，最后拜祖先。同时仪式队伍开始做准备工作，从祖屋厅堂取出龙、鼓、锣等，再把之前缠在长长竹竿上的鞭炮摆放在门前左右，妥当后大约早上八点半便开始召集仪式——锣鼓敲响，鞭炮点燃，四角楼的年轻人开始在禾坪上舞龙，气氛顿时热烈起来，人们纷纷从家中赶赴老屋禾坪集中。

至上午九点（寓意长久），请灯活动正式开始，锣鼓鞭炮齐鸣，领头者为族内较有威望的长者，提着一盏灯笼开路，之后紧跟着的是新出生男孩的父亲，也是今天的抬灯手之一，被称作"丁首"。如果前一年出生好几个"新丁"，则由最先出生男孩的父亲作为灯首。接着是鼓手、舞龙队、锣手以及扛着缠满鞭炮的竹竿的一众男子，最后面是一些妇女跟随。此外，2013 年五栋楼的请灯仪式还新添置了舞狮的行头，由两名七八岁的小男孩扛着狮子，增添了更多的节庆氛围，也显示了对仪式的重视程度。队伍先进祖屋祭拜祖先和神明，之后从祖屋出来向村头走去，一行浩浩荡荡，去迎接早已等候在那里的花灯。

现今花灯一般由专门作坊制作，有大、中、小型不同规格，身为圆形，竹篾做框，上下两端为八角形。花灯外层糊花纸，用剪纸工艺，上贴各式民间熟悉的历史人物或故事图案，如"天女散花""观音送子""五子登科""状元游街""桃园结义""八仙过海"等，最大的有十二屏，一般十屏或八屏。

此外，花灯上还会布满白花，在粤东北客家地区白花是男子的象征，红花是女子的象征，而花灯是庆祝男丁用，所以饰以大量的白花。对于非客家地区的大部分中国人而言，白色并不是一个吉祥的色调，所以在华丽喜庆的花灯上配上白花，感观上并不协调，比较突兀。

队伍迎接花灯时一直敲锣打鼓，但不放鞭炮，走到村口指定地点接到花灯后，一般有两人或数人一起扛着花灯，在前面走的是灯首，后面扛着花灯的则是本屋中新婚后想生男孩的男子（见图4-3-4）。后面这个位置很重要，因为该位置被认为会带来生男孩的好运，所以想生男孩的男子都想扛花灯。一般规矩是轮流来，但由于不少男子生子心切，并不遵守规矩，如有的前一年扛了花灯的新婚男子家里并未生男孩，于是第二年又强行继续扛。又如，虽然四角楼请灯联合了五

图4-3-4　上长岭村四角楼请灯队伍迎回花灯

栋楼和新华楼，但由于四角楼负责组织，所以扛灯者总是优先选四角楼的新婚男子，这激起了五栋楼年轻人的严重不满，加之该屋老人回忆说在中华人民共和国成立前五栋楼便是单独请灯，于是在2013年，五栋楼的年轻人决定脱离四角楼，恢复单独组织请灯仪式，① 日期选在正月初九，比四角楼晚一天，同时花灯也会小一号，以示对老祖屋的尊重。而新华楼年轻人虽也有此意，但老屋上堂因风水原因未设大梁，花灯没有悬挂之处，若贸然在横梁上凿孔吊花灯又恐破坏了风水，况且新华楼以前也从没有单独请花灯的传统，所以新华楼仍继续与四角楼一起请灯。

---

① 可能与我们提前告知他们将于春节再次前去考察也有一定关系，加速了他们的决定。

在村口接到花灯后，必须原地转圈后照原路返回，途中要一路放鞭炮。除了队伍燃放鞭炮外，途经的人家也会燃放自己的鞭炮出来迎接，希望将吉利引入自己家中，这使整个回程一直处在震耳欲聋的鞭炮声以及燃起的大量烟雾中，气氛十分热烈。传统上新丁户会带着小孩一起跟着花灯走，但现在四角楼一带人们很少这样，担心吓坏孩子，就改为新丁户家的大人当场在接灯处给红包，领一个小灯笼，跟着队伍一起回来，意思是接到了灯。如果当年有很多新丁，活动负责人就必须确保每人一个小灯笼。队伍回到四角楼前会再点燃一挂从屋内铺到屋外的最长的鞭炮，然后进上堂。①

第二步是上灯。在中华人民共和国成立前，请回的花灯都会先放在神龛前的八仙桌上，直到上灯那天再举行仪式升上大梁，至今部分地区如岗背还保留这一程序，但许多地区的老屋已有所变动，如四角楼和五栋楼会在请回花灯时立即挂上去，大茔顶和麻岭的云华屋则是挂上去一半不升顶，待上灯日那天才升上去。无论是哪种形式，都保留了上灯日，且一致认为上灯日更为重要，即使像四角楼这样的上灯日其实并无真正的上灯仪式，但晚上仍会有大型焰火燃放活动以示庆祝。

这种变化和不同，可能主要有两方面的原因。首先，记忆中断后，未得到完全恢复。四角楼在中华人民共和国成立前一直有该仪式，中华人民共和国成立后中断，直到 1998 年才恢复。因此，中断了如此长的时间，程序未能得到完整恢复是可以理解的。但这显然不是全部原因，因为其他一些地区如岗背仍保留了上灯的传统程序，即使在上长岭村内，同为刘氏后人的大茔顶也是实质上保留了传统程序（即将花灯挂上但不升顶），因此若要恢复传统程序并非难事，毕竟这些都是记忆性的文化遗产，很容易恢复。其次，笔者认为，像四角楼这一类情况，还与人们对上灯的理解有关。由于"上"和"赏"在客家话中发音基本相同，不少四角楼后人认为该词应为"赏灯"非"上灯"，寓意庆祝和观赏新生男孩。按照这个逻辑，那么在请灯时紧接着上灯，待赏灯日再举办庆祝活动，也是顺理成章的。这可以说明随着时代的发展，传统族群和宗族力量削弱后，一些不同于传统的观点得到了展现的空间。

———————————

① 大茔顶的请灯活动中，在此时还会在天井中同时燃放烟花，气氛更为热烈。

由于四角楼、五栋楼在请灯同时会挂上花灯，所以请灯当天新生男孩家庭会一大早祭祖，但如果是在上灯日挂上花灯，则应在该日祭祖。此外，上灯时还有三个例外情况，一是若新生男孩家庭人员在外实在无法按时赶回，也可以"等灯"，即留到次年上灯时一起办；二是新生小孩不足三月（一说不足月）也不能当年办，只能待次年一起办，因为仪式中会放大量鞭炮，担心吓坏初生婴儿；三是若当年老屋没有"新丁"，可由上年的"老丁"户继续上灯。

待队伍进入上堂后，在持续的锣鼓声中，四角楼请灯队伍会在花灯下系上用红纸包着的一小块长方形小瓷片，并在红纸上写上"百子千孙"，① 准备挂到大梁上。② 系灯的带子叫作子孙带，前一年有几位新丁出生便设有几根子孙带。一切准备就绪后，便将花灯缓缓拉起，升至大梁下（见图4-3-5）。此时许多老屋的新丁户会将新生男孩随着花灯的缓慢上升一起举起来，若新丁户多的话，场面会更令人印象深刻。不过四角楼一带并无该程序，不知是否也与担心鞭炮太响吓坏婴儿有关。

上灯完毕后，队伍退出祖堂，开始在屋前禾坪上进行舞龙舞狮表演，同时一直放鞭炮，氛围颇为热烈。需要说明的是，四角楼及五栋楼的舞龙舞狮表演都是族人组成队伍自行表演，如果经济条件较好的老屋如大茔顶，会请专业的舞龙舞狮队，因此，一到春节，就会有一些舞龙舞狮队伍专门游走于各村寻觅生意。

正如上文所说，上长岭村四角楼、五栋楼的上灯实际上是分两次进行，对于上灯的大型庆祝则是在正月十三，这一天是整个上灯节活动的高潮。新丁户们是当天的主角，白天他们要忙着接待亲朋好友，客人一般会提着鞭炮作为上门礼去贺喜，同时按礼俗还会送白糖（白色表示男丁，糖表示喜庆）。传统上，应该在祖屋厅堂设宴，但现在很多老屋的新丁户会移到自己家中或饭店里举办。至于

---

① 大茔顶是在花灯下吊着长命草、早稻谷、红枣、百合、莲子等；上锻岭则是吊着大蒜（寓意新丁以后会"打算"）、葱（"聪明"）、长命草、莲子、红枣、谷子以及利士包等。

② 一种情况是族内每生一个男孩就会挂一盏灯，另一种情况是不管生了几个男孩，就只上一盏灯（如上长岭村熊氏）。此外，若前一年全屋都没有生男孩的情况，有的屋认为不需上灯，也有的屋认为依旧需要，因为"有丁才有财"，表达一种期盼。

图 4-3-5　上长岭村四角楼上灯

其原因，据上塅岭的新丁户解释说，以前住在围龙屋里房子小，不得不在祠堂里办，现在自建房宽敞明亮，又舒服又不拥挤，都愿意在家里办。况且，族人去世了往往在围龙屋厅堂举行丧事，尸体就停在上堂，所以现在的人觉得在厅堂办喜事有些不太好，一般都在自己家里办。

　　诚然，这只是一部分情况，有一些老屋包括五栋楼仍会在祠堂置办庆祝新丁的宴席。如大茔顶会在晚上于祠堂中摆开围桌，桌上摆满了新丁户们准备的果品，包括柚子、红枣、黄金糕等等，均一式两份，外加酒水。族内长者、新丁户与老丁户代表先后发言，道出赏灯寓意，表达对大茔顶人丁兴旺、再接再厉等的希望。最后，各桌开始大家期待已久的猜拳游戏，热闹非凡，直到结束。这种形式显然更符合传统，但不可否认，在自己家中聚餐的老屋并不在少数。

　　于是，细究其变化就变得有意义了。回到上塅岭新丁户所言不在祖屋厅堂设宴的两个理由，前者显然不是根本原因，因为当族内举行一些公共活动时，如四角楼的祖宗生日、五栋楼的纪念古民居日等庆宴，地点仍是围龙屋厅堂；这些活动人更多，空间也必然更加拥挤。因此，笔者认为后者应是一个重要原因，也即觉得小家庭的喜事放在厅堂里办不够吉利喜庆。这显然是一个非常重要的变化，说明在现今宗族力量衰落和宗族观念淡化的情况下，人们对围龙屋厅堂的认识发生了变化，祖宗威望下降，虽然在祭祖等活动中人们仍希望受到祖宗庇佑，但涉及自身具象的喜庆活动时，又担心带来不吉利。同时，笔者认为这也与老屋所辖的族人们的凝聚力有关，如四角楼新丁户就在家中设宴，而五栋楼凝聚力较强，其新丁户就在祠堂内设，所以，在现今缺乏宗族力量制约的情况下，宗族凝聚力的强弱具有一定的偶然性（影响因素包括族内涌现有威望、有财力的后人等）。无论如何，四角楼、上塅岭等老屋所代表的这种变化是体现围龙屋空间衰落的又一例证。

到了当天晚上，上灯节最热闹的活动开始，族人与新丁户们一起在围龙屋禾坪上放烟花爆竹。在兴宁地区还特别流行放孔明灯（见图 4-3-6）。孔明灯有大小之分，放大孔明灯是当晚活动的焦

图 4-3-6　上长岭村五栋楼上灯盛会（大孔明灯正准备升空）

点，要三四个人协作孔明灯才能顺利升空，一晚上至少要放 10 个大孔明灯和 50 个小的孔明灯。所有的鞭炮和烟花费用一般要由新丁户支出，[①] 据了解这些费用在 1 万元以上，如果家庭殷实，为追求更热闹的气氛，可能要花费数万元购买烟火。事实上这已在各老屋间形成了一股攀比之风，屋内的"新丁户"间也存在一定攀比，如果实在经济拮据的就选择不办晚上的活动，显然，这会使新丁户家庭感觉丢人。即使当年出生多个新丁，每个新丁也不会因此明显

---

① 也有的屋如钟排上是大家集资，但主要部分仍由新丁户支出。

降低个人消费，这种情况下可能一个晚上的总消费会高达 10 万元以上，当然，烟火的效果令人震撼，这是乡间一年中的盛会。不过，兴宁地区其实是落后地区，当地并不富裕，所以这也给大家带来了一定的经济压力。

最后一步是"暖灯"，即将花灯用火烧掉，清除祖堂里的相关摆设。人们不喜欢用"火烧"这种不吉利的词语，而将其视为花灯被暖化了，故称"暖灯"。暖灯仪式比较简单，可分为"抢灯"和"火烧"两个步骤。

"抢灯"是指在取下吊在上堂大梁处花灯的过程中，族人纷纷涌上前去甚至跳起来摘抢花灯上的白花、剪纸人物甚至包括一切可以摘到的东西，因为人们相信抢到的这些东西会使自己小家庭未来人丁兴旺，给自家带来好运，所以抢到后一般会带回家留存，因此现场气氛很热烈（见图 4-3-7）。

抢灯仪式结束后，被大家撕抢完的花灯，只剩下了支架，然后被众人抬至祖屋门前禾坪上烧掉，也即暖灯。新丁户则在自己家庆祝，不会很热闹，也不用去祠堂祭拜祖先。

在调研中我们也发现，许多老屋并没有按照这个传统的程序

图 4-3-7　苏茅坜司马第抢灯

进行，而是会一直挂着新花灯，一般会挂一年左右，在年前或者是请灯时再进行前一年的暖灯步骤，甚至取消了暖灯程序。如上长岭四角楼会在腊月二十四处理掉已挂了近一年的花灯，为迎接正月初八的请灯做准备；苏茅坜司马第则会在请灯当天先抢旧灯，再上新灯；而上长岭上塅岭卸下的旧灯就直接放在老屋角落里，没有暖灯步骤。

事实上，我们在调研中发现一直挂着花灯近一年的老屋不在少数，说明关于上灯传统的集体记忆在外力的作用下中断后，人们试

图恢复时，又缺乏宗族间的沟通，无法获得指导，只能根据自己对传统习俗的理解举行仪式，从而造成了许多新变化，也即所谓的"传统的发明"。^① 当然，这些变化也不是凭空"发明"出来的，总体上基本程序的一致及族人的接受性说明了其有效性。即使是容易恢复的记忆性文化遗产，在人们试图完全恢复时，也需要祖宗力量作为基础。当这方面条件不足时，就容易在传承上出现各种"传统的发明"。

此外，上灯节不仅是一个庆祝新丁、祈盼子嗣的活动，同时也是为新丁确立名分的仪式。上灯之后，新丁的名字便有资格被载入族谱，正式成为族人中的一员，在中华人民共和国成立前宗族力量强大的时候，这就意味着新丁开始得到了宗族的基本保障。所以传统上，有资格参与上灯的只是新生男丁，女婴是不被包括的，而且在上灯活动的主要程序中，女性也一般不准参加。现在情况已有所不同，女性可以参加上灯的主要程序，少数老屋如崀子上也允许新生女婴参与上灯，甚至记入族谱，这既是时代的发展、女权意识提高的结果，又是宗族力量削弱的反映。

从本章对宗教空间的论述中，我们可以发现围龙屋的空间所生产出的事物与传统相比开始出现了明显的变化，而这些变化是传统复苏过程的新变化。在这些新变化中，值得注意的是一部分老人对传统的坚守与以年轻人为主的其他人要求变化的愿望间的矛盾。如在大莹顶上灯日那天晚上，在祠堂的聚会活动中，会有年轻人特别喜欢的猜拳游戏，这也是传统上的一个重要活动。按老规矩应是一对一猜拳，但年轻人更喜欢分成两队，由两队代表互相划拳，输方要罚酒，也可以由队友代喝，这样整个气氛都能调动，十分有意思。可不凑巧的是，在2013年上灯日晚上的聚会活动中，由族内一位长期未参加该活动的长者主持，他坚持要求按老规矩划拳，年轻人争拗不过，拒绝参与，不欢而散，放言明年再来玩，也即希望明年换人主持，否则该晚活动便有停办的危险。

如果说这样的事例还不够重要的话，前文大刘屋试图恢复"安

① Hobsbawn E. J., Ranger T., *The Invention of Tradition*, Cambridge University Press, 1992, pp. 1 - 14.

龙奉朝"过程中产生的矛盾则更为重要且典型。族人中最了解传统又较有威望的刘焕衍老人坚持在程序中按传统要求确定主祭人及捧抱祖牌人选，如应选择"五代贤长"之人，既是嫡出、有威望又"有钱好命"之人，这里"钱"不是重要条件，也无具体衡量标准，但族内许多人认为应让捐钱最多的后人来捧牌，甚至作为主祭人。

　　刘焕衍老人认为既然是恢复传统仪式，当然要完全按照传统要求进行，这种想法自然有道理，但其他一些族人认为由捐款金额多少来确定，也并非没有道理。因为举办公共仪式，需要花费大量金钱，客家地区多处山区，普遍不富裕，所以族人不缺人手，最缺活动经费。而在安龙奉朝中，主祭人及捧牌人是最荣光的角色，自然人人都想担当，而出钱多者担当既能作为对捐资者的回报，更能鼓励捐资者进一步捐款并起示范效应，这样共同活动才能得以持续进行。否则仅凭有钱族人的热情，安龙奉朝这样耗资巨大的活动可能只能办一两次，而不能三年一次地持续举办。刘焕衍老人势单力孤，执拗不过，只能以拒绝组织和参与作为抗议。

　　进一步分析这样的分歧和矛盾我们发现，其实在某种程度上两者具有共同点，即捐款多的如果不能享受荣耀，就缺乏捐款的积极性，而出身好、威望高的，如果不能按传统标准享受荣光，也就不再张罗。当然，本书并非是揣测刘焕衍老人的心态，事实上也永远不知道他的内心想法了，因为当笔者第二年再次回访时，老人已经过世了。但是不可否认，在人性和现实面前，人们长期的大量付出又确实需要相应的回报，这样才可以持续。因此，在传统上，解决这个矛盾需要依靠族产，由族产解决公共活动费用问题，也只有在这样的经济基础上，尊老敬宗才不是空中楼阁，围龙屋的共有空间才能真正得到维系。

第五章
围龙屋的公益空间

第一节　公益传统

一　宗族公益

粤东北客家地区有着较好的公益传统，在明清基层自治的体制下，以围龙屋为中心的各个宗族倡行公益活动，维持和促进了集体的生存和发展，也使得围龙屋空间生产的相关活动得以正常并有序地运转。而这些公益活动最主要依靠的是公益机制，只有健全了机制，公益实践才能获得持续的生命力，才能收到良好效果。

1. 祖尝机制

粤东北客家地区公益活动的经济来源，主要归于族产。族产是宗族内的共同财产，在当地一般被称作祖尝。它是指先辈族人为宗族购置并传承下来的属于族人的共同财产，包括农田、商铺、当铺等，主要用于支付族内的公共支出。由于当地宗族的族产收入大多来自农田的收租收益，而这类田又被称为祭田，俗称"烝尝田"，[①]故当地往往将族产统称为祖尝。[②]

对此，光绪《嘉应州志》有明确解释：

> 烝、尝为秋冬二祭之名，曰烝尝田者，亦犹祭田云耳。烝尝田无论巨姓大族或（即）私房小户，亦多有之，其用至善。偶见新宁志载，土俗民重建祠，多置祭田，岁收其入，祭祀之外其用有三：朔日进子弟于祠，以课文试童子者，助以卷金，

---

① （清）吴宗焯编撰《嘉应州志》卷八，据光绪二十四年版影印，台北：成文出版社，1968，第7页。

② 当地人也有称为祖饷，"饷"与"尝"两字发音近似。

列胶庠者，助以膏火，及科岁用度，捷秋榜赴礼闱者，助以路费；年登六十者，祭则颁以肉，岁给以米；有贫困残疾者，论共家口给谷，无力婚嫁丧葬者，亦量给焉，遇大荒则又计丁发粟，可谓敦睦宗族矣。此风粤省大抵相同，惟视其尝田之多寡，以行其意，所以睦姻任恤者于是乎寓，而论者以潮州械斗之风归咎于祭田，不亦大可哂耶。[①]

上长岭村所处的兴宁县在清代受嘉应州所辖，这说明当地烝尝田的名称来源于秋、冬两祭的烝、尝之名，其用途有以下四个方面：一是祭祀用；二是助学用（如有专供于此的农田又被称为"学田"）；三是敬老用；四是赈济用。

由上可知，粤东北客家人其公益传统的核心在于存在一个祖尝的机制，依靠这个机制，族内的重要公益活动得以实施。

既然作为共同财产，为了能长久荫泽后人，维持其运转的核心必然是保证祖尝不被族内后人挪用、变卖，但事实上做到这一点难度很大，需要管理的完善、宗族观念深入人心等。广东增城沙贝乡进士湛上济曾作《保烝说》，[②] 针对其族人欲卖祖尝之事进行开导、控诉和威胁，最终使其宗族祖尝得以保存，较有代表性。该文颇有影响，已被收入其他族谱如《梁氏崇桂堂族谱》《东莞张氏如见堂族谱》等，说明该文使其他宗族感同身受，心有戚戚焉。这里附上全文，以便后文讨论。

保烝说

我祖治中公由闽来粤，始迁沙贝，苗裔蕃庶聚族而居，传十有八代矣。自始祖大小宗以迄，高、曾祖各立烝业，上所以尊祖敬宗，下所以贻孙益（翼）子也。烝有二名：曰落轮，曰归箱。落轮者，轮房收管，周而复始，循环不已也；归箱者，择贤主计岁收租息，贮归公箱而谨其度支也。二者供给祀事，外量其所，入用有恒，规制为合食之条而会食燕饮，有其经制

---

① （清）吴宗焯编撰《嘉应州志》卷八，据光绪二十四年版影印，台北：成文出版社，1968。

② （清）张其淦、张鸿安等修《东莞张氏如见堂族谱》卷二十五，民国十一年，广东省立中山图书馆藏，第26～28页。

为敬老之条，而七十、八十、九十、百岁给寿金，有其经制为劝学之条，而庠童、监贡、举人、进士给卷资花红水脚，有其经制为褒贞之条，而烈妇节妇蒙恩旌表者助牌坊银。有其经至，若贫而冠昏者则予之，贫而丧葬者则赗之，年凶而饥者则赈之贫，老无子者则养之，疲癃、残疾、孤儿、寡妇无期功可倚者则周之，邦邑有公费学校，有兴建则助之，我祖宗立法垂制贻厥子孙者，至善至备也。呜呼！我祖宗克俭克勤，寸积铢累，艰难缔造，以有此烝，后之人食旧德承先泽上之，能捐私产以广其烝可也。次之能殚精竭力，权积余赀，备不时之用可也。不然犹当兢兢世守，罔敢失坠，为先灵怨恫。

今者雨泽稍少，斗米不过制钱百四十文二三，不肖倡言饥荒，借名赈济鼓众卖烝而瓜分之良，可痛愤也。夫雨泽不足何时蔑有，米价略增辄图卖产，今日卖田地，明日卖山塘，以有限之烝业何能给无端之分派？若果年凶道殣相望，尚宜互相劝捐，使有力之家出粟签金，共拯沟中之瘠，何至举列祖创垂之业一旦，弃如敝屣。且试问今之米价有烦州县之发仓平粜乎？曰无有也。今之汹汹然分银者，有一菜色馁夫乎？曰无有也。今之计丁而分者，有富家不领乎？曰无有也。既如是，则非饥矣。非饥而济之何为？非济饥而卖烝又何为？推其故，由败类之徒花消浪荡，天良尽丧人道无存，上不念祖宗下不顾妻子，无聊计较鬼蜮奸谋，欲废累代流传之业，为一时酒色赌博之资也。

夫败类之徒各族皆有，而各族未必尽皆败类，败类者又何能驱一族之众而听其指挥？即一族之众又何至皆堕其术中而不悟？一二败类亦何能擅卖而分之？然尝见他族往往倡言卖烝者，一二人而其势遂成不能救止，何也？其族老房长利其签书，酒食银喜，动颜色而不阻，甚或串吞价值，暗图背手以充私囊，其富者袖手旁观惴惴焉，恐出言抗争以贻后累，甚或垂涎祖业，冀乘急遽以贱价而得美产，其绅士模棱委靡以邀和众之誉，或计其子侄众，多人分便宜，心已乐许而貌为强从，或阳言体贴舆情而阴使房亲煽惑族众以谋速售。遂至一倡百和有千仓万箱而不留担石者，有田连阡陌而不存片壤者，有血食已断而复拆卖祠宇者，呜呼，人心风俗之坏一至于此，极有心者所为痛哭流涕也！

济昨日在祠力争，众目怒视，众口怨詈，济岂不知？自思而此，志已定，头可断，烝不可卖，诸长老亦何必强济曲从，使济为祖宗罪人？即今与长老族众誓于祖曰：凡我族人念尔祖念尔宗，同心协力保守先业，传亿万年以有造于我族；又誓曰：凡我族人敢有卖烝，是我族逆，孙众攻之，勿宥长老绅士厥责綦重，若避嫌怨，若为亲讳，不率众攻之是罪之魁，祖宗诛之勿宥；又誓曰：凡我族人敢有卖烝，攻之者或势孤不胜，则诉于大宗，诉于始祖，控于府县，控于督抚，正厥罪乃已；又誓曰：凡我族人敢有卖烝，则其罪状焚告于祖，用行冥诛使其魂魄不得依我里党；又笔于书曰：某年某月某日卖其祖烝倡者某，和者某，族老某，房长某，绅士某，暴其罪于后世使戒我族。乾隆十七年春三月上济书。

首先，文中说明了祖尝的管理机制，"烝有二名：曰落轮，曰归箱。落轮者，轮房收管，周而复始，循环不已也；归箱者，择贤主计岁收租息，贮归公箱而谨其度支也"，科大卫将其归纳为"管理轮流交替""财产人人有份"两大原则。① 应该说，轮流交替有助于规避腐败，是较好的一类祖尝管理方式。

但在粤东北上长岭村的刘东升一系的祖尝，管理方式却不同，一直是由最富裕的二房管理，可谓是"管理富者垄断""财产人人有份"两大原则，这可视为另一类祖尝管理方式。这种垄断方式的存在也有一定的道理，若其他几房比较穷困又管理祖尝，那相对来说祖尝更容易被私下变卖，况且富者家族有钱有势，必然在族内更加有威信，大家也愿意交由富家打理。刘东升一系祖尝一直存在，直到解放后才被没收，事实证明这在一定程度上也是一种行之有效的方式。

其次，文中指出了祖尝永存面临的最大威胁并非灾害，而是族内后人们的贪欲，贪欲会导致一两个宵小借灾害之名蛊惑整个宗族瓜分祖尝。对此，作者湛上济采取的措施是明确自己拒绝出卖祖尝

---

① 科大卫：《皇帝与祖宗：华南、国家与宗族》，卜永坚译，南京：江苏人民出版社，2010，第274页。

的态度，不惜与同意卖祖尝的族人为敌，并威胁上告官府和诉诸大宗始祖，同时利用宗族观念，对于"族逆"，号召同辈后人"攻之"，进而准备将同意卖祖尝的宗族管理人员和掌权者示众，"暴其罪于后世使戒我族"。

对于上告官府，虽有明清律例认同宗族成员若未得全体成员同意而出售族产，作盗窃论，[①] 但若只有一人明确反对，是否能起作用也未可知，否则在上例中作者根本不需发如此多毒誓和威胁。而且，官府即使惩罚了宗族成员盗卖祖尝的行为，也会承认交易的合法性。如据《黄氏梅月房谱》记载，其宗族从简氏后人处买了一块地，但简氏宗族认定其为非法出售简氏族产，试图收回，于是黄氏与简氏在官府连续打了四场官司，每次都以黄氏胜诉而告终。[②]

因此，笔者认为，最终湛上济成功说服族人保住祖尝不致变卖，宗族观念还是起了最重要的作用。从文中所列的"有千仓万箱而不留担石者，有田连阡陌而不存片壤者，有血食已断而复拆卖祠宇者"情况来看，当时变卖祖尝的宗族并不少见，只要全体族人同意便交易合法，而"各族未必尽皆败类"，所以湛氏宗族最终回心转意还是与湛上济的抗争有关。当然，也正因为宗族观念缺乏强制约束力，难以从根本上解决出卖祖尝的问题，所以才会出现变卖祖尝的现象。

需要说明的是，这里的宗族观念，核心是崇祖敬宗而非善待后人。祖尝是祖宗为了保护族内后人的生存与发展所设，但族人保存祖尝主要出于敬畏祖宗，不敢挥霍祖宗传下之产业，而非考虑后世族人的生存和发展。所以在湛上济的全部威胁中，没有一个是关于劝导大家为后代着想，而是直戳要害——"凡我族人敢有卖烝，则其罪状焚告于祖，用行冥诛使其魂魄不得依我里党"。

此外，在祖尝管理上，为了能及时收到和收足祖尝，维护祖尝资产，许多宗族也会明文规定惩罚措施，如《廖维则堂家谱》在"家规"中明确规定：

---

① 科大卫：《皇帝与祖宗：华南、国家与宗族》，卜永坚译，南京：江苏人民出版社，2010，第258页。

② （清）黄观锡编、黄廷畅重修《黄氏梅月房谱》，光绪二十三年，广东省立中山图书馆藏。

尝银无论租息，各款有拖欠者，按祭扣胙，或本人不足，由亲及疏以服内为度，所欠银俱不起息，扣足所欠即行开复，此系就所欠只数两而言。若欠至十两以上者，扣胙亦不能了，即责令服亲将本人产业变抵，若产业不足将本人父子祖孙永远革胙，不问迟早，俟还清所欠方得开复。[①]

祖尝主要来自出租农田和店铺的收益，而少数承租者发生拖欠情况也难以避免，于是规定若拖欠款少，则在拖欠者及其直系亲属祭祀时用其三牲抵扣，如果拖欠款多，则将拖欠者财产抵扣，若不足，则惩罚拖欠者及其直系亲属不许祭祀（即开除出宗族），直至还清为止。这里的规定是以脱离宗族关系作为最终的惩罚，在明清社会基层自治的背景下，如果一户人家被开除出宗族，生存都难以保障，因此，这样的规定是非常严厉的，对祖尝资产的维系有着重要作用。

也正是因为广东地区宗族观念和宗族精神总体上仍较强，所以直至中华人民共和国成立前，据陈翰笙在 20 世纪 30 年代对广东地区农田情况的调查，大约族田占耕种农田的三分之一，而粤东北的客家地区比例更高（见表 5 - 1），[②] 这种情况在全国特别是北方地区少见。

表 5 - 1　民国时期粤东北族田所占耕地比例

县名	百分比
梅县	40%
兴宁	25%
蕉岭	40%
平远	40%
五华	30%

宗族观念的强大不仅有利于保存祖尝，在一定程度上还会促进祖尝的壮大。根据对粤东北客家地区的调研，有些姓氏开基祖留下

---

① 《廖维则堂家谱》卷一"家规"，民国十九年，广东省立中山图书馆藏。
② 据陈翰笙博士在 20 世纪 30 年代对广东各地调研的资料整理而成，参见陈翰笙《解放前的地主与农民——华南农村危机研究》，冯峰译，北京：中国社会科学出版社，1984，第 37 页。

的祖尝较少，或后人繁衍过快不足以支撑，于是后世有钱有势的族人也会想法增置祖尝，形成了各姓之间互相攀比的风气，以致祖尝规模很小的宗族会被人看不起，甚至受欺负，也办不了大事，所谓"大族凌小族，强宗欺弱宗"即是指此。[1] 这也是粤东北客家地区祖尝较发达的原因之一。

2. 祖尝个案

在对粤东北客家地区的调研中，我们发现上长岭村刘东升一系宗族颇有代表性。刘东升离开管岭大刘屋来到上长岭村开基后，后人迅速繁衍壮大，宗族随之建立起较为完善的祖尝机制并获得良好的实践。

据被族人誉为最了解传统情况的刘伟宝老人介绍，刘东升一系宗族祖尝主要由烝尝田和店铺构成，其中烝尝田计有 50 亩，店铺共有 15 间，基本位于兴宁县城，获得的收租和租金收益便构成了宗族财产。

东升公有四个儿子，分别是嵘（德尚）、嶂（德达）、峣（德周）、峰（德仰），其中德达公最有钱，这一支系传下 16 个屋，分布在新陂、叶塘一带，子孙有几千人，其他三房子孙加起来都不如德达公一房的子孙多，出了很多有钱人及官员，故东升公一系的祖尝一直由德达公这一支系的子孙打理。

一般而言，每个老屋都或多或少会设立自己的祖尝，有些是继承分出前老屋祖尝的一部分，以及另行添置祖尝。根据刘东升一系祖尝规矩，分出去的支系老屋后人有权利同时享受祖屋的祖尝，但祖屋后人不能享受分出去的支系老屋新设的祖尝，譬如上长岭村铁长社由四角楼分出，其族人可以享受后者的祖尝，反之却不行。

关于东升公一系宗族祖尝的用途，主要体现在举行各类仪式、助学和赈济三方面。

仪式方面，前文已有不少涉及，如宗族祭祖、祖宗生日、三山大王巡游、上灯及安龙转火和安龙奉朝等，这类仪式活动开支较大，均由祖尝支付，这类大型活动由此得以顺利进行。需要说明的是，这类活动的开支不仅包括活动本身的费用，还包括当天的聚餐（如祖宗生日活动）费用，这些活动对东升公子孙均免费，着实开

---

① 乾隆《潮州府志》卷十一，光绪十九年刻本，第 11 页。

销不小。由于是祖尝支付的免费聚餐，所以参与人员包括东升公的各房后人，而不限于四角楼或上长岭村附近的后人，早已迁出的各屋后人都会回到四角楼参与活动，这显然有助于加强族人的集体记忆，维系了宗族的凝聚力，而在宗族自治的社会背景下，宗族力量的壮大是非常重要的，尤其是在与其他宗族的竞争或纠纷中可以确保本族人的利益。

助学方面，刘氏宗族尤为重视。刘东升在上长岭村开基之后，"创东升学堂一所"，① 地点位于五栋楼旁的灵光斋，主要供族人子弟上学，1911 年改称为东升小学。东升公在创建之初还特意制定了校训："诚朴公勤"，意指诚实、朴素、公道、勤奋，校训牌匾据说以前曾挂在东升小学里，但现在已没有了。

东升小学由于是东升公一系祖尝所建，所以特别制定了一系列扶助族人上学的规定，归纳起来，大约有以下几点。

一是主要服务于刘东升一系子孙的上学，故生源不仅来自上长岭村后人，也包括分出去的后人，但由于东升公次子德达公在上长岭村毗邻的叶塘麻岭村又兴办了麻岭小学，因此叶塘一带的东升公后人多在麻岭就读，而新陂（含上长岭）一带的多在东升小学。不过鉴于东升小学质量更好，麻岭村都有不少子孙过来就读。

二是刘东升一系子孙免费或者只需交很少的费用，学费基本由祖尝资助，其子孙的童养媳也可享受此待遇。据 1938 年出生的云泰屋刘泰章老人回忆，他作为东升公的后人，每学期的学费是 10多斤米，不超过 20 斤，有些年份甚至不用交费，但笔和纸墨自备。此外，学校为解决老师的吃菜问题，每天指派五六位学生"送菜"，以减轻老师的伙食负担。为了不使"送菜"加重学生家庭压力，并未对菜品做明确规定，由各家量力而行，家境好的学生会送一个鸡蛋或一束新鲜蔬菜，家境不好的送一团咸菜也可。总之，都是学生家里有的，而不用特意花钱去买的东西。考虑到这是 20 世纪 40 年代的情况，其时国家民族处于危难动乱之中，祖尝收益想必是历史上最差的时期之一，可以设想，如果是在社会安宁时期如清中叶，东升公子孙上学的花费必然更少。

三是允许其他宗族脉系的子弟入学，但需交费。按照规矩，一

---

① 《刘氏族谱（卷九）》，1996，第 660 页。

般祖尝支持的小学主要收本族子孙，但由于一些小宗族的祖尝不足以兴办小学，只能就近去其他大宗族的小学。又或者出于各种原因，如上长岭村李氏祖尝兴办的力行小学只办了初小，只到四年级，并非像东升小学一样是完小，所以这些小学的学生若想继续就读高小，就要去其他完小。

东升小学在上长岭村一带办学规模较大，民国时期一度还附设"幼稚园"，这既有东升公一系财力较强的原因，也有其特别重视教育的因素在内。据曾在中华人民共和国成立前入读东升小学的后人回忆，东升小学占地 400 多平方米，活动场地有 200 多平方米，校舍有三个厅、四个教室及八个房间，并附有厨房和厕所。前厅左面墙上是"布告栏"，右面墙上贴着反映学校基本情况的各种图表；中厅摆着乒乓球台；上厅是老师办公地方。随着规模扩大，四个教室不够，后又在离校园五六十米处另建了一个大教室。当时共设有六个年级共六个班，教师有六七名，实行聘任，人员来源并不限于刘氏宗族，每个班学生有四五十人，低年级学生多一些，高年级学生少一些，其中约有 20% 为女学生。学校按新模式教学，课程有国语、算术、图画、音乐、体育等，高年级还增设历史、地理、自然等。根据兴宁教育局资料，1952 年东升小学与李氏祖尝支持的力行小学合并成新岭小学，1985 年改名上长岭小学。[①]

赈济也是东升公祖尝的重要开支类别。据族人回忆，中华人民共和国成立前每两三年一次，在农历四月青黄不接的时候，四角楼会赈济粮食给全体东升公后人，大家拿盆去装。此外，在特别困难的时候也会发放临时救济，如 1943 年夏，祖尝对于一些特别穷困的后人专门发放票据，在规定天数内（一般是五天），其后人按户凭票前往四角楼领救济粥，分量大约是一人一大勺。之后的年份，随着社会环境恶化，祖尝也无力支持，直到中华人民共和国成立后被没收，再没有类似的赈济行动了。

二　家族公益

除了上述的机制性公益，另一种较为重要的方式是个体性公

---

① 广东兴宁市教育局编《兴宁市学校简介大全》，深圳：深圳新思润设计印刷有限公司，2004，第 107 页。

益。前者是宗族作为主体，后者是家族作为主体。家族即一个大户家庭，其财政往往由家族的代表或负责人支配，在这种情况下的公益行为，并无一个固定的机制，一般是遇到特别的困难时实施的临时性行为。

在民国时期的上长岭村，李氏家族更富裕，其中李康秀、李洁之属于大户家族，李康秀家族是地主，有许多农田，李洁之更是国民党高官，官至虎门要塞司令，有意思的是，他们均先后加入或投奔了共产党。由于这两户家境殷实，所以遇到特别困难的时候，会给同村人及村附近的穷苦贫民施一些米之类，包括刘氏、钟氏这些人数较多的拥有祖尝的大姓贫民在内。

简言之，通过祖尝以及大户家族的赈济，上长岭村基本未出现饿死人的情况，说明在战乱频繁、基层自治的背景下，公益的确发挥了重要的作用。

个体性公益除了赈济周边贫民外，当家族有财力时，还会有赈济外地贫民的善举。对于这种情况，我们在调研中发现刘钦若宗族颇具代表性。

刘钦若一系历史上在赈济方面曾做出较大贡献，据咸丰《兴宁县志》记载：

> 刘开祥字钦若，刘元杰之裔也，性孝友宽宏。绩学种文，以数奇，由诸生援例入国学，家素饶积而能散。癸巳岁饥赈粟千石，邑人赖以全活。生平笃亲，故置尝田，修桥砌路，永泰开学堂岭二处，人尤戴德。年八十二卒，生二子，长东升，次东启。升字旭光，少岐嶷，十三游泮，十八食饩，屡试冠军，辛卯魁麟经。事二亲色养备至，礼高年，崇有德，教育英才，非公不至。知县尹文炽以清标冠粤，旌之居。恒自用俭朴，不事私积，器量汪涵，确有情恕理遣之遗。卒年四十七。丙午岁复饥，祥次子东启，与祥孙嵘，赈粟一如癸巳。乾隆戊辰岁复饥，祥孙峒赈粟亦如之。①

---

① 张学龄主修、陈丙章等纂《明清兴宁县志（九）》，罗香林辑校，台北：台湾学生书局，1973，第 1628～1629 页。

这条文献印证了刘氏后人所说的"连续三代赈谷千石"。刘钦若康熙五十二年（1713 年）赈粟千石，其次子刘东启又于雍正四年（1726 年）与其兄刘东升长子刘嵘胞侄赈粟千石，最后刘东启独子刘峒再于乾隆十三年（1748 年）赈粟千石。对于这样的善举，官方也大力给予嘉奖。先是刘钦若赈谷千石之事，据刘焕衍老人提供资料，康熙帝曾赐一块饰以内外穿花双龙吐珠纹饰的"恩荣"匾（附有"奉天承运"的汉、满文字），以彰其善举，"文革"时幸由刘焕衍老人冒险保存下来，现挂于中厅上方，极为珍贵。同时惠州府知府孙章亦于当年赠匾"高义泽人"（见图 5 - 1 - 1）；其后刘东启赈灾时官方又赠匾"功比郑渠"；待刘峒赈谷千石后，邑侯施濂

图 5 - 1 - 1　管岭大刘屋中堂匾额

同饶平县及兴宁县知县有感于其三代赈谷千石，赠匾"义风继美"，并在匾上附文如下：

尝问莫为之前难美弗彰莫为之后难盛弗传令

刘年兄讳峒洵后先辉映者也，考诸邑秉，令祖讳开祥癸巳年荒捐票千石谷，斯士女追，后丙午岁复不登。尊翁讳东启，毅然捐赈，苍点资泽，亦犹癸巳之全活。今岁戊辰，春雨悠期，斗未三钱，饥馑之状难以殚述，当事者广仰屋悠而未有当。年兄蒿目时艰慨然，赈家谷千石，有奇是诚，车祖火行

善，莅善述之风，当时垂奕禩。谁曰丕古以承之兹上罩然高膛
爰以额赠曰。①

对于刘钦若一系三代赈济千石之事，在调研中还听到一些背后
的故事，颇有意思，此记录之。大刘屋最了解传统情况的刘焕衍老
人叙述，他听到老人传下来的说法是，第一次刘钦若赈粟千石之
事，起初并非是赈灾，而是想去卖米，结果货船到当地时，潮州府
以为是来赈灾的，敲锣打鼓地欢迎，于是就被动地真正赈灾了。第
二次东启公赈谷，则是潮州府派人上门求助，但东启公当时没有那
么多谷，于是自己捐六百石，并联合四位胞侄也即刘东升的四位儿
子各捐一百石，共凑齐一千石。第三次潮州府饶平县受灾时，知道
大刘屋有钱，又派人过来求助，于是刘峒又捐了一千石。②

这个说法也有一定可信之处，钦若公的情况自然已无法得知，
而东启公捐谷似有被劝捐之嫌。从逻辑上分析，刘东启自己无力凑
齐一千石，而不得不找已分到上长岭村自立宗族的刘东升系子孙求
助，去救济与本族无关的远方灾民，如果是纯粹的自愿行为，实在
有违常理。同时，作为大户家族，有曾经做过公益慈善的历史，地
方政府在遇到困难时上门求助，也是符合逻辑的。

关于上长岭村刘东升一系子孙，除了上述参与刘东启的赈谷行
动外，据《刘氏族谱》（卷九）记载，刘东升也曾两次赈谷千石：

> （十六世）开祥长子东升，字旭光。由新陂管岭刘屋移居
> 上长岭创居四角楼祖屋，并创东升学堂一所，公生于康熙九年
> 庚戌，卒于五十五年丙申，康熙年间考中辛卯科第四名举人，
> 曾在兴宁两次赈谷千石，知县送与"义风继美高义泽人"之匾
> 留念。③

---

① 原匾在"文革"中破损严重，现匾是在原匾基础上修整而成，可能部分字词
　　有误。

② 这里与县志明显不同的一个说法是，刘东升的四个儿子都参与了捐赠，但前述
　　县志仅记载刘东启携胞侄刘嵘，也即只有刘东升的长子参与了捐赠。不过，这
　　个不同于县志的说法，得到了《管岭大刘屋刘氏族谱》的印证。当然，无论是
　　哪种说法，对该说法本身都影响不大。

③ 《刘氏族谱》（卷九），第660页。

不过，细究刘东升的两次捐谷千石，似不足为信。首先，赈谷千石在当地是一件大事，大刘屋的事迹都被记录到了县志中，但县志里却无刘东升的赈谷事迹，不符常理，此为疑问之一。其次，刘东升卒于康熙五十五年，享年四十六岁，这期间刘东升自立门户，在上长岭村开基，建造四角楼，必然花费大量钱财，是否还有余力两次赈谷千石实在存疑。最后，所谓知县赠送的"义风继美高义泽人"之匾，如前述，实为"高义泽人"和"义风继美"两块匾额，均在大刘屋，分别是称赞刘钦若赈谷及刘钦若、刘东启、刘峒祖孙三代赈谷之事，与刘东升无关。因此，刘东升一系族谱应记载有误，其较有影响的公益事件只是东升的儿子们参与了刘东启的赈谷活动，当然，这也是值得骄傲的，兴宁知县也赠予了五栋楼"一门种德"匾额以称颂该善举。

通过对本节的分析，可以知道粤东北客家地区的公益传统以祖尝这类公益机制为主，辅之以个体性的家族公益。宗族公益不仅起到了公益慈善的功用，进一步还保证了社会基层的稳定和发展。而为了保证宗族公益能够规避风险，持久发挥功用，宗族采取了最稳妥的方式，以购置农田、店铺并出租获益的手段，努力保证族产的恒久，故族产的增值一般不是通过商业投资，而是通过有财力的后人添置祖尝实现。正如科大卫所指出，"宗族主要是财产控制的集团，而非从事贸易及生产的集团，宗族的资金，是根据预先规定好的项目而分配的，例如祭祀、福利等，而且宗族也不发放花红，因此，族产的管理，是建立在族产永存这个假设上的。"①

但是，随着时代的变更，族产显然不可永存，即使中华人民共和国成立后没有没收祖尝，没有实现意识形态控制，祖尝也会逐渐消失的。因为祖尝的建立和存续是以传统社会的宗法制度为前提的，祖尝虽然有赈济公益的功用，但核心目的是通过祭祀等手段加强族人集体记忆，凝聚族群认同，维持宗族机制。然而，工业化和现代化的发展与宗法体制是矛盾的，个体必然脱离宗族控制，宗法社会解体，家族转向独立的核心家庭，社会结构最终产生结构性变

---

① 科大卫：《皇帝与祖宗：华南、国家与宗族》，卜永坚译，南京：江苏人民出版社，2010，第272页。

化，祖尝也就失去了土壤。从这个角度而言，围龙屋空间的衰落又是必然的。

第二节 公益现状

一 公益组织

中华人民共和国成立后，祖尝作为地主的财产，被政府全部没收，其中土地被重新分给贫民，政府也相应包揽了部分祖尝的功用，主要是助学这一类。而祭祀类活动，因意识形态限制缘故，被禁止举行。至于敬老和赈济方面，政府本意是全部承揽，但由于众所周知的原因，并未实现，至改革开放前，兴宁地区村民一直处于绝对贫困之中。所以，当贫民得到土地时虽然感到开心，如上长岭村一位村妇回忆其娘家分到了几分地时非常高兴，因为以前家里从未有田，但是随着整体经济恶化，政府无力赈济，更遑论敬老了，而祖尝又已不存，这使得在某些特别困难的年代村民的境遇变得更加糟糕。

改革开放后，政府对意识形态的掌控趋松，经济也迅速发展，各种传统习俗和活动开始得到恢复。据上长岭村一带村干部介绍，改革开放后社会环境刚开始宽松时，一些老屋和村民试探着恢复部分传统活动如祭祖等，之前总是干预的地方政府这时却并未干涉，因为他们未接到上级关于禁止的指示，无所适从，只能任其发展。很快，在20世纪80年代，大量传统活动广泛兴起，如祭祖、安龙转火、游神等，传统在一定程度上得到了复苏。

但是由于祖尝已不存在，宗族体制也已解体，所以支持公益事业的主体发生了变化，由各类公益组织取而代之。这些公益组织的共同特点是，组织本身没有或只有极少的资产，主要起到公益活动的组织作用，资金基本来源于乡贤和村民的募款，所以当下的客家地区公益组织不再也无法像传统的祖尝那样大包大揽，而是针对不同公益活动出现了不同类型的公益组织。

在粤东北客家地区，当下与围龙屋相关的公益组织主要有三类，分别是宗族理事会、教育基金会和老人会。

1. 宗族理事会

宗族理事会与传统宗族组织相比，虽共用宗族一词，但内涵已

粤东北客家乡土建筑研究

实质不同。宗族理事会已几乎没有可支配的族产，无法对宗族产生实质性影响，只是一个由热心族人组成的松散型组织，在乡民中不具有权威性。但由于宗族理事会成员往往是辈分较高或有所成就的族人，就个人而言，在族内有一定威信，因此，依靠个人的影响力，宗族理事会依旧能开展一些工作，主要包括宗族祭祀和祖屋修建。前者在"祖先空间"部分已有所涉及，这里主要阐述后者的公益活动。

祖屋修建同样也包括直属祖屋、脉系祖屋和总祠的修建，每一类祖屋修建都会有相应的宗族理事会，性质上可分为两类：一是直属祖屋具有血缘关系的宗族理事会，其成员均是同一屋人，与其他同屋后人都相熟，本书称之为血缘性宗族理事会；二是脉系祖屋和总祠修建的宗族理事会，虽然名义上成员仍然是在一个大宗族下具有较远的血缘关系，但事实上理事会成员及其所属各屋后人相互间已无实质关联，宗族理事会成员及其各屋后人只是在祖宗观念的影响下进行公益活动，故本书称之为观念性宗族理事会。以下均以上长岭村刘东升一系相关的公益组织活动为中心做进一步阐述。

1）血缘性宗族理事会

麻岭云华屋由云泰屋分出，而云泰屋又由上长岭村铁场社分出，它们都紧邻上长岭村，该屋宗族理事会决定 2011 年开始重新整修老屋，于 2012 年初整修完毕，以此为例。

云华屋后人普遍不富裕，但文化程度较高，一直以来从事中小学教师职业的较多，整体素质较高。该屋一直处于年久失修状态，族人在上一代的"章"字辈就想整修了，并且也付诸行动，但其时族人经济状况欠佳，募款困难，没有彻底维修，待到当下"志"字辈老人成为云华屋宗族理事会成员时，大家商量决定完成"章"字辈愿望，彻底完成祖屋维修。

首先，以宗族理事会成员为主的维修小组发布了倡议书及维修决议：

云华祖屋维修倡议书

兴宁麻岭，云华祖屋，面向神峰，历史悠久。

坐北向南，风景优美；建筑宏伟，雕梁画栋。

236

丁财兴旺，人才辈出；同盟会员，亦有两名。
教授教师，四五十人；知识分子，超过百人；
厂长书记，皆有多人；创事业者，数量不少。
在家村民，皆为小康；饮水思源，安忘祖先？

十多年前，云华曾修，资金有限，不尽善美。
现今祖屋，上厅穿空，天面沉陷，瓦口脱落，
竹叶树叶，塞住瓦坑，衍角腐朽，墙壁裂缝。
中厅走廊，危在旦夕，主梁断裂，屋栋陷落。
各杠屋廊，多处穿空，私人老屋，亦无例外。

有识之士，简易维修，志平集纯，慷慨解囊，
明炬明镜，紧跟其后，云华子民，安甘其后？
集腋成裘，定成大事。

会议决议

要保祖屋，先砍竹木，最危先修，由公至私，都要维修；
厅廊公修，私屋自费。祖屋修好，公众地方，不养禽畜；
平时三厅，关门闭巷；红白好事，节日假日，期间开放；
设立基金，小修随时，确保祖屋，永久千秋。此项决定，
均已签名，初步预算：最危部分，二十多万，完善一些，
三四十万，更加完善，五六十万，且请先生，看好吉日：
农历十月，二十二日，碍屋竹木，现已砍光。请好师傅，
准备动工。

为修祖屋，更加完善，修屋小组，提出建议：云华子民，
不分男女，自愿捐款，无论多少，同心同德，修好祖屋。
在家村民，转告亲人，地址电话，告知小组。为彰先进，
以励后人，捐资仟元，勒石留念。

云华祖屋维修小组

维修活动一旦展开，就开始遇到许多困难。第一个困难也是最

大困难之一，便是族内往往很少有主动愿意负责维修事务（主要是管钱）的合适人选，比如兴宁刁坊一个曾姓老屋有后人愿出 40 万元人民币，但没有族人愿意负责具体维修事务，所以确定人选比募款还困难。原因主要是主持维修事务的族人只有巨大奉献，却基本没有回报，而且若出现任何问题都会引来责难和麻烦。由于血缘性宗族理事会成员与族人都熟识，按照惯例族内的公益活动都需张榜公布明细，所以无论是主观上还是客观上，都存在较强的监督，中饱私囊获益的可能性很小，何况大家推选的一般都是公认较有威望、人品端正的族人。但是对于被推选的人来说责任重大，既不能占用任何募款，还要注意维修的效果，如果募款很多，但花费情况不如人们的期望，后续募款就可能无法进行了，甚至维修好后的几年内若有族人遭遇不幸，族人们都会归结为祖屋维修的问题，如维修日子没选好之类。因此，这些对负责人和管钱人的综合能力提出了很高的要求。

云华屋族人一致推举宗族理事会成员刘志海来掌管募款，刘志海老人三代都是老师，在族内也有一定威望，据其所言，尽管他本人最初并不愿意负责此事，但整个族人都推选他，盛情难却，他只能迎难而上。

确定人选后，接下来遇到的困难是维修整套房屋，还是只维修其中的共有空间，主要是堂屋。许多族人不赞成再修围龙屋中的私人房屋，尤其是那些破损严重的私屋，花费显然比保存较好的私屋大，而人们基本不住在里面了，私人房屋的破损跟大家关系不大，若维修花费大，一些族人便觉得不合算，宁可放弃私屋。因此，捐款修共有空间比较顺利，但一些族人不愿意继续捐款修私人住屋。可见，这实质上已变成了如何看待围龙屋中的私人空间与共有空间关系的问题。宗族理事会成员坚持认为私人房屋也是围龙屋共有空间的一部分。笔者对此的理解是横屋和围龙的内部空间固然属于私人空间，但它们在结构上是围龙屋型制的组成部分，共同构成了共有空间，比如化胎就必须由围龙和上堂围合起来才能形成，因此，维修私人房屋并不是指给其内部进行装修，而是要保证其结构上的完整，重点是将坍塌的墙、破损的屋面等修复完整。

据维修祖屋负责人之一刘志海介绍，他当时与宗族理事会商量决定，如果通过宗族理事会的细致沟通，仍有两三成人不愿意继续捐款维修私屋的话，他就不再负责修屋事宜了，如果只有几户人家依然拒绝修私屋，那就用募款免费帮其维修私屋，以实现围龙屋维修的完整性。当然，后面一种想法在当时是不会公开的。有幸的是，最后经过宗族理事会的工作，所有人家最终都捐款支持了围龙屋的整体维修方案。

此外，在维修老屋时遇到的另一个困难是，各家各户都在围龙屋内外的空地上种了龙眼树，这相当于是各户的私人财产，为了维修，必须全部砍掉，各户所承受的损失相当于大家的进一步捐款，而且龙眼树很硬，家中若无壮年劳力很难砍伐，因此也遇到了不小阻力。最后在宗族理事会的沟通下，由愿意的人去砍伐，砍伐下来的龙眼树木就归砍伐者支配，这样就彻底解决了维修老屋的全部困难。

在具体维修过程中，宗族理事会成员们不收任何劳务费用，包括去县城买材料所产生的路费成本都由自己补贴，并对每笔开支进行了详细的记账，公开明细，让族人心中有数，增加信任。最后修共有空间包括堂屋和水塘共花费 25 万元，全部私屋也得到统一维修，但因每户私屋破损情况不一，所以由私屋主直接将维修费给维修队。

在管理和执行事务上，目前的老屋宗族理事会与传统的祖尝机制形成鲜明的对比。宗族理事会的每一笔款项都需要募集，因此族人有全部的发言权，而祖尝流传下来的财产，虽然族内人人有份，但事实上管理和支配权都由祖尝管理者决定，如刘东升一系祖尝一直由二房支系管理和支配。在日常管理上，宗族理事会一定会公开具体花费明细，每年都会在老屋前张榜公布，否则后续难以募集到资金，而祖尝并不需要大家募款，所以许多家族的祖尝管理者都不公布明细，刘东升一系亦是如此，这种情况也就容易滋生腐败，甚至有人变卖族产中饱私囊。因此，从公益角度，目前的宗族理事会比传统的宗族公益更有效率，也更为廉洁。当然，如前所述，宗族有了祖尝的财产，其管理层便有了话语权，对加强宗族力量、维系宗法体制的作用是目前的宗族理事会所没有的。

2）观念性宗族理事会

与刘东升一系有关的观念性宗族理事会主要有粤东刘氏宗亲总会和巨洲围祖屋修建委员会，后者事实上起到了临时性宗族理事会的作用。

近年粤东刘氏宗亲总会的主要任务是重新修建刘氏总祠。据其倡议书所言，刘氏总祠初建于清康熙三十九年，由两广闽赣刘姓族人在距开七公墓约五里处的榕树村，将祖屋改建为"刘氏总祠"，建筑群占地约 2700 平方米，分三堂两厢 50 间房及围龙屋 49 间，总计 102 间，建筑为木石结构，墙体全用泥土砌成（见图 5 - 2 - 1）。1983 年，刘氏总祠因年久失修，以泰国刘氏宗亲会捐资为主曾对其维修。进入 21 世纪，粤东刘氏宗亲总会欲推倒重建刘氏总祠，在 2004 年曾委托梅州市设计院构思建设初稿。至 2006 年，台风"珍珠"对老屋破坏严重，墙体坍塌，榕树村刘氏宗祠理事会书

图 5 - 2 - 1 重建前的刘氏总祠（刘氏总祠提供）

函粤东刘氏宗亲总会，请求募资抢修。鉴此，粤东刘氏宗亲总会成立刘氏总祠建设委员会，提前实施重建工程。由于粤东刘氏宗亲总会规模很大，已事实上成为一个正式的公益组织，故以文件的形式颁布了一系列决定，如《关于成立"刘氏总祠建设委员会"的决定》：

关于成立"刘氏总祠建设委员会"的决定

粤刘文【2006.6】号之一

就兴宁岗背榕树村刘氏总祠理事会申请修复开七公祠一事，根据全族代表大会授权和各县联席会议，特准成立"刘氏

总祠建设委员会"，启动《总祠建设预案》实施建设，并向海内外刘姓族人宣传发动捐资。

粤东刘氏宗亲总会
二〇〇六年六月八日

此外，还有《关于"刘氏总祠建设委员会"主任的任命书》《关于督办刘氏总祠建设的决定》等相关文件。

整个老屋拆除重建总预算630多万元，粤东刘氏宗亲总会认为募款是"唯一的途径"，遂启动募款活动，主要采取褒奖手段，如下：

一、所有捐资数目及芳名均上红榜公布，并在"粤东刘氏文化网"（www.ydlswhw.com）发布。

二、伍佰元以下者，在屋瓦写上芳名，意为"添砖加瓦"。

三、伍佰元及以上者，芳名榜上刻石贴金，千古流芳。

四、壹万元及以上者，芳名前面冠上地方名（含三项）。

五、伍万元及以上者，嵌上瓷制相片，在正厅二十四大柱楹联上款刻名（含三、四项）。

六、拾万元及以上者，在文化长廊四十九个阁中，立金漆匾额一块（阁名由捐者命名），并立碑记一方，记载捐者籍贯、出生、世系、父母及子名字，事业和成就等传略（附个人或家庭瓷相）。

七、团体、企业、乡里、祠堂为单位者，比照六项内容另行协定。

八、对贡献特别大者，除参照以上各项外，褒奖办法另定。

刘氏总祠2009年建成后规模宏大，总占地面积24640平方米，建筑面积达6680平方米，为上、中、下三堂二横一围龙，共110多个房间。堂屋内屋装饰精巧、堂皇富丽，集石雕、木雕、彩绘、壁画、剪瓷等多种传统装饰于一体；共有24根柱，喻24帝，并悬挂两汉二十四帝画像。上堂设"爱敬堂"供奉历代始祖的灵位牌，并置放刘邦、刘秀、刘备三位开国皇帝的神主牌。大门口有宽敞的大禾坪，分布着刘氏特色的石群雕，有血缘圣祖尧帝、得姓始祖刘源明、十八世祖刘累以及汉高祖刘邦的雕塑等，门坪下有半月形面积一亩多的池塘。

堂屋后的围龙则改建成文化长廊，题写有刘姓渊源概况、著名人物业绩介绍等。刘氏总祠主祀源明公、累公、邦公、秀公、备公、祺公、祥公、禋公、龙公、开基祖开七公、二世祖广传公、三世祖巨源公、巨浪公、巨洲公、巨渊公、巨海公、巨浪公、巨波公、巨涟公、巨江公、巨淮公、巨河公、巨汉公、巨浩公、巨深公，以及榕树村原居九世祖洪公等列祖考妣。

祖祠上堂牌位则布局如下：

刘开七——广传公十四子八十六孙祖牌方位厅

右								左
巨深	巨浩	巨汉	巨河	通道	巨淮	巨江	巨波	巨海
十四房	十三房	十二房	十一房		十房	九房	七房	无房
巨浪	巨涟	巨渊		祖上厅	巨洲	巨源	巨渌	
六房	八房	四房			三房	长房	二房	

值得一提的是，粤东地区在重修古建筑时，特别注重升栋上大梁仪式，这是继承了传统的建筑习俗。一个房屋的大梁起到了稳定房屋的核心作用，因此一般情况下不会触动大梁，久之，大梁在人们心中神圣化了，至今当地仍不少人相信如果随便拆修祖屋大梁，可能会导致死人的后果。反过来，当不得不进行祖屋大修的时候，上梁仪式就成为修建祖屋时最重要的程序。这里就以刘东升一系的祖宗老屋——开七公之子广传公的三房巨洲围祖屋为例。

该屋于 2009 年 11 月 15 日吉日良辰举行了升栋上大梁仪式，全体代表在祖屋上堂祭祖后启动了仪式，具体程序如下。

首先是请梁。

（1）起鼓（击鼓三通）、奏乐、鸣炮。

（2）金狮拜祖（金狮进祖屋上堂内绕一周）。

（3）刘展方师傅请梁，包括两个步骤。一是师傅拜请：一拜宗龙一身，二拜四山朝峰，三拜土地尊者，四拜鲁班祖师；二是师傅

请梁：伏以

天地生来有阴阳，子午卯酉定方向。

乾坤艮巽兼八卦，春夏秋冬定吉昌。

此木原来身姓梁，生在山中万丈长。

木马定左右，鲁班弟子取中央。

是我鲁班弟子亲手做，造主请你进中堂。

金梁请进！

（4）进梁、鸣炮（梁由祖屋大门抬进上堂正厅放在准备好的盛满稻谷的斗框上，托好）

其次是彩梁，或称扮梁——打扮梁身。由男女理事数人，把梁红、梁米袋、梁灯笼、梁书、梁算盘、金桔鲜花、长命草、柏子树枝、杉树枝、芝麻仁、芋子、五谷种子、花生、黄豆种、红枣、莲子等挂梁上，把梁装扮得华丽而庄重。

再次是颂梁（与彩梁同时进行）。

（1）由刘汉华会长致升梁祝词：

维、公元2009年11月15日，岁次已丑甲戌月甲子日辰时，吉日良辰为我刘氏巨洲围祖屋升梁大典，我祖传下三大房，裔孙代表刘汉华、刘清祥、刘光、刘选仁等虔具微脮、薄陈一奠，致祭于刘氏巨洲围祖屋栋梁前，恭维尊神曰：祖屋重建，良材耀柱石之光。堂构流辉，松柏增丹楹之色，成材在一日、昌隆著万年，重建祖屋，幸获良材，敬请而作栋梁之任，届兹吉辰，敬配不脮，敢告木德星君，栋梁大将军，端居祭所，欣领拜献，谨告！恭维！

吉日良辰升栋梁　　房房代代出书香　　各行各业皆顺景

家家户户享安康　　喜炮声声歌幸福　　嗣孙欢庆奔小康

敬祖睦邻添福寿　　我族辈出栋才郎

祖屋栋梁　　与天地同寿　　与日月齐辉

（2）由刘清祥宗长颂挂梁红：

手拿梁红万丈长　　今日将其挂上梁

挂上梁中房房发　　嗣孙富贵出书香

（3）由刘侨光宗长颂上梁米：

手拿梁米袋袋红　　今日将其挂梁中

梁头挂出王侯相　　　梁尾挂出状元公

（4）由刘绍聪宗长颂上梁灯：

敬祖睦邻添福寿　　　我族辈出栋才郎

祖屋栋梁　　与天地同寿　　与日月齐辉

（5）由刘彬荣宗长颂挂梁书：

手拿文章胜书山　　　今日将其挂梁间

挂上梁身人文起　　　房房代代大学生

（6）由刘荣发宗长颂挂金桔银花

金桔金花朵朵鲜　　　挂在梁上亮晶晶：

左边挂起英雄出　　　右边挂出众明星

（7）由刘维新宗长颂挂算盘、柏子、芝麻、谷种、长命草：

算盘上梁广进金　　　谷种上梁粮满仓

油麻上梁发万户　　　五谷丰登六畜旺

柏子上梁代代发　　　人人高寿福安康

巨洲裔孙房房旺　　　代代书香进中央

再其次是拜梁，也称祭梁（礼生负责）。

（1）礼生宣布：起鼓、奏乐。

（2）上香（初飘香、连飘香、三飘香）。

献美酒（众裔孙叩首进酒，一进酒、二进酒、三进酒）。

献三牲（主祭刘汉华趋步向前摸三牲果品作进献礼），献果品。

主、陪祭行三鞠躬礼：一鞠躬、二鞠躬、三鞠躬。

（3）三献酒，并颂语（献酒时礼生唱颂语）

一杯酒，敬梁头，嗣孙代代出公侯。

二杯酒，敬梁中，嗣孙代代出富翁。

三杯酒，敬梁尾，嗣孙代代出文星。

（4）由刘冠全宗长读祝文（祝文用红纸，另写成文）

恭维：

天地之生干也，不因其材而笃焉，干之于天地，表异于森材，出类于丛林中，经岁月至栽培，吸山川之秀气，久则长为栋梁之材。今有刘氏裔孙重修祖屋，请良工巧匠雕彩美之润色，加显达之景象，敬卜贯接于中堂，上升进架，以为栋梁。伏冀栋梁，庇佑我族世代荣昌，房房富贵！聊具微物，腆敬旧将，伏维，尚享！

（5）由礼生刘光颂十拜梁（全体宗亲同行十次鞠躬礼）

一拜梁，家家荣华富贵，人人四海名扬；

二拜梁，代代出公侯，辈辈出宰相；

三拜梁，房房丁兴财旺；

四拜梁，福禄寿星耀华堂；

五拜梁，户户儿孙五子登科，勇当时代闯将；

六拜梁，良田万顷谷满仓；

七拜梁，家家六畜兴旺，人人钱多存银行；

八拜梁，房房都出状元、榜眼、探花郎；

九拜梁，代代出英豪，做官升级上中央，世界联合国；

十拜梁，家家团结和睦，幸福生活奔小康！

（6）焚祝文，化财宝。

（7）金狮队进祠内拜梁。

（8）各地代表颂献词（各房代表各自颂献词）

最后是升梁。

（1）由刘选仁宗长主持升梁并致辞：

伏以，地在初兮，阴阳交会，一天星斗，主照人间。年月方位，各安吉方。天煞归天去，地煞归地藏，年煞归年位，月煞归月方，逢山山飞过，遇水水飘茫，逢人发福，居位起非常，百子千孙，富贵显扬，贵人临位，禄马到堂，添产增业应吉昌，遣走神煞，升起金梁！

（2）由建祠师父刘展方先生发梁米；师傅边发梁米边颂吉语：

一发东方甲乙木，招至嗣孙食天禄；

二发西方庚辛金，嗣孙竹箩量米斗量金；

三发南方丙丁火，嗣孙代代早登科；

四发北方壬癸水，嗣孙世代出公侯；

五发中央戊己土，嗣孙能文又能武。

祝福东主刘家祖屋房房荣华富贵，代代福寿康宁，儿孙满堂，孙曾绕膝！

（3）由刘选仁宗长宣布：升梁！

在金梁徐徐升起时，主持人高声唱念：

升梁大吉，高升，再高升，步步高升；

升得平平起，嗣孙代代穿朝衣；

升得平平上，嗣孙代代做官上中央；

升得一样平，嗣孙世代坐朝厅；

升得一样高，嗣孙代代出符号。

（4）由刘伟文宗长致发彩词（梁升上后的颂语）

升起栋梁挂中央，光光彩彩耀华堂。

五福临门家家富，户纳千祥代代旺。

吉星高照登科甲，富贵荣华万年昌。

福禄寿星齐高照，卯金代代出栋梁！

（5）鸣炮。

（6）金狮参拜。

（7）礼成（发甜粄）。

"巨测围"祖屋的升栋上大梁仪式非常正式，这与其是重修老屋有关，所以特意遵循传统，而刘氏总祠是拆掉老屋，按现代建造技术重建新屋，所以就没有这一环节。

需要指出的是，刘氏总祠的这种做法从文化遗产保护的角度来看，是很遗憾的事。一般而言，对于中国木质古建，可以落架大修，如果已残破不全，应尽量使用相似材料，若不得不使用现代材料，也应当尽量"修旧如旧"，而刘氏总祠全部拆掉老屋用现代技术新建，在观念思想上的不妥。

根据其建筑预案，粤东刘氏宗亲总会强调了重建的三项原则：保持传统风貌——在房的布局和规格上要与老屋一致；要有时代精神——主要参照潮汕"皇宫式"古建筑风格，即屋顶全用金黄色琉璃瓦，祠内兼用青石雕和花岗岩石雕、金漆木雕、泥绘和潮汕嵌瓷、锦画、古漆等，地面见光全用石板铺成，做到既庄重雄伟，又富丽堂皇；显示家族文化——列举历史上在政治、军事、文化、科学、艺术等方面对人类有献的刘氏突出人物。

这里的保持传统风貌只是要求布局规格与祖屋型制一致，但在实施中不仅未注意建筑材料与传统风格一致，而且还大量引入潮汕建筑风格，如花岗岩和现代石材的大量使用、上堂屋脊的潮汕风格装饰等（见图5-2-2），这是与保持传统风貌的原则完全矛盾的。究其原因，还是与追求"庄重雄伟"及"富丽堂皇"的思想观念有关，如此就可解释刘氏总祠基本没有突出宗族特色（开基主一系），设计内容事实上在追求成为中国的刘氏总祠，几无地方特色。

图 5 - 2 - 2　重建后的刘氏总祠

　　笔者认为，这种现象深层次上应与宗族观念逐渐淡薄、时代融合性加强有关。如果是在传统宗族社会，尤其是强调宗族传统的粤东北客家地区，一定会遵循祖制，完全按传统风格修建，保持自己文化的独立性，而不会引入潮汕风格，否则处于弱势的客家风格很容易被潮汕风格同化，就不会延续到今天了。何况，明清时期客家人一直受潮汕人的歧视，两个族群的关系并不和睦，这在前文中已有提及。今天，刘氏总祠修建委员会虽然强调围龙屋型制，但大量使用不注重风格统一的现代材料以及大量引入潮汕风格，使刘氏总祠连复制品都称不上，说明在观念上缺乏传统的约束，刘氏总祠的纪念性退居其次，对姓氏宗族的现世炫耀成为主要目的，而在传统宗法社会，祠堂的纪念性一定是第一位的。

　　2. 教育基金会

　　在粤东北客家地区，由宗族募捐设立的助学性质的公益组织并不多见，一般资金都非常有限，对于教育只能进行象征性的奖励，以资鼓励。其中，设立教育基金的宗族一般是有较强的助学传统或特别重视教育的宗族，上长岭村钟氏设立的钟排基金会则不同，之前并无传统，该宗族是希望通过教育改变族人命运。

　　钟排教育基金会由钟新泉老人倡设，据其介绍，成立的起因是一直以来上长岭村的钟氏宗族都很穷，读书人太少，而他感到教育很重要，希望通过鼓励读书，倡导求学风气，改变族人命运。这可能与他曾担任二十多年的小学校长经历有关。

1992年，钟排基金会开始募款，得到了族人的热烈响应，其中有两位在台湾的族人捐了数千元，族人中的干部们又捐了两个月的工资数千元，再加上其他族人的捐款，虽然整个钟排上宗族才150多人，但最后捐款合计达12000多元，这在20世纪90年代初的兴宁农村，不是一个小数目，基金会随之正式成立。之后，钟排上未再进行过此项募款，依靠银行利息，基金最多时达到19000多元，截至2013年还剩下12000多元。

基金会之前一直由钟新泉老人负责，近两年由于他年事已高，就转交给其侄子钟明坚老人负责，目前日常管理由族内的三位大学生负责，明细清楚。基金会专款专用，只能进行助学方面支出，且只限于族人子弟，其他一切支出包括敬老等都不允许。学生符合基金会资助条件的，主动前来申请。一般每年8月评定，9月发放，具体奖励规定如下：

1）考上大学奖励400~800元，其中大专是400元，本科是600元，重点大学是800元，这项至今总共奖励1万多元；

2）考上高中奖励100元（现在已取消了这项奖励）；

3）在中小学就读的学生如获评三好学生，也进行一定金额的奖励（这一项目前已开支了4000多元）。

从规定中可看出，奖励的重点是考上大学的族人，此奖励金额从设立之初至今未变，考虑到20世纪90年代的收入水平，尤其是在90年代末扩招大涨学费之前，这笔奖励资金还是不小的数额，能够起到一定的助学作用，但在当下，只能起到象征性的鼓励作用了。

据基金会前后两位负责人介绍，基金会不会再募款，直到资金花完为止，因为宗族里的年轻家庭一般都去大城市谋生，在村里读书的孩子也就越来越少了，根据这个趋势，也就没有必要再继续募款维持了。

无疑，钟排上基金会的前景是黯淡的，这与农村青壮年人口移向城镇有关。宗族人口的减少导致宗族凝聚力进一步衰落，这也是围龙屋空间衰落的重要因素之一。

3. 老人会

在粤东北客家地区，几乎每个村都有一个老人会，上长岭村也是如此。1988年，在居外地的本村离休干部李楚的建议下，李艾、刘思达、刘芬等在村内较有影响的老人商量决定成立上长岭村老人会。

老年会的宗旨主要是让村内老人老有所乐、老有所学、发挥余热及安度晚年。由于上长岭村有着革命的历史，离退休干部不少，所以与其他村的老人会比起来，在日常活动中更加注重党性。

老人会在管理上设置会长、副会长，各老屋联系人若干，各屋老人不分宗族姓氏均可参加，会费为每年10元（农民）和15元（退休老人）两档，但基本上都会通过慰问老人的方式返还。

老人会成立后的十多年时间里，实际负责人是李艾老人。李艾老人1938年入党，1940年参加新四军教导团，跟随叶挺打游击，1941年经历了皖南事变，战斗中他们打了八天八夜才随小分队60余位战友突围，加入新四军挺进纵队。1942年在一次抗日作战时受伤被俘，身上至今仍留有弹痕，被俘期间一直被迫干苦力，直至抗战胜利前逃出。被俘后，与部队失去联系，证明人中断，党籍一直未被恢复。解放后，参加兴宁工作队，并一度在华南农学院合浦分校教书，但因历史复杂被遣送回家。十一届三中全会后被平反，中组部曾派人来核实身份后，同意其重新入党，但李艾老人认为自己年纪太大，不愿意重新入党，故党籍问题至今未解决，也无法享受离休干部待遇。

李艾老人非常热心公益事业，乐于助人，仍秉持革命时期共产党员的标准要求自我，在村内甚至在新陂镇里也颇有威望和影响。在主持老人会期间，募款成绩显著，因为上长岭村有一批老人参加过抗日宣传，当时刘氏的东升小学由刘太孚成立了东升校友抗日救亡团，李氏的力行小学由李艾等创办了长岭服务团（见图5-2-3），如前文葬俗部分提及的刚逝世的李瑚兵老人就是服务团成员之一。后来，长岭服务团成员们纷纷从事地下党工作，中华人民共和国成立后很多成了革命干部，因此有一定的社会影响和人脉。在每年春节期间，老人会便会寄明信片给这些革命干部及其外地战友、同事等。李艾老人基于自己的社会关系，通过说明老人会的情况，先后募集到10多万元，建了两层楼的老年协会活动中心，购置了一批老人使用的娱乐休闲设备，现还结余3万元。

图 5 – 2 – 3　长岭服务团 1998 年聚会留念（划黑线的当时已去世）

老人会成立以后的主要服务内容包括：

1）免费给村民看病（主要是李艾老人懂得医术），并传授养生知识；

2）慰问老人，视情况赠数十至数百元金额不等，悼念离世老人，赠送花圈；

3）与村党支部共同向海内外募款，完成了全村道路的硬底化建设，并改建了上长岭小学的三层楼房及篮球场；

4）募专款建立特困会员补助基金，每年利息补助特困会员；

5）每年重阳节组织会员去兴宁周边地区旅游，部分会员聚餐；

6）举办老人的书画展览；

7）举办金婚纪念活动；

8）经常举办时政讨论会，瞻仰烈士墓。

可以看到，老人会成立的头二十年内是办得有声有色的，考虑到上长岭村的经济落后情况，这殊为难得，这与李艾老人有不少外地战友有关，他们已是离休干部，待遇较好，有一定能力支持李艾主持的老人会。

现在，老人会遇到了比较大的困难，核心问题是募款困难。二十多年下来，许多曾经支持老人会的外地老人纷纷离世，原有老人会的一批骨干也已到高龄，例如李艾老人已95岁，无力再负责和参与老人会日常事务，而较年轻的老人会骨干均为村里务农出身，基本未有重要的社会关系，无力筹款，所以上述大部分活动都难以为继了。雪上加霜的是，现在村内许多老人都随子女去了城镇，留守老人数量越来越少，所以老人会凝聚力也在迅速下降。

老人会的衰退不只是上长岭村的个别现象，我们在其他村调研时也注意到有类似情况，直接因素均是募款越来越难，老人会不得不减少活动，一些周边地区的旅游活动也逐渐取消。究其原因，村内老人越来越少是一方面，另一方面，村内年轻人对老人会的捐款热情也在下降。的确，中国历来有"救急不救穷"之说，临时性为一件事情募款，可能会比较顺利，但长期的话就会很困难，这样其实也不符合公益的本质。

因此，从深层次看，这还是与族人们越来越脱离宗族体系有关，无论年轻人还是老年人，都存在移居城镇的趋势，老屋的凝聚力越来越弱，所生产的社会关系也越来越弱，由崇宗敬祖、慎终追远精神延伸出的敬老精神也不再有传统上那么强的约束力，在社会时代转变的情况下，围龙屋空间的衰落也是不可避免的。

二　个体性公益

上长岭村的个体性公益行为，可以分为两类，一类是社会环境压力下的捐赠，典型案例是李洁之将军捐屋。

前文已提及，李洁之将军的慈恩庐是20世纪30年代建设，气派豪华，但由于李洁之将军在国民党内一直郁郁不得志，逐渐倾向共产党，最终策动了起义。1950年后，李洁之做出了捐献性卖房的决定，将慈恩庐的主体部分捐献给了兴宁市民政局，两侧的瓦房则出售给政府，省民政厅给了5.5万元。当时李艾老人受李洁之将军委托，将这笔钱全部捐给了当地中小学，包括新陂中学、新陂农业中学、力行小学、叶塘小学等。同时，李洁之将军还将之前从村民手中花钱买的地也都免费还给了村民。至于原因，据与李洁之将军关系密切的李艾老人评论说，一方面是李将军境界高，另一方面也是他看出解放后再做地主是不合适的。

另一类是主动性公益，譬如家族内有钱者的捐赠。如在上长岭村铁场社，属于东升公二房，族内出了一些有钱的商人和官员，为回馈族里，铁场社的一位商人 2012 年开始动工计划给族人修一个亲水公园，土地由族人提供，该商人负责建房和安装相关体育器材等设施。不过，铁场社的人由于一直以来都是刘东升一系最有钱的一房，族人相对富裕，所以已有很多人离开上长岭村，搬去了城镇，尤其是有钱人和官员，基本不在村内了，因此，虽然新建了休闲设施，也难掩宗族的萧条之色。

三 公益性活动

与围龙屋相关的自发性公益活动一般是修屋、清淤、修路等公益事务，但上长岭村五栋楼有一类自发形成的节庆性公益活动，既少见又有意义，详述于此。

该活动是五栋楼年轻人自发组织的舞龙祭灶神活动，这种形式在粤东北地区并不常见。按照传统习俗，春节期间一些地方上的舞龙队或舞狮队会游走于各村，村内许多人家会请他们进屋祭灶神，也会请他们去祖屋祭祖，给红包作为回报。至今，在粤东北客家农村地区的春节期间，仍能看到这些舞龙舞狮队。

但在上长岭村五栋楼，老一辈觉得这些给红包的钱还不如用于族内的公益事业，便倡议一些年轻人自己组织，因此在近几年五栋楼的年轻人自己捐款买了道具，大年初一上午组织舞龙活动，祭祖拜神，获得的红包用于支付路灯的电费。

由于五栋楼与四角楼、新华楼三座老屋挨在一起，三座老屋后人在刘东升一系子孙中关系最为密切，而且大家进出村走的都是同一条路，共同使用路灯，因此组织者虽是五栋楼的年轻人，活动却是三座老屋共同参与，三座老屋的人当天都会迎接五栋楼的舞龙队伍，并给红包。具体的程序如下。

队伍一早在四角楼禾坪上集中，敲锣打鼓一段时间让族人们做好准备。领头者是队伍中年龄最大者，手持小灯笼，负责带领整个队伍并收下村民的红包；其后四人敲锣打鼓，最后是舞龙队，有六七人，均由五栋楼年轻人组成（见图 5 - 2 - 4）。活动开始后，首先燃放一条长达十多米的鞭炮，在鞭炮声中，队伍进最老的祖屋四角楼上堂拜祖，再至中堂拜三山大王，出祠堂后来到水塘边最后拜水观音。完毕后，队伍开始进入族人居住区，一般族人如果在家的话都会在门口放好鞭炮迎接队伍，队伍一到，鞭炮大作，户主把红包放入领头人的灯笼中，多少随意，队伍随即进入该户人家中的厨房处，祭拜灶神。

图 5 - 2 - 4　五栋楼年轻人自行组织舞龙祭灶神活动

队伍游走的线路只限于三个老屋后人的居住区，整个活动约持续两个小时，结束时当众清点红包金额，2013 年的活动共募得 1000 余元，根据上一年路灯电费只花费七八百元的情况，新一年的公用电费已完全落实，而且加上前一年没用完的还有不少结余。为此，年轻人们开始有了意见分歧，一方认为应将结余部分挪到其他公益支出上，另一方则认为目前应该专款专用，结余的就存在那里。最后，五栋楼的年轻人达成了暂时专款专用的共识。

从活动形式来看，五栋楼年轻人组织的舞龙祭灶神活动目的并不是完成一个正式的仪式，而是将此作为服务于公益的节庆活动，就仪式本身而言，并不正式也不专业：无论是之前的祭拜祖宗、族神还是进族人家中祭拜灶神，仪式都同样简单，即领头人将灯笼上下举几下以示祭拜，舞龙头者也只是将龙头简单点几下头，同时配以敲锣打鼓，就结束了祭拜仪式，耗时也就 20 秒左右；至于舞龙队伍，只要是五栋楼的年轻人，都可以加入，甚至女孩也加入其中，与传统不符；鼓点、舞龙等技术都只是入门水平甚至还达不到。但纵有这些缺陷和不足，族人们依旧非常欢迎和支持这支舞龙队伍，而且五栋楼年轻人的这种做法也影响了同村的大茔顶，他们屋年轻人也打算如此做。因此，该活动的意义不在于仪式而在于公益。

这也给了我们新的启发，在围龙屋空间衰落的大背景下，如何传承文化遗产。五栋楼的案例告诉我们，年轻一辈的参与式公益能起到一定的维系族群人心、增强宗族凝聚力的作用，其效果并不亚于祭祖仪式，甚至在年轻人中效果更好。宗族的存在、延续和凝聚力的强弱决定了围龙屋空间的命运，在目前的新时代下，如何吸引年轻人是关键。五栋楼的年轻人除了一位在家担任村干部并从事养殖业外，其余的都在大城市打工，这样的仪式活动显然让他们更团结并增强了宗族意识，而五栋楼入选兴宁重要古民居名录，又让他们增强了宗族自豪感，为此他们还特意新定了一个纪念古民居获选的节日。由于围龙屋散布于客家地区，并不方便旅游，五栋楼也缺乏观赏价值，也许过几年，他们会发现入选重要古民居名录并不能带来他们所期盼的经济上的好处，但无论如何，作为一个古民居村落里唯一一座入选重要古民居名录的老屋，给他们带来的精神上的自豪感是显而易见的，也的确有力地促进了宗族人心的凝聚。

通过对本章公益空间的阐述，我们可以得知围龙屋的延续与传承与公益事务也是息息相关的，即使时代变化，一些必要的公益功能还是以不同的形式传承下来。比如祖尝的祭祀、敬老、助学、赈济等功能，在目前的公益实践中或多或少能与传统状况在一定程度对应。祭祀活动，有宗族理事会；敬老活动，有老人会；助学活动，有教育基金会；只有赈济活动，因为目前国家经济状况较好，基本不存在需要成规模赈济的现象，即使发生了天灾，也会有政府组织和外地的公益组织进行救助，所以赈济活动这一块随着社会发展水平的提高，确实需求不大。

简言之，观念性最强的祭祀活动最受重视，相对传承得最好；观念性较强的敬老活动也得到较好的传承；观念性较弱的助学活动由于基础教育学费基本由政府资助，高等教育学费基本由贷款解决，所以转型成鼓励性的助学活动，从这个意义上来说，这种活动也到得一定的传承；观念性最弱的赈济活动已基本不见。

但也正如文中所述，目前的公益活动整体上呈衰退趋势，直接原因是缺乏宗族财产，活动经费需靠募款所得，导致乡村公益组织话语权较弱，多靠个人威信发挥作用。其背后的深层原因是，随着社会的快速发展、生产力的转型，社会结构发生根本变化。这体现在两方面：一是生产力的变化和生产技术的提高使核心家庭不依靠传统的宗族体制也能在社会上生存，所以核心家庭不必依附宗族，分离的核心家庭达到一定比例，宗族就事实上面临解体；另一方面是宗法社会的解体、基层自治体制的消亡，使人们能够自由流动而不受传统社会般的严格束缚。正是因为这两方面的变化，所以即使现在一些发达地区的农村非常富裕，宗族集体通过投资实业、出租土地等手段，已经拥有类似性质的丰厚"祖尝"，但仍不可能使族人恢复到往日的宗族体制下。

虽然如此，但仍可以看到，通过公益空间的手段在一定程度上传承文化遗产是切实可行的，尤其是要看到部分年轻人参与的积极因素，他们开始珍视自己的文化，对宗族产生文化上的认同，这虽与传统的宗族依靠经济和道德手段凝聚的族群认同存在本质上不同，但在公益空间衰退的大势中，他们是传承的亮点和新的途径。正如格拉西（Henry Glassie）认为的："传统完全在其实践者的控制中。实践者去记忆、改变或忘却传统"，[①] 五栋楼的年轻人们在新的环境下，根据现实要求，通过公益手段，"去记忆、改变或忘却传统"，从而在一定程度上恢复围龙屋的公益空间，这也是一种无奈的选择。

---

① H. Glassie, *The Spirit of Folk Art：The Girard Collection at the Museum of International Folk Art*, New York：Abrams, 1989, p. 31.

结　语

　　文化遗产是一个相当广泛的概念，其内容并不容易界定。1972
年，联合国教科文组织颁布了《保护世界文化和自然遗产公约》，
文化遗产正式成为共识性的称呼及受保护对象。其定义如下。①
　　1. 文物：从历史、艺术或科学角度看具有突出的普遍价值的
建筑物、碑雕和碑画，具有考古性质成分或结构、铭文、窟洞以及
联合体；
　　2. 建筑群：从历史、艺术或科学角度看，在建筑式样、分布
均匀或与环境景色结合方面，具有突出的普遍价值的单立或连接的
建筑群；
　　3. 遗址：从历史、审美、人种学或人类学角度看具有突出的
普遍价值的人类工程或自然与人联合工程以及考古地址等地方。
　　其后，借鉴日本保护无形文化遗产的经验，联合国教科文组织
又于 2003 年颁布了新的《非物质文化遗产公约》，进一步规定了文
化遗产包括物质文化遗产及非物质文化遗产两大部分，于是 1972
年的公约实际上就变成了规定物质文化遗产和自然遗产的准则，而
上述定义就成为联合国教科文组织所规定的物质文化遗产定义。
　　需要指出的是，中国目前的文化遗产概念事实上与联合国教科
文组织的有所不同。随着 2003 年联合国教科文组织颁布《非物质
文化遗产公约》，文化遗产概念开始受到各级政府的重视，社会上
文化遗产热也随之兴起，在这个过程中，可移动文物也被纳入文化
遗产这个大概念里，与不可移动文物共称为物质文化遗产。即，中

---

① 联合国教科文组织世界遗产中心、国际古迹遗址理事会、国际文物保护与修复
　研究中心、中国国家文物局：《国际文化遗产保护文件选编》，北京：文物出版
　社，2007，第 71 页。

国如今往往把文物等同或者基本等同于物质文化遗产，但仔细与联合国教科文组织倡导的（物质）文化遗产概念进行辨析，似乎它们存在以下两方面的区别。

首先，从上述 1972 年的公约中可见，联合国教科文组织对物质文化遗产的定义均属于中国的"不可移动文物"范畴，但该公约中文版却使用了"文物"一词。查公约英文版原文，其实是用"monuments"一词，[①] 中文直译应是"纪念碑、遗迹、遗址",[②] 显然属于不可移动文物范畴。众所周知，中国的"文物"既包括不可移动文物，又包括可移动文物，因此"monuments"无论是从词义上还是公约中所指内容上都与中国习称的"文物"含义并不相同，不可替换。事实上，1985 年《全国人民代表大会常务委员会关于批准〈保护世界文化和自然遗产公约〉的决定》将"monuments"译成了"古迹",[③] 显然比"文物"一词更准确。

实际上，在 1978 年联合国教科文组织又颁布了新的公约《关于保护可移动文化财产的建议》，明确指出"可移动文化财产"应是作为人类创造或自然进化的表现和明证并具有考古、历史、艺术、科学或技术价值和意义的一切可移动物品，包括下列各类中的物品：

Ⅰ 于陆地和水下所进行考古勘探和发掘的收获；

Ⅱ 古物，如工具、陶器、铭文、钱币、印章、珍宝、武器及墓葬遗物，包括木乃伊；

Ⅲ 历史纪念物肢解的块片；

Ⅳ 具有人类学和人种学意义的资料；

Ⅴ 有关历史，包括科学与技术历史和军事及社会历史、有关人民及国家领导人、思想家、科学家及艺术家生活及有关国家重大事件的物品；

Ⅵ 具有艺术意义的物品，如：用手工于任何载体和以任何材料作成的绘画与绘图（不包括工业设计图及用手工装饰的工业产品），作为原始创造力媒体的原版、招贴、照片；用任何材料组集

① http://whc.unesco.org/en/conventiontext.
② 《朗文当代英语大辞典（英英·英汉双解）》，北京：商务印书馆，2004。
③ 《全国人民代表大会常务委员会关于批准〈保护世界文化和自然遗产公约〉的决定》，《中华人民共和国国务院公报》1985 年第 33 期。

或拼集的艺术品原件，任何材料的雕塑艺术品和雕刻品，玻璃、陶瓷、金属、木材等质地的实用艺术品；

Ⅶ 具有特殊意义的手稿和古版本书、古籍抄本、书籍、文件或出版物；

Ⅷ 具有集币章（徽章和钱币）和集邮意义的物品；

Ⅸ 档案，包括文字记录、地图及其他制图材料、照片、摄影电影胶片、录音及机读记录；

Ⅹ 家具、挂毡、地毡、服饰及乐器物品；

Ⅺ 动物、植物及地质的标本。

从该公约可看出，"可移动文化财产"正与我国文物中所指的可移动文物含义一致，其英文为"Movable Cultural Property"，因此，"monuments"并不能翻译"文物"，也并非指可移动文物，联合国教科文组织官方文件对"monuments"之中文翻译实有误导之嫌。

其次，联合国教科文组织强调的物质文化遗产使用了"普遍价值"的描述，这与中国的《文物保护法》（2007）强调"珍贵的艺术品、工艺美术品""具有历史、艺术、科学价值的古文化遗址、古墓葬、古建筑"等不一样，前者是根据对遗产蕴含的普遍价值的重要性进行认定，强调的是整体视角，着眼点是普遍价值所反映的文化，后者是根据个体遗物的历史、艺术与科学价值进行判断，重视的是它在同类型中的个体代表性。因此，在实际操作中，文物保护单位这个体系依旧无法被物质文化遗产所替代。

简言之，从中国所说的"文物"概念理解，联合国教科文组织规定的物质文化遗产概念其实是指具有普遍价值的不可移动文物，不能等同于不可移动文物，更不能等同于文物。明晰了上述区别后，关于本书所称的文化遗产概念，依据的仍是联合国教科文组织文件的原文。

随着联合国教科文组织颁布《非物质文化遗产公约》，文化遗产在中国受到各级政府的重视，文化遗产热也随之兴起，在这个过程中，许多人或机构也将可移动文物纳入文化遗产的大概念，与不可移动文物共称为物质文化遗产。然而鉴于上述的分析，中国目前的文化遗产概念其实是一个中国化了的概念，在引入西方概念后，无论是出于何种原因，都事实上进行了改造。至于是否合理，还有待时间检验。

　　围龙屋作为粤东北的一类客家民居，在中国民居类型中极具特色，与同为客家民居的土楼相比，同样处于濒危状态，而且围龙屋无论在型制上还是文化内涵上，都更具特色和内涵（当然，土楼在型制上视觉冲击力更强）。考虑到福建土楼在 2008 年已经被评为世界文化遗产，所以同为客家中心区三大类型民居之一的围龙屋无疑是重要的文化遗产，何况前文已述联合国专家组认识到了围龙屋的申遗可能性："中国江西、广东在未来有增补若干其他类型土楼系列的建筑代表作的可能性和潜力。"①

　　传承是文化遗产研究的重心，从空间生产角度，通过本书论证我们发现，围龙屋首先是一个空间实践（spatial practice）的结果，成为一个具有特色的共有空间及物质载体；其次存在空间的表征（representations of space），客家的风水传统及理论构想出了围龙屋的空间型制，并赋予了意义，形成了一个以人们现实生活体验为基础的真实空间，并得以通过知识、仪式等控制空间的生产。最终围龙屋被建构成表征的空间（spaces of representation），每一处都充满了相关想象和象征，并被直接使用或成为生活的共有空间，体现了使用者与环境之间的社会关系。这几个层次是紧密相连、不可分割的，使得围龙屋共有空间既是环境性空间，又是关系性空间，成为基于其所处的地理空间进行的一项集体建构。

　　同时，围龙屋的建构又与客家族群的建构密不可分。本书详细阐述了晚清至民国客家族群建构的过程，而这个建构的动力可上溯到明代中晚期。广东地区此时"士大夫化"进程加速，加之嘉靖"大礼议"事件的契机，家庙的建立与祭祀迅速普及，围龙屋以祠堂为中心的型制结构得以定型，这也是客家风水理论构想出围龙屋空间型制的基本前提。以祠堂为中心的观念，强调的是崇祖敬宗的精神，以祖宗之名，将族群凝聚起来，建构族群认同，形成大到族群，小到宗族的社会边界。

　　观念的传承需要集体记忆的传授，而最重要的传授方式便是纪念仪式的操演。对于仪式的重要性，涂尔干曾指出："仪式是为维

---

① 《福建土楼》编委会编《福建土楼》，北京：中国大百科全书出版社，2007，第80 页。

护这些信仰的生命力服务的，而且它仅仅为此服务，仪式必须保证信仰不能从记忆中抹去，必须使集体意识最本质的要素得到复苏。通过举行仪式，群体可以周期性地更新其自身的和统一体的情感；与此同时，个体的社会本性也得到了增强。"① 围龙屋里的族人们通过祭祖、祭坟、三山大王巡游等与围龙屋相关的仪式，不断建构和强化族人的集体认同，这也是 "最为基本的化自然空间为文化空间并赋予其象征性的途径"。② 可以说，"正是因为有了这些外部活动，集体观念和集体情感才有可能产生，集体行动正是这种意识和情感的象征"③。

　　这些仪式在中华人民共和国成立后中断，之后又得到一定程度的复苏，这在文中已有大量描述。这种复苏有赖于围龙屋后人对宗族复苏做出的努力。有学者因此得出结论："旧有宗族制度去掉的只是诸如祖宗神位牌、祭祀这类外在形式"，④ "他如居住模式、社会流动、行业分化、生产方式等均无多大改变，精神上在几经创痛之余，更倾向于亲属关系的增强"。⑤ 旧有宗族制度的 "根基（围屋）和深藏于内心的亲属概念依然存在。全部土地（包括族产）的国有化，亦因新式的宗族基金筹募而并未对宗族的复苏产生障碍"，⑥ 因此，宗族得到了复苏，而且这种 "复苏的宗族制度仍是奠基于传统亲属制度概念的这一深层结构"。⑦

　　应该说，这种观点有一定的影响力，因为它有理论基础，即宗族制度由传统亲属制度决定。而该理论又来自人类学的长期争论，即人类事务究竟是由生产活动及其与经济母体的关系所决定，还是

① 〔法〕爱弥儿·涂尔干：《宗教生活的基本形式》，渠东、汲喆译，北京：商务印书馆，2011，第518页。
② 周星：《乡土生活的逻辑》，北京：北京大学出版社，2011，第198页。
③ 〔法〕爱弥儿·涂尔干：《宗教生活的基本形式》，渠东、汲喆译，北京：商务印书馆，2011，第578页。
④ 谢剑、房学嘉：《围不住的围龙屋：记一个客家宗族的复生》，广州：花城出版社，2002，第198页。
⑤ 谢剑、房学嘉：《围不住的围龙屋：记一个客家宗族的复生》，广州：花城出版社，2002，第203页。
⑥ 谢剑、房学嘉：《围不住的围龙屋：记一个客家宗族的复生》，广州：花城出版社，2002，第198页。
⑦ 谢剑、房学嘉：《围不住的围龙屋：记一个客家宗族的复生》，广州：花城出版社，2002，第202页。

由象征性组织的结构所决定。笔者这里无意展开相关探讨，但需要强调的是，至少在研究围龙屋与宗族关系这个问题上，不能脱离中国传统社会的意识形态和经济母体，而这恰是历史学视域下宗族研究的强项。

笔者认为，围龙屋的建构不能不提宗族的作用和影响。以往研究提及宗族与围龙屋空间的关系，往往止步于宗族聚居这个层次，然而深层次并不在此，而在于宗族制度与围龙屋共有空间的关系。联系到上述学者关于宗族复苏的观点，那么，这里首先涉及的就是确定传统宗族内涵的问题。

首先，"传统"是十分模糊的概念。一般认为，三代以上，被人们赋予意义和价值的事物都可视为传统，但是传统的事物并不是一成不变的，随着时代的发展演变，历史上的传统也会发生量变和质变，因此，具体到某一事物的传统，必须规范其历史性。就本书所说的传统，均是指明、清、民国时期范畴下的传统，因为这一时期在华南地区具有稳定而相似的社会结构，宗族传统也是指这一时期的传统。关于这一点，科大卫与刘志伟两位先生有过准确论述："明清以后在华南地区发展起来的所谓'宗族'，并不是中国历史上从来就有的制度，也不是所有中国人的社会共有的制度……明清华南宗族的发展，是明代以后国家政治变化和经济发展的一种表现，是国家礼仪改变并向地方社会渗透过程在时间和空间上的扩展。这个趋向，显示在国家与地方认同上整体关系的改变。"①

其次，"传统远不止是相继的几代人之间相似的信仰、惯例、制度和作品在统计学上频繁的重现。重现是规范性效果——有时则是规范性意图——的后果，是人们表现和接受规范性传统的后果。正是这种规范性的延传，将逝去的一代与活着的一代联结在社会的根本结构之中"。② 这说明传统同时是一定时期里内嵌于根本社会结构的规范性效果的延传，而非一些传统形式上的表象的延传。从这个意义上说，宗族制度的"深层结构"并不是简单的"深藏于内心的亲属概念"，"这种'宗族'不是一般人类学家所谓的'血

① 科大卫、刘志伟：《宗族与地方社会的国家认同——明清华南地区宗族发展的意识形态基础》，《历史研究》2000 年第 3 期，第 3 页。
② 〔美〕E. 希尔斯《论传统》，傅铿、吕乐译，上海：上海人民出版社，1991，第 32 页。

缘群体'，宗族的意识形态，也不是一般意义上的祖先及血脉的观念"①。

那么，华南地区明清社会的宗族内涵究竟是如何表现的呢？

就其词义而言，班固对"宗族"有很经典的解释：

> 宗者，何谓也？宗者，尊也。为先祖主者，宗人之所尊也。《礼》曰："宗人将有事，族人皆侍。"古者所以必有宗，何也？所以长和睦也。大宗能率小宗；小宗能率群弟，通其有无，所以纪理族人者也。
>
> 族者，何也？族者，凑也，聚也，谓恩爱相流凑也。上凑高祖，下凑玄孙，一家有吉，百家聚之，合而为亲，生相亲爱，死相哀痛，有合聚之道，故谓之族。②

这里说明了宗族的基础性功能，聚合有血缘关系的人形成共同体并通过"纪理族人"的方式保持共同体之"长和睦"，也即亲情下的人们的聚合。但发展至明清社会，在宋明理学的影响下，宗族早已有了更丰富的内涵。

明清时期，宗族组织已成为国家对地方社会控制的手段和方式，是最基本的社会组织，起到了基层自治的作用。政治上，宗族组织与里甲制度和保甲制度相结合，逐渐演变为基层政权组织，担负着治安、司法、产籍管理、赋役征派等主要行政职能；经济上，宗族不仅是社会生产和生活的基本单位，而且在水利、交通、集市贸易、社会救济等方面也发挥了主要作用；文化上，家族组织延师设教，举行各种宗族仪式，组织各种民俗文艺活动，是推行道德教化和维护传统价值观念的主体力量。③

广东地区的宗族组织虽然成熟得较晚，但以嘉靖"大议礼"为契机，在晚明也已发育成熟，同样有行祭祖、修族谱、置祭田、讲

---

① 科大卫、刘志伟：《宗族与地方社会的国家认同——明清华南地区宗族发展的意识形态基础》，《历史研究》2000年第3期，第3页。

② （汉）班固：《白虎通》卷三下《宗族》，台北：商务印书馆，1966，第217～219页。

③ 郑振满：《明清福建家族组织与社会变迁》，北京：中国人民大学出版社，2012，第13页。

乡约、设义塾等举措，宗族有意识地采取制度"创新"来合族，维持乡族社会秩序。[①]

当宗族成为基层组织，担负社会控制功能时，便具备了一定的权力。这种权力往往体现在对祭祀权的控制、对祀产的管理以及承担里甲户籍的财政责任等。[②]也即，祭祀、族产及基层管理是宗族的主要内涵。

以崇拜祖先为基础，通过祭祀确认自身与宗族的关系，这是目前传统宗族形式中保存最好的一类。虽然《朱子家礼》中规定祠堂只用来祭奉四代神主，但自程颐主张祭祀始祖之后，始祖之祭逐渐广为接受，嘉靖十五年其合法性得以确认："诏天下臣民得祀始祖。"[③]目前粤东北客家地区包括上长岭村围龙屋在内的大量围龙屋，虽然上堂中最重要的祖牌仍是始祖牌位，但昭穆之序已不复存在。而且在调研中同样发现非常多的老屋上堂牌位中仅剩下了一个"×氏列祖列宗"之类的神牌，只是笼统地纪念一下祖先，连开基祖的情况都已模糊，这说明了祭祖空间的整体衰落。但是无论如何，观念性的祭祀活动在远离政治权力的情况下获得了较大程度的恢复，毕竟亲情和血缘认同是人的本能，本书中的个案也证明了这一点。

关于族产的作用，弗里德曼早在 1958 年便指出了中国东南部的宗族组织在一定程度上取决于族产的维持。[④]本书也多次提及，目前围龙屋共有空间的衰落，直接因素就是缺乏族产，但这显然不是根本因素，因为在发达地区的农村，单姓村落完全可以通过租赁经营集体财产的方式建立事实上的族产，复姓村落通过现代股份制经营方式一样可以建立族产。总之，族产问题确实对宗族的复苏产生了很大的影响，但它可以不受时代变化的影响。

因此，笔者认为宗族的核心内涵仍在于获得的权力，宗族通过

---

① 常建华：《明代宗族研究》，上海：上海人民出版社，2006，第 419 页。
② 刘志伟：《宗法、户籍与宗族——以大埔茶阳〈饶氏族谱〉为中心的讨论》，《中山大学学报》（社会科学版）2004 年第 6 期，第 145 页。
③ 朱国祯：《皇明大政记》卷二十八《皇明史概（四）》，明崇祯间原刊本，台北：文海出版社，1984，第 1723 页。
④〔英〕莫里斯·弗里德曼：《中国东南的宗族组织》，刘晓春译，上海：上海人民出版社，2000，第 165 页。

获得政府的授权，实现对基层的管理。陈翰笙曾在 20 世纪 30 年代对广东进行农村调研，在广东翁源县黄堂村发现黄氏宗族在宗祠墙上贴出布告："凡在村内田亩上偷芋头、黄豆、禾子者，人人得而捕之。获族贼一名赏两千文，外贼一名赏五百文。如获偷花生黍粟的，无论内外贼，具赏二百四十元。"此后黄族理事会又贴出一张告示："割河背山茅草限于十九、二十、二十一中的三日。每日每家限于上午下午各三担。十八担为一份，每家每份收剺子钱七仙（分）。不准头一夜进山；欠山米及利钱者须于开山前一日一律还清。"① 这样的事例在当今是违法的，但在当时是合法的，因为宗族制度实行自治管理，这背后依附的是明清宗法社会。这就会导致具有宗族成员身份的人与没有宗族成员身份的人在社会上处于不平等地位，在对资源的控制上，也有不平等的权利。它使代表国家力量的里甲户籍制度与代表基层自治的宗族制度之间得以配合起来，构成明清社会的重要基础。② 正如郑振满指出的，明清宗族组织可谓"集血缘关系、地缘关系及利益关系之大成，集中体现了中国传统社会机构的多元特征"③。明晰了这点，也就明白了现今宗族与传统宗族的根本不同，即使两者都具有丰富的族产。

　　总而言之，宗族权力与围龙屋空间的关系是十分密切不可分割的，空间是权力实践的重要机制，正如福柯所指出的："空间既是任何公共生活形式的基础，同时也是任何权力运作的基础。"④

　　随着生产力的变化和生产技术的提高，以及相应上层建筑的变化，现代社会结构发生了转变，已脱离了自然经济与商品经济相互胶着的传统社会形态。国家与地方关系发生了改变，国家不再授权宗族实行基层自治管理，宗族的权威性也消失殆尽。代表国家的地

---

① 据陈翰笙博士在 20 世纪 30 年代对广东地方的调研资料整理而成，参见陈翰笙《解放前的地主与农民——华南农村危机研究》，冯峰译，北京：中国社会科学出版社，1984，第 44 页。

② 刘志伟：《在国家与社会之间——明清广东地区里甲赋役制度与乡村社会》，北京：中国人民大学出版社，2012，第 27 页。

③ 郑振满：《明清福建家族组织与社会变迁》，北京：中国人民大学出版社，2012，第 209 页。

④ 〔法〕米歇尔·福柯、保罗·雷比诺：《空间、知识、权力——福柯访谈录》，包亚明主编《后现代性与地理学的政治》，上海：上海教育出版社，2001，第 13 页。

方政府直接管理个人，使核心家庭脱离传统宗族体制也能得到顺利发展，而不用继续依附于围龙屋的共有空间。这就是为什么许多地方新建的小洋楼在老屋后继续形成围龙，却不能纳入老屋结构和型制的根本原因。

因此，从宗族研究的角度看，围龙屋是明清宗法社会的历史性产物，随着传统宗族组织的消失，核心家庭的兴起，围龙屋共有空间的衰落是必然。目前的这种宗族复苏只是一定程度上在形式上的传承和复苏，并非实质性的传承和复苏，其中很重要的一点便是宗族结构发生了变化，宗族也失去了权力，失去了宗法社会下政府的授权，故此宗族已非彼宗族，内涵已不同。

当然，就宗族权力而言，除了宗法社会赋予它的强制性权力，还存在观念性权力。这种权力是一种社会关系，正如阿伦特评论的，它用于协调个体与共同体的关系，其权力源于每个人发自内心的认可、同意和支持，存在于群体中。[①] 在目前围龙屋共同体的公共生活中，祖宗认同观念仍产生一定程度的影响，这种认同构成个体与共同体的关系，此种社会关系又恰恰来自围龙屋的共有空间及通过纪念仪式强化的集体记忆。这也是围龙屋宗族一定程度复苏的原因。可以说，人们的共同生活是观念性权力产生不可缺少的物质要素，而随着社会结构的变化，核心家庭的兴起及城镇化的推进，目前围龙屋面临的最大问题是：共有空间凝聚的族人越来越少，依附于围龙屋共有空间共同生活的族人逐渐离去。从这个意义讲，残存的观念性宗族权力也会越来越弱，围龙屋共有空间的继续衰落。在未来仍是不可避免的趋势。简言之，共有空间是人与人之间互动的产物，随着共同活动的展开而展开，随着共同活动的结束而消失，社会空间的发展与强大导致共有空间退向了"家庭"。

最后，落脚于乡土建筑方面，拉普普认为如果某类乡土建筑所承载的社会文化濒临消亡，那该类建筑也将濒临消亡，因为"在一定的气候条件、材料和限制及某一定的技术水准之下，最后决定住宅的形式，塑造空间，并赋予它们相互关系的是这一族类对理想生活的憧憬，他们造出来的环境反映了许多社会文化力量：宗教信

---

① 〔美〕汉娜·阿伦特：《人的境况》，王寅丽译，上海：上海世纪出版集团，2011，第156页。

仰、家族组织、何以维生及人与人之间的社会性关系"。①上文论述的消亡的传统宗族制度在某种意义上正是围龙屋承载的社会文化，传统宗族组织的崩溃体现了围龙屋"共有的阶级组织的崩颓"，因此，从宗族研究角度看，这也说明了不契合时代的乡土建筑衰亡的必然性。

由此，在当代中国的大背景下，笔者认为对于不同类别的文化遗产要区别对待，就性质而言，中国目前的文化遗产可分为四大类：物质性文化遗产、记忆性文化遗产、技术性文化遗产和社会性文化遗产。

物质性文化遗产是指如故宫古建、半坡遗址等这类不可移动文物，重点在于"物"。它不存在传承和复兴的问题，而是属于如何妥善保护、保存的问题。

记忆性文化遗产是指口头传说、表演活动、节庆仪式与集体记忆等非物质文化遗产，其共性都是依靠人的记忆传承，如果中断了，就无法再恢复。该类遗产重点体现的是文化内涵，但受社会文化的束缚较小，如果受到社会重视，容易得到传承和复兴。

技术性文化遗产是指传统技艺类非物质文化遗产，这类技艺虽然也主要依靠师徒间的记忆传承，但在一定程度上可通过分析其原理给予恢复。例如传统制瓷技艺，历史上许多釉色或品种的制作技艺都失传了，但后世仍可依靠其制作原理恢复传统方法，从而使遗产得到复兴。它虽然与物质性文化遗产的研究对象不同，但与文化关联不密切，本质上体现的仍是"物"的研究。

社会性文化遗产以物质为载体，但重点在于与物质密切相关的社会文化内涵，如乡土建筑、传统服饰等。同时，社会性文化遗产中的物质也不仅仅是载体，它还生产与之相关的社会文化，该领域的研究本质上仍属于文化研究。该类遗产受社会结构和文化的影响大，难以进行实质性传承和复兴，本书的围龙屋即属于此类。

这四类文化遗产的前三类社会性都不强，只要有政府投入和社会支持，传承的难度都不大，关键是以乡土建筑为代表的第四类社会性文化遗产，如上所述，其衰落消亡是不可避免的趋势。在这种

---

① 〔美〕拉普普：《住屋形式与文化》，张玫玫译，台北：境与象出版社，1988，第 58 页。

情况下，笔者认为与其花大力气去传承和保护必然走向衰亡的社会性文化遗产，还不如将着眼点转向社会性文化遗产的物质性方面。即，将其视为物质性文化遗产，对乡土建筑进行妥善维修和保护，并在此基础上通过发展旅游等方式至少凝聚少数后人依附于围龙屋的共有空间，这可能是一个更现实更合理的路径选择。否则，以目前的状况，政府不将其视为文物，但又无力从文化遗产角度进行保护和传承，那不久的将来以围龙屋为代表的这批社会性文化遗产将衰落得更为迅速和彻底。

言及于此，就涉及一些关于文化遗产保护和传承的重大问题，已非本书能解决。这里就以周星先生提出的一系列振聋发聩的问题作为全文的结尾吧——"文化遗产在当代中国究竟有哪些意义？它如何才能成为新的国民文化建设的基础，抑或如何才能在现代化进程中持续地为一般国民提供日常人生的价值？国家的文化政策与文化遗产行政如何才能最大限度地保护本国的文化遗产并使之成为人民从事文化创新的源泉？上述所有这些时代性的课题，都是值得我们去认真地思考和探索的。"①

---

① 周星：《非物质文化遗产与中国的文化政策》，见《乡土生活的逻辑》，北京：北京大学出版社，2011，第357页。

参考文献

一、古籍与族谱

1. 古籍

1）《宁化县志》，康熙二十三年版。

2）《龙川县志》，嘉庆二十三年版。

3）乾隆《潮州府志》，光绪十九年刻本。

4）吴宗焯编撰《嘉应州志》，光绪二十四年版。

5）孟浩天注《雪心赋辩正解》（《雪心赋正解》卷一），宣统三年校印。

6）同治十二年《赣州府志》，《中国方志丛书》（华中地方第100号），台北：成文出版社，1970年。

7）陈炳章等编纂、罗香林校《明清兴宁县志》，台北：台湾学生书局，1973年。

2. 族谱

1）梁钰主修《梁氏崇桂堂族谱》，嘉庆二十年，广东省立中山图书馆藏。

2）刘展程编《刘氏集注重修历代族谱（兴宁）》，宣统元年，广东省立中山图书馆藏。

3）《刘氏总族谱》，民国七年重辑，广东省立中山图书馆藏。

4）刘沐编《刘氏历代族谱总汇（兴宁）》，兴宁：福新印刷局，民国八年，广东省立中山图书馆藏。

5）张其淦、张鸿安等修《东莞张氏如见堂族谱》卷二十五，民国十一年，广东省立中山图书馆藏。

6）《兴宁刘氏族谱（卷九：巨洲房致和系仁杰支）》，1996年。

7）《兴宁市世馨堂李氏族谱》，1997年。

8）《广东兴宁王氏族谱》，1997年。

9）《兴宁刘氏族谱（卷一总谱）》，2008 年。

二、著作

1. 客家研究

1）罗香林：《国父家世源流考》，上海：商务印书馆，1942 年。

2）罗香林：《客家史料汇编》，香港：中国书社，1979 年。

3）罗香林：《客家源流考》，北京：中国华侨出版社，1989 年。

4）罗香林：《客家研究导论》（据希山书藏 1933 年版影印），上海：上海文艺出版社，1992 年。

5）程建军、孔尚朴：《风水与建筑》，南昌：江西科学技术出版社，1992 年。

6）曾昭璇：《岭南史地与民俗》，广州：广东人民出版社，1994 年。

7）房学嘉：《客家源流探奥》，广州：广东高等教育出版社，1994 年。

8）陈支平：《客家源流新论》，南宁：广西教育出版社，1997 年。

9）〔日〕渡边欣雄：《汉族的民俗宗教——社会人类学的研究》，周星译，天津：天津人民出版社，1998 年。

10）房学嘉、谢剑：《围不住的围龙屋：记一个客家宗族的复生》（增订本），广州：花城出版社，2002 年。

11）劳格文主编《客家传统社会》，北京：中华书局，2005 年。

12）陈支平、周雪香主编《华南客家族群追寻与文化印象》，合肥：黄山书社，2005 年。

13）房学嘉：《客家民俗》，广州：华南理工大学出版社，2006 年。

14）黄崇岳、杨耀林：《客家围屋》，广州：华南理工大学出版社，2006 年。

15）陈志华、李秋香：《梅县三村》，北京：清华大学出版社，2007 年。

16）《福建土楼》编委会编《福建土楼》，北京：中国大百科全书出版社，2007 年。

17）房学嘉：《粤东客家生态与民俗研究》，广州：华南理工大学出版社，2008 年。

18）吴卫光：《围龙屋建筑形态的图像学研究》，北京：中国建筑工业出版社，2010 年。

19）谭元亨编《客家经典读本》，广州：华南理工大学出版社，2010 年。

20）余志主编《客都家园——中国梅州传统民居撷英》，北京：商务印书馆国际有限公司，2011 年。

21）梁肇庭：《中国历史上的移民与族群性》，冷剑波、周云水译，北京：社会科学文献出版社，2013 年。

22）〔日〕濑川昌久：《客家——华南汉族的族群性及其边界》，河合洋尚、姜娜译，北京：中国社会科学出版社，2013 年。

23）河合洋尚主编《日本客家研究的视角与方法——百年的轨迹》，北京：社会科学文献出版社，2013 年。

2. 相关研究

1）Fredric Barth, *Ethnic Groups and Boundaries*：*The Social Organization of Culture Difference*, Boston：Brown and Company, 1969.

2）梁方仲：《中国历代户口、田地、田赋统计》，上海：上海人民出版社，1980 年。

3）Palmer, P. J, *The Company of Strangers.* New York：Crossroads, 1981.

4）陈翰笙：《解放前的地主与农民——华南农村危机研究》，冯峰译，北京：中国社会科学出版社，1984 年。

5）〔美〕拉普普：《住屋形式与文化》，张玫玫译，台北：境与象出版社，1988 年。

6）〔美〕坎特·布鲁尔、查理士·摩尔：《人体·记忆与建筑》，叶庭芬译，台北：尚林出版社，1988 年。

7）〔美〕E. 希尔斯《论传统》，傅铿、吕乐译，上海人民出版社，1991 年。

8）Maurice Halbwachs, *On Collective Memory*, Chicago and London：The University of Chicago Press, 1992.

9）〔美〕阿莫斯·拉普卜特：《建成环境的意义——非言语表达方法》，黄兰谷等译，张良皋校，北京：中国建筑工业出版社，1992 年。

10）Hobsbawn E. J., Ranger T., *The Invention of Tradition*, Cambridge University Press, 1992.

11）James Fentress, Chris Wickham, *Social Memory*, Oxford：Blackwell, 1992.

12）周星：《民族政治学》，北京：中国社会科学出版社，1993 年。

13）〔德〕尤根·哈贝马斯：《公共领域》，汪晖译，汪晖、陈燕谷主编《文化与公共性》，上海：上海三联书店，1998 年。

14）〔德〕尤根·哈贝马斯：《公共领域的结构转型》，曹卫东、王晓钰、刘北城、宋伟杰译，上海：学林出版社，1999 年。

15）〔美〕保罗·康纳顿：《社会如何记忆》，纳日碧力戈译，上海：上海人民出版，2000 年。

16）〔英〕莫里斯·弗里德曼：《中国东南的宗族组织》，刘晓春译，上海：上海人民出版社，2000 年。

17）Eric J. Hobsbawm, *Nations and Nationalism since 1780*: *Programme Myth Reality*, Cambridge University Press, 2000.

18）梁思成：《中国建筑史》，《梁思成全集》第四卷，北京：中国建筑工业出版社，2001 年。

19）〔法〕亨利·列斐伏尔：《空间：社会产物与使用价值》，王志弘译，包亚明主编《现代性与空间的生产》，上海：上海教育出版社，2003 年。

20）葛剑雄、安介生：《四海同根——移民与中国传统文化》，太原：山西人民出版社，2004 年。

21）李晓峰编著《乡土建筑——跨学科研究理论与方法》，北京：中国建筑工业出版社，2005 年。

22）常建华：《明代宗族研究》，上海：上海人民出版社，2006 年。

23）〔法〕亨利·列斐伏尔：《〈空间的生产〉新版序言（1986）》，刘怀玉译、张一兵主编《社会批判理论纪事》第 1 辑，北京：中央编译出版社，2006 年。

24）陈弱水：《公共意识与中国文化》，北京：新星出版社，2006 年。

25）李佃来：《公共领域与生活世界——哈贝马斯市民社会理论研究》，北京：人民出版社，2008 年。

26）钟敬文主编《民俗学概论》，上海：上海文艺出版社，2009 年。

27）科大卫：《皇帝与祖宗：华南 国家与宗族》，卜永坚译，南京：江苏人民出版社，2010 年。

28）〔英〕戴维·米勒：《论民族性》，刘曙辉译，南京：译林出版社，2010 年。

29）〔日〕柳田国男：《民间传承论与乡土生活研究方法》，王晓葵、王京、何彬译，北京：学苑出版社，2010 年。

30）周星主编《国家与民俗》，北京：中国社会科学出版社，2011 年。

31）周星：《乡土生活的逻辑》，北京：北京大学出版社，2011 年。

32）〔美〕汉娜·阿伦特：《人的境况》，王寅丽译，上海：上海世纪出版集团，2011 年。

33）〔英〕安东尼·史密斯：《民族主义：理论、意识形态、历史》（第二版），叶江译，上海：上海世纪出版集团，2011 年。

34）刘志伟：《在国家与社会之间——明清广东地区里甲赋役制度与乡村社会》，北京：中国人民大学出版社，2012 年。

35）郑振满：《明清福建家族组织与社会变迁》，中国人民大学出版社，2012 年。

36）〔美〕丹尼·L. 乔金森：《参与观察法》，龙筱红、张小山译，重庆：重庆大学出版社，2012 年。

37）〔法〕莫里斯·哈布瓦赫：《集体记忆与个体记忆》，冯亚琳、阿斯特莉特·埃尔主编《文化记忆理论读本》，北京：北京大学出版社，2012 年。

38）〔美〕本尼迪克特·安德森：《想象的共同体：民族主义的起源和散布》（增订版），吴叡人译，上海：上海世纪出版集团，2012 年。

39）王明珂：《华夏边缘：历史记忆与族群认同》，杭州：浙江人民出版社，2013 年。

40）〔挪〕克里斯蒂安·诺伯格 - 舒尔茨：《建筑——存在、语言和场所》，刘念雄、吴梦姗译，北京：中国建筑工业出版社，2013 年。

三、论文

1. 客家研究

1）邱捷、李伯新：《关于孙中山的祖籍问题——罗香林教授〈国父家世源流考〉错误》，《中山大学学报》1986 年第 4 期。

2）邱捷：《再谈关于孙中山的祖籍问题——兼答〈孙中山是客家人，祖籍在紫金〉一文》，《中山大学学报》（哲学社会科学版）1990 年第 3 期。

3）黄友良：《四川客家人的来源、移入及分布》，《四川师范大学学报》1992 年第 1 期。

4）陈春声：《三山国王信仰与台湾移民社会》，（台湾）《中研院民族学研究所集刊》第 80 期。

5）汪晖：《公共领域》，《读书》1995 年第 6 期。

6）刘丽川：《"客家"称谓年代考》，《北京大学学报》（哲学社会科学版）2001 年第 2 期。

7）陆元鼎：《粤闽赣客家围楼的特征与居住模式》，陆元鼎主编《中国客家民居与文化》，广州：华南理工大学出版社，2001 年。

8）房学嘉：《客家围龙屋建构的文化解读——以梅县丙村镇温家大围屋为例》，《嘉应大学学报》（哲学社会科学版）2001 年第 10 期。

9）房学嘉：《从围龙屋的神圣空间看其历史文化积淀——以粤东梅县丙村仁厚祠为重点分析》，《嘉应学院学报》（哲学社会科学版）2006 年第 1 期。

10）陈春声：《地域认同与族群分类——1640－1940 韩江流域民众"客家观念"的演变》，李长莉、左玉河主编《近代中国社会与民间文化——首届中国近代社会史国际学术研讨会论文集》，北京：社会科学文献出版社，2007 年。

11）程美宝：《罗香林与客家研究》，肖文评主编《罗香林研究》，广州：华南理工大学出版社，2008 年。

12）周建新：《客家传统民居的人类学透视：以围龙屋为中心的分析》，陆元鼎编《中国民居建筑年鉴》（2008－2010），北京：中国建筑工业出版社，2010 年。

13）〔日〕河合洋尚：《关于围龙屋的传统环境知识及其重叠性——从景观人类学的视角重新探讨客家建筑文化研究》，《嘉应学院学报》（哲学社会科学）2012 年第 9 期。

2. 相关研究

1）郑振满：《清代福建合同式宗族的发展》，《中国社会经济史研究》1991 年第 4 期。

2）Barry Schwartz, "The Reconstruction of Abraham Lincoln", in David Middleton and Derek Edwards, *Collective Remembering Inquiries in Social Construction*, Sage, 1990.
Henri Lefebvre, *The Production of Space*, Translated by Donald Nicholson-Smith, Oxford: Blackwell, 1991.

3）李明伍：《公共性的一般类型及其若干传统模型》，《社会学研究》1997 年第 4 期。

4）严文明：《近年聚落考古的进展》，《考古与文物》1997 年第 2 期。

5）罗琳：《西方乡土建筑研究的方法论》，《建筑学报》1998 年第 11 期。

6）〔德〕尤根·哈贝马斯：《关于公共领域问题的答问》，梁光严译，《社会学研究》1999 年第 3 期。

7）张晓春：《建筑人类学研究框架初探》，《新建筑》1999 年第 6 期。

8）科大卫、刘志伟：《宗族与地方社会的国家认同——明清华南地区宗族发展的意识形态基础》，《历史研究》2000 年第 3 期。

9）刘志伟：《族谱与文化认同——广东族谱中的口述传统》，《中华谱牒研究》，上海：上海科学技术文献出版社，2000 年。

10）李梦雷、李晓峰：《社会学视域中乡土建筑研究》，《华中建筑》2003 年第 4 期。

11）陈春声、陈树良：《乡村故事与社区历史的建构——以东凤村陈氏为例》，《历史研究》2003 年第 5 期。

12）陈春声：《猺人、蛋人、山贼与土人——〈正德兴宁志〉所见之明代韩江中上游族群关系》，《中山大学学报》（社会科学版）2013 年第 4 期。

13）刘志伟：《宗法、户籍与宗族——以大埔茶阳〈饶氏族谱〉为中心的讨论》，《中山大学学报》（社会科学版）2004 年第 6 期。

14）何雪松：《社会理论的空间转向》，《社会》2006 年第 2 期。

15）周星：《从"传承"角度理解文化遗产》，周星主编《民俗学的历史、理论与方法》（上册），北京：商务印书馆，2008 年。

16）周星：《祖先崇拜与民俗宗教》，金泽、陈进国主编《宗教人类学》（第一辑），北京：民族出版社，2009 年。

17）周星：《民间信仰与文化遗产》，《文化遗产》2013 年第 2 期。

致 谢

提笔之际，又想起在日本爱知大学求学的日子，感慨获益良多。

回国之后，时时忆起我的导师周星先生。先生言语中常显睿智，在日本跟随他学习期间，很受启发。先生为人温厚，对我在日本的学习和生活十分关照，屡屡给予帮助，实在温暖。即使分别，先生仍旧挂心我的论文，始终关注着，不遗余力地为我的论文指明方向。艰涩难行处，每每念及先生的殷切寄望，愚钝的我便能继续前行，最终能够顺利完成本书。

我能够心无旁骛地投入研究，还要深深感谢日本爱知大学ICCS研究中心给予我机会赴日留学并提供全额资助。在日期间我受到了中心的加加美老师、松冈老师、高桥老师、村田老师以及办公室诸位老师的悉心关照，也因此能够安心顺利地做研究。同时，感谢论文答辩时诸位老师的指正与帮助，使我得以进一步完善本书。

除此之外，还要特别感谢南开大学的导师刘毅先生。数年来，先生为我的学业付出了许多心血，不仅仔细指导我在南开大学的博士学位论文，还始终支持我赴海外求学，真切地希望我前程似锦。先生的谆谆教诲与无限关爱使我开阔了学术视野，推进了论文写作，迎来了人生新机遇。

来到工作单位中山大学历史人类学研究中心及历史学系，系内平等而融洽、自由的氛围使我感动感恩，深厚的学术底蕴给予我充足的养分。系内以陈春声、刘志伟为代表的研究团体被学界誉为"华南学派"，他们对客家及相关问题的见解与著述也让我受益匪浅。尤其感谢刘志伟老师，他的不吝赐教丰富了我对客家研究的认识，使本书在最初便幸运地避免弯路。这些都使我常常深深敬佩中山大学诸位前辈的深厚学识。

　　另外，衷心感谢先后与我一同赴客家考察的学生们，大家都付出了辛勤的劳动，态度端正，踏实肯干，参与了大量的录音整理、访谈与绘图等工作，大家一起度过了许多难忘的日夜。

　　最后也是最重要的，深深感谢我的家人。我之所以能够长时间在客家调研，多亏家人支持，否则顺利完成本书是不可想象的。

熊寰　写于广州惟器居

2019 年 12 月 1 日

图书在版编目（CIP）数据

粤东北客家乡土建筑研究：以广东省兴宁市上长岭村围龙屋为中心／熊寰著． -- 北京：社会科学文献出版社，2020.12
（羊城学术文库）
ISBN 978 - 7 - 5201 - 7347 - 6

Ⅰ.①粤… Ⅱ.①熊… Ⅲ.①客家 - 民居 - 研究 - 广东 Ⅳ.①TU241.5

中国版本图书馆 CIP 数据核字（2020）第 181732 号

·羊城学术文库·

粤东北客家乡土建筑研究
——以广东省兴宁市上长岭村围龙屋为中心

著　者／熊　寰

出 版 人／王利民
责任编辑／张建中

出　　版／社会科学文献出版社·政法传媒分社（010）59367156
　　　　　　地址：北京市北三环中路甲 29 号院华龙大厦　邮编：100029
　　　　　　网址：www. ssap. com. cn
发　　行／市场营销中心（010）59367081　59367083
印　　装／三河市尚艺印装有限公司

规　　格／开　本：787mm × 1092mm　1/16
　　　　　　印　张：18.25　字　数：284 千字
版　　次／2020 年 12 月第 1 版　2020 年 12 月第 1 次印刷
书　　号／ISBN 978 - 7 - 5201 - 7347 - 6
定　　价／98.00 元